世界航空母舰全览

THE AIRCRAFT CARRIERS IN THE WORLD

王子午 许涛 著

修订版
★★★

中国长安出版社

图书在版编目（CIP）数据

世界航空母舰全览 / 王子午, 许涛著. -- 北京：中国长安出版社, 2013.9
　　ISBN 978-7-5107-0681-3

Ⅰ. ①世… Ⅱ. ①王… ②许… Ⅲ. ①航空母舰－介绍－世界 Ⅳ. ①E925.671

中国版本图书馆CIP数据核字(2013)第227398号

世界航空母舰全览（修订版）
王子午　许涛　著

出版：中国长安出版社
社址：北京市东城区北池子大街 14 号（100006）
网址：http://www.ccapress.com
邮箱：capress@163.com
发行：中国长安出版社
电话：（010）85099947　85099948
印刷：重庆大正印务有限公司
开本：787mm×1092mm　16 开
印张：18.5
字数：218 千字
版本：2018年9月第2版，2018年9月第1次印刷

书号：ISBN 978-7-5107-0681-3
定价：129.80 元

版权所有，翻版必究
发现印装质量问题，请与承印厂联系退换

CONTENTS

目录

前言　见识海上霸王 …………………………………… 001
第一章　美国 ……………………………………………… 012
"兰利"号 …………………………………………………… 012
"列克星敦"级 ……………………………………………… 015
"突击者"号 ………………………………………………… 021
"约克城"级 ………………………………………………… 023
"黄蜂"号 …………………………………………………… 028
"埃塞克斯"级 ……………………………………………… 031
"独立"级 …………………………………………………… 038
"塞班"级 …………………………………………………… 042
"长岛"级护航航母 ………………………………………… 044
"冲锋者"号护航航母 ……………………………………… 045
"博格"级护航航母 ………………………………………… 047
"桑加蒙"级护航航母 ……………………………………… 051
"卡萨布兰卡"级护航航母 ………………………………… 053
"科芒斯曼特湾"级护航航母 ……………………………… 058
内湖训练航母 ……………………………………………… 060
"中途岛"级 ………………………………………………… 062
"合众国"号 ………………………………………………… 066
"福莱斯特"级 ……………………………………………… 068
"小鹰"级 …………………………………………………… 073
"企业"号 …………………………………………………… 077
"尼米兹"级 ………………………………………………… 081
"福特"级 …………………………………………………… 085
第二章　加拿大 …………………………………………… 088
"勇士"号（"巨人"级） …………………………………… 088

"壮丽"号与"邦纳文彻"号（"庄严"级） …………… 089

第三章 英国 …………… 092

"百眼巨人"号 …………… 092
"光荣"级 …………… 095
"鹰"号 …………… 099
"竞技神"号 …………… 101
"皇家方舟"号 …………… 103
"光辉"级 …………… 106
"独角兽"号 …………… 112
1942年型轻型航空母舰 …………… 113
"大胆"号护航航母 …………… 117
"射手"号护航航母 …………… 119
"复仇者"级护航航母 …………… 120
"攻击者"级护航航母 …………… 122
"统治者"级护航航母 …………… 124
"活跃"号护航航母 …………… 126
"奈拉纳"级护航航母 …………… 128
"比勒陀利亚城堡"号护航航母 …………… 130
商船航母 …………… 131
"大胆"级/"鹰"级 …………… 133
"马耳他"级 …………… 138
"人马座"级 …………… 139
"无敌"级 …………… 143
"伊丽莎白女王"级 …………… 147

第四章 法国 …………… 150

"贝亚恩"号 …………… 150
"霞飞"级 …………… 154
"狄克斯莫德"号（"复仇者"级） …………… 156
"阿罗芒什"号（"巨人"级） …………… 157
"拉法叶特"号与"贝劳森林"号（"独立"级） …………… 159
"克莱蒙梭"级 …………… 161
"戴高乐"号 …………… 165

第五章 荷兰 … 168
"卡尔·杜尔曼"号（"奈拉纳"级）… 168
"卡尔·杜尔曼"号（"巨人"级）… 169

第六章 德国 … 171
航空母舰I号 … 171
"齐柏林伯爵"级 … 172
"威悉河"号 … 176
辅助航母计划 … 178

第七章 阿根廷 … 181
"独立"号与"五月二十五日"号（"巨人"级）… 181

第八章 澳大利亚 … 184
"悉尼"号和"墨尔本"号（"庄严"级）… 184
"复仇"号（"巨人"级）… 187

第九章 日本 … 189
"凤翔"号 … 189
"赤城"号与"加贺"号 … 192
"龙骧"号 … 197
"苍龙"级 … 199
"翔鹤"级 … 203
"祥凤"级 … 206
"飞鹰"级 … 209
"千岁"级 … 211
"大凤"级 … 213
"大鹰"级 … 215
"龙凤"号 … 217
"海鹰"号 … 219
"神鹰"号 … 221
"云龙"级 … 223
"信浓"号 … 227
"伊吹"号 … 229
TL型护航航母 … 231
陆军航母 … 233

第十章 意大利 ········ 235
"苍鹰"号 ········ 235
"鹞鹰"号 ········ 237
"加里波第"号 ········ 239
"加富尔"号 ········ 242

第十一章 巴西 ········ 245
"米勒斯·吉拿斯"号（"巨人"级） ········ 245
"圣保罗"号（"克莱蒙梭"级） ········ 247

第十二章 西班牙 ········ 250
"迷宫"号（"独立"级） ········ 250
"阿斯图里亚斯亲王"号 ········ 251
"胡安·卡洛斯"号 ········ 254

第十三章 苏联/俄罗斯 ········ 256
"莫斯科"级 ········ 256
"基辅"级 ········ 259
"库兹涅佐夫"级 ········ 263
"乌里扬诺夫斯克"级 ········ 267

第十四章 印度 ········ 268
"维克兰"号（"庄严"级） ········ 268
"维拉特"号（"人马座"级） ········ 270
"维克拉姆帝亚"号 ········ 273
"维克兰"级 ········ 275

第十五章 泰国 ········ 276
"查克里·纳吕贝特"号 ········ 276

第十六章 中国 ········ 280
001／001A型航空母舰 ········ 280

结语 驶向何方的航空母舰 ········ 283

前言
见识海上霸王

海上霸王的诞生与发展

　　1910年11月14日，美国，停泊中的"伯明翰"号巡洋舰前甲板上搭起了一块奇怪的甲板。这块甲板被搭建在炮塔上方，甲板上几乎空无一物。几小时后，尤金·伊利驾驶着一架简陋的双翼机从这块甲板上腾空而起，成为人类历史上第一位驾驶飞机从战舰上起飞的飞行员。而在大部分军事历史著作中，航空母舰的历史正是在这一天，写下了第一个字符。1911年1月18日，尤金·伊利又在"宾夕法尼亚"号装甲巡洋舰搭建的另一块甲板上完成了着舰实验。一年之后，大洋彼岸的英国海军也在"海伯尼亚"号巡洋舰上进行了类似的实验。不过虽然这几次试验已经证明通过滑跑起飞、降落的飞机是可以在军舰上起降的，但无论如何，在当时的技术条件下，这些作业还十分危险，实用性也不高。

　　另一方面，英国、德国、美国、日本等海军强国在一战前迎来了激烈的造舰竞赛。在大批建造战列舰的同时，虽然各国也建造了不少的巡洋舰，甚至专门创造出了战列巡洋舰作为最强大的舰队侦察力量。但各国海军们不得不面对的一个重要事实是，舰队侦察能力的提升速度，远远跟不上战斗力提升的速度。即使拥有数艘战列巡洋舰掩护，作为舰队侦察前卫的轻巡洋舰以及驱逐舰／雷击舰也还是很容易与对方的前卫纠缠在一起。再加上此时一艘战舰的观测距离最多也只有目力所限的50公里范围，海战中双方舰队擦身而过而无法发现对方的情况屡见不鲜（这一点即使是二战时也还是多次出现），而一旦遭遇天气不良的情况，那简直是无法战斗了。

　　在雷达诞生之前，肉眼是唯一的观测手段，而为了延伸肉眼的观测范围，各国海军都曾试验过舰载气球甚至载人风筝，但由于此二者必须系留在军舰上，事实上能够扩大的观测范围也并不理想。在这种情况

▲ 1911年1月18日，尤金·伊利驾机在"宾夕法尼亚"号装甲巡洋舰上进行了历史上首次着舰实验。这对于证明飞机是否可以在军舰上使用，无疑是最重要的里程碑之一。

下，新生的飞机便成为各大海军所瞩目之物。而在滑跑起降实用化之前，各国最初对水上飞机有着更大的兴趣。1911年，法国人首先在鱼雷艇供应舰"闪电"号上试验了"鸭"式水上飞机。不久之后，英国海军将"竞技神"号防护巡洋舰改造成了专用的水机母舰，而到了1914年，英国人甚至全新建造了一艘"皇家方舟"号水机母舰，该舰也成为有史以来第一艘作为专用飞机搭载舰开工的船只。第一次世界大战爆发后，日本海军改装的"若宫"号水机母舰还曾利用搭载的水上飞机轰炸了德军在青岛的防御工事，成为海军历史上的首次空袭行动。此后，水机母舰和水上飞机在观测和侦察方面发挥了一定作用。1916年的日德兰大海战中，英国舰队还曾试图利用水机母舰上搭载的飞机寻找德国主力舰队所在，但却无果而终。

虽然水上飞机在第一次世界大战中崭露头角，但以英国、日本和美国为首的海军强国还是已经逐渐认清，这些带有庞大浮筒的飞机在性能方面局限性过大，完全无法与岸基作战飞机抗衡的事实。因此到了一战末期，英国人便开始寻求在军舰上搭载滑跑起降飞机的方法，而这无可避免地便要考虑到如何在军舰上安装巨大的飞行甲板的问题。在经过几次不成功的试验后，英国人在1918年终于利用一艘油轮改造出了拥有全通式飞行甲板的"百眼巨人"号航空母舰。自此，全通式飞行甲板便成为了之后近百年间航空母舰的最基本配置。在那之后，日本建造了"凤翔"号航空母舰，美国用运煤船改装出了"兰利"号航空母舰，英国也在完成了数艘改装航母之后建造了"竞技神"号，各自开始探寻自己的海军航空之路。

不过到此时为止，各大海军强国并没有将航空母舰视为举足轻重的力量。与各国在一战末期至20世纪20年代初开工的大批战列舰、战列巡洋舰相比，航空母舰在这些艨艟巨舰之间并不起眼。而真正使航空母舰时来运转的，却是一个人为事件。1922年，英国、美国、日本、法国、意大利五大海军强国共同签订了《华盛顿条约》。出于经济和政治方面的共同原因，五国同意在十年内完全停止建造排水量在10000吨以上，主炮口径在203毫米以上的主力舰，同时对于各国主力舰和航空母舰的总吨位也做出了严

▲ 英国海军在一战时改装的"飞马"号水机母舰。在航空母舰诞生并实用化之前，水机母舰对于海军航空技术的发展起到了关键作用。

▲ 虽然"飞马"号只是一艘水机母舰，但其舰艏也同样安装了一块极短的飞行甲板，可供小型飞机起飞。

格限制。对于各国的政治家和经济学者们而言，条约的签订无疑是一个利好消息。但与此同时，海军将领们却不得不面对一个事实——在主力舰队只能维持现有规模的情况下，如何尽可能提升海军整体战斗力？其答案只有两个，即以万吨级巡洋舰为代表的辅助舰艇和海军航空兵。

所幸，条约同时还规定英国、美国、日本可以将两艘未完工的主力舰改造成航空母舰，法国和意大利也可以各自改造一艘。在英国方面，由于占用排水量过大，他们并没有选择去改造"海军上将"级战列巡洋舰，而是选择将"暴怒"级大型巡洋舰改造为航空母舰，法国人则选择改造航速缓慢的"贝亚恩"号战列舰，意大利人甚至根本没有对此事提起兴趣。与前

▲ 由于1922年签订的《华盛顿条约》禁止各大海军强国在十年内建造主力舰，航空母舰终于得到了正式成为海军主力部队的契机。

三者相比，日本和美国走上了一条并不相同的路，两国分别以各自的未成战列巡洋舰、高速战列舰为基础改造出了20世纪20年代至30年代初最大型，也最为强大的"赤城"号、"加贺"号以及"列克星敦"级航空母舰。以这3艘大型航母为基础，两国得以在历次演习中不断探寻、磨练航空舰队的使用之道。

在最初，任何一个国家，都只是将航空母舰视为主力舰的辅助力量，其搭载的飞机只能担负一定的侦察和炮术观测任务，舰载攻击机至多也只能起到骚扰作用。对于20年代和30年代初的舰载机而言，这些观点并没有错。在英国海军中，航空母舰将伴随主力舰一同行动，在巡航时负责远距离侦察，在炮战中负责炮术观测。在日本和美国海军中，高速航空母舰取代了战列巡洋舰的任务，它们将与万吨级巡洋舰一同组成前卫舰队，执行战略性的侦察任务，可能与对方巡洋舰近距离遭遇也正是为何两国的大型航母安装了大量200至203毫米舰炮的原因。至于法国海军，则始终没有对航空母舰形成固定性概念，"贝亚恩"号始终只是一艘试验舰。

随着30年代中期舰载机技术的大幅进步，日本

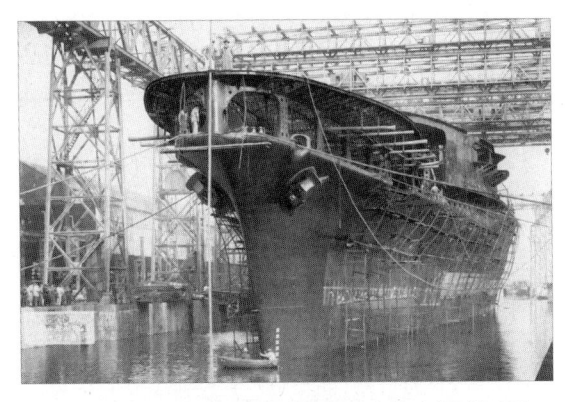

▲ 在吴海军工厂建造中的"赤城"号航空母舰。与"加贺"号以及"列克星敦"级并列，这四艘世界最大的航空母舰在20至30年代期间为日美海军指明了航母使用之道。

和美国航母都开始装备高性能单翼机。在经验老到的飞行员手中，这些飞机的威力并不亚于战列舰的巨炮，这使两国均意识到航空母舰已经不再是曾经的吴下阿蒙了。即使是最保守的海军将领也不得不承认，航空母舰现在已经成为战列舰、战列巡洋舰以外攻击力最强、地位也最为重要的战舰。因此在两国之间战云密布之时，双方也都拼尽全力去开工新的航母。不过日美两国之间的工业规模不可同日而语，美国在1940年一年间便下达了11艘大型航母的订单，而日本在同时仅决定开工4艘航母。当1943年美国海军不断接收新锐大型航母和高速轻型航母的同时，日本海军却仅能依靠一批改装航母聊以自慰。

与此同时，虽然大西洋的海军航空兵发展始终波澜不惊，但若非遭到英国舰载机空袭，号称不沉战舰的"俾斯麦"号也不会在首次战斗中便命丧大西洋。

而当1940年11月从"光辉"号航空母舰上起飞的一小批鱼雷机在塔兰托港沉伤3艘意大利战列舰的战报传到太平洋方向时，更是令日美双方都为之惊愕。不过，真正使航空母舰声名大噪的，却还是1941年12月7日的珍珠港事件。在那一天，日本海军集中了全部6艘舰队航空母舰，对美国太平洋舰队母港，夏威夷的瓦胡岛狂轰滥炸，使整个太平洋舰队的战列舰部队全军覆没！不过在接下来的半年时间里，正如同20年代早期日本海军的作战概念一样，航空母舰就像战列巡洋舰一样被派往南洋各地，支援各地的进攻作战。而对美国人而言，战列舰部队的解体更是直接使航空母舰成为他们所能倚重的唯一打击力量，几艘航空母舰也如同一战时期的战列巡洋舰一般东奔西走，对日军海外基地进行奇袭。

在1942年5月和6月的珊瑚海海战以及中途岛

▲ 由日本攻击机拍摄的空袭珍珠港照片，虽然此时日军空袭刚刚开始，但停泊中的战列舰却也已经被鱼雷命中了。

▲ 太平洋战争后期的美国航空母舰群。其规模之大，战斗力之强，令日本海军只能望洋兴叹。

海战之后，全世界都不得不承认航空母舰已经是毋庸置疑的海上霸主了。在损失掉全部4艘大型航母之后，面对着区区两艘美国快速航空母舰，总计拥有7艘战列舰的强大日本舰队对中途岛束手无策，只能灰溜溜地返回日本，甚至还在返程时丢掉了一艘重巡洋舰。从那时起，战列舰与航空母舰的位置直接掉转了过来。航空母舰不再是舰队前卫，而快速战列舰反而成为前卫，担负着保护航空母舰这一"主力舰"的任务。在美国航母遮天蔽日的舰载机笼罩下，即使强大如"武藏"号、"大和"号，也难逃被击沉的厄运。曾经在大西洋肆虐的德国潜艇也在商船改造的护航航母面前无处藏身，甚至连上浮充电都变得危险重重。

在第二次世界大战中大显神威之后，刚刚确立霸主地位的航空母舰却突然遭遇了一个前所未有的挑战。当西方世界的对手从德国、日本变为苏联之后，对航空母舰的主要威胁也不再是日本的航空母舰和岸基航空兵，而变成了苏联人那些搭载着战术核弹头的超级反舰导弹以及潜射鱼雷。在核武器面前，似乎除潜艇以外的任何军舰都显得那么不堪一击。而在冷战初期，受制于舰载机的尺寸，航空母舰又无法携带核武器执行战略轰炸任务。而喷气式舰载机的诞生也使所有战前和战时建造的航空母舰一夜之间便过时了。在二战三个航空母舰主要使用国中，日本作为战败国被剥夺了拥有航空母舰的权力，英国财政在战后近现。至英国人对"暴怒"级巡洋舰进行航空化改造时，还曾试验过在整个甲板上方搭建与舰长几乎相当的平台，由舰体中部的上层建筑将"飞行甲板"自然地分为前部起飞区和后部降落区。在实际使用中，这种布局虽然对起飞作业而言并无特别的优点或缺点，但舰桥和烟囱排烟在后部造成的乱流对于降落飞机而言无疑如同噩梦一般。而且如何在前后两段甲板之间进行飞机循环，也是一个十分棘手的问题。

正因为如此，当1918年装备着全通甲板的"百眼巨人"号改装航母诞生时，人们立刻便认清只有全通甲板才是进行有效航空作业的唯一途径。不过到了20年代，一种在全通甲板之上衍生而来的多层甲板布局又为英国和日本的大型航母所采用。根据这种布局，通过在舰首方向阶梯状地排列机库开口，即可以在一艘航空母舰上布置两条甚至三条跑道，以实现将起飞和降落作业分开进行的目的。但在事实上，这种设计无疑是过于乐观且过于短视了。当舰载机尺寸扩大之后，这种设计便完全无法继续再使用下去了。飞行甲板的设计方向，在20世纪30年代和第二次世界大战时期完全被全通式飞行甲板称霸。与此同时，除少数飞行甲板面积很小的航母以外，所有航空母舰均安装了舰岛，事实证明舰岛对于航海、航空以及防空指挥是必不可少的。另外，在当时的三大航母强国之中，除日本以外，美国和英国航母均安装有弹射器，可以使舰载机在更短的距离内完成起飞。相比之下，日本轻型航母所能搭载的飞机就要受制于甲板面积，往往无法搭载最新式轰炸机或攻击机。

第二次世界大战后，喷气机的出现对于飞行甲板又提出了全新要求。除更大的重量需要更大的甲板强度以外，喷气机还要求航母必须装备长度和功率都要更大的弹射器，而且发动机尾焰对甲板的烧蚀也是那些木质飞行甲板不得不面临的巨大问题。这不仅带来了蒸汽弹射器的全面普及，也迫使美国海军为所有木甲板航空母舰都敷设了金属隔热层。同时在降落方面，喷气机也无疑需要更长的滑跑距离和复飞空间。传统的全通甲板在应付这些要求时显得力不从心，倘若飞行甲板依旧没有改进，航空母舰似乎便将走进一条不得不大幅增加舰体长度的死胡同。

▲ 美国"勇猛"号航空母舰，采用了全通飞行甲板，这也是二战期间航空母舰的典型设计。

▲ 安装了斜角甲板之后的英国"大胆"级航空母舰"皇家方舟"号。进入喷气时代之后，斜角甲板也成为大型航母的必备选择。

所幸在20世纪50年代，英国海军上校丹尼斯·坎贝尔创造性地提出了斜角甲板概念。根据这种概念，飞行甲板的跑道将一分为二，从舰尾向左前方斜向延伸至左舷中前部为降落跑道，舰体中部延伸至舰首则为起飞跑道。这样一来，在不增加航空母舰长度的情况下，起飞和降落作业得以一分为二，互不干扰。如果航空母舰足够大，斜角甲板同样可以当作第二条起飞跑道使用，而两条跑道之间的区域也可以用来停放飞机。如果追根溯源，事实上斜角甲板与早年的多层式飞行甲板异曲同工，其着眼点均是提高对舰体长度的利用效率，只是斜角甲板采用了更为实用的布局。但值得注意的是，斜角甲板布局削减了起飞跑道的长度，这就要求航空母舰必须拥有大功率弹射器，否则航空作业效率便将大幅下降至与普通直式全通甲板无异的程度。此外，由于向左倾斜的斜角甲板会导致舰体上部宽度远大于水线宽度，因此对舰体的横向稳定性也提出了新的要求。

斜角甲板诞生后，不但所有新式大型航母都采用了这一设计，就连不少二战舰队航母也有加装。不过并非每个国家都能够制造或者买到蒸汽弹射器，也不是每个国家都有能力建造庞大的攻击型航母来搭载滑跑起降飞机。对于这些次等海军而言，英国人在20世纪60年代研制成功的"鹞"式垂直起降战斗机为他们带来了新的希望。这种飞机在起飞时并不需要弹射器辅助，在降落时甚至完全不需要滑跑，因此对于航母吨位的要求也远小于美国海军那些庞大的舰载机。不过即使是这种飞机，若想在满载状态下起飞，也还是需要一定的滑跑距离。为缩短这一距离，曾创造出战列舰、无畏舰以及航空母舰概念的英国人又一次显示了为什么过去百年的海军史是由他们书写的。在建造"无敌"级航空母舰时，他们又一次引入了滑跃甲板概念。在飞行甲板前端设置一段向上扬起的滑跃平台，用来增加飞机起飞滑跑时的升力，使"鹞"式或"海鹞"式战斗机可以仅依靠短距滑跑便获得满载起飞所需的全部升力。自那之后，几乎轻型航母都选择了滑跃甲板作为起飞作业的解决方案。甚至于装备了斜角甲板的苏联"库兹涅佐夫"级大型航母也在没有蒸汽弹射器的情况下在舰首设置了滑跃甲板，以帮助苏-33重型舰载战斗机起飞。

时至今日，大型航母采用斜角甲板配合蒸汽弹射器，轻型航母使用滑跃甲板配合短距起飞/垂直降落战斗机的设计几乎已经成为世界所有新建航母的航空作业解决方案。在此期间，虽然其余各国也均有一些将二者结合起来的方案诞生，但除了无奈的"库兹涅佐夫"级以外，并没有任何一套其他方案能够修成正果。不过有趣的是，英国即将开工的"伊丽莎白女王"级航空母舰采用了一种十分奇特的设计方式。该舰在竣工时将采用滑跃甲板设计，使用F-35B型短距起飞/垂直降落战斗机，但由于其排水量和舰型都相对较大，因此也预留了在必要时开辟斜角甲板，安装蒸汽弹射器或电磁弹射器和拦阻索，起降滑跑起降舰载机的空间。只不过，无论是出于预算还是需求等原因，对于英国海军未来是否会进行这种改装，我们只能拭目以待了。

▲ 同时采用了斜角甲板和滑跃甲板的"库兹涅佐夫"级航空母舰，这也是至今为止世界上仅有的一级混合采用了两种甲板方案的航空母舰。

航空母舰的分类

与巡洋舰可以分为轻巡洋舰、重巡洋舰、装甲巡洋舰、防护巡洋舰、战列巡洋舰等类型相同，根据舰型大小、搭载飞机类型、飞行甲板类型以及任务类型，不同航空母舰之间也可以分门别类。在航空母舰诞生早期，各国海军对于航空母舰并没有明确的分类方式，但随着对于航空母舰应用方式的不断探索，各种标准不一的分类方式也随之诞生。下面我们便将对其中重要的类型一一说明。

超级航空母舰（Suppercarrier）：顾名思义，超级航空母舰所指代者即为排水量和尺寸极为巨大、载机量也相对较多的航空母舰。虽然在航空母舰发展早期，便曾有不少在当时排水量较大的航空母舰被称为"超级航母"。但这一词组被用来专门特指某一种大小的航空母舰，还是要到20世纪50年代美国海军为争取预算而开工搭载核轰炸机的"合众国"号航空母舰时才确定下来。在那之后，只有排水量超过60000吨甚至70000吨的航空母舰，才被称作"超级航母"。今日，所有美国航空母舰均为超级航母。值得注意的是，虽然依此标准日本海军在二战时建成的"信浓"号也可以算作超级航母，但该舰巨大的排水量只是"大和"级战列舰的遗物，并不能反映其作为航母的战斗力，而且由于其建成时间远早于"超级航母"概念诞生之时，因此通常都不会被算作超级航空母舰。

大型航空母舰（Large Aircraft Carrier/CVB）：自航空母舰诞生早期，大型航空母舰这一概念便已经出现在各国海军之间。不过随着年代和技术环境不同，对于大型航空母舰的标准也并不相同。在20世纪30年代，两万吨的航空母舰便可以算作大型航母，而今日这一排水量数字却只能算作轻型航母。因此大型航空母舰概念，代表的便是同时代中，排水量相对较大、战斗力较强的航空母舰。通常而言，由于改装航母战斗力较差，即使排水量能够与同时代专门建造的大型航空母舰相当，也不会被后者等量齐观。由于超级航母本身也要算是大型航空母舰，因此在今日的海军中，除美国海军以外，俄罗斯和中国手中的"库兹涅佐夫"级可以算是大型航母的典型代表。值得一提的是，第二次世界大战末期之20世纪50年代初，美国海军中曾专门为"中途岛"级航空母舰划分了"大型航空母舰（CVB）"这一分类，但很快即被取消。

中型航空母舰（Medium Aircraft Carrier）：事实上，在绝大部分海军中并没有中型航母这一概念。只是在展开某种中等尺寸航母的设计时，"中型航母"才会成为设计师们口头用语形容航母尺寸的词汇。不过在二战前的日本海军中，曾专门将标准排水量在15000吨以上，但不足20000吨的"苍龙"级和"云龙"级称作中型航母。今日法国海军的"戴高乐"号航空母舰，也因其排水量要比所有搭载短距起飞/垂直降落飞机的情形航母大很多，但同时又远小于"尼米兹"级以及"库兹涅佐夫"级而被称为中型航母，不过这并非官方称呼。

轻型航空母舰（Light Aircraft Carrier/CVL）：在第二次世界大战期间，美国、英国、日本三国均拥有轻型航空母舰，不过三国对这一分类却有着并不相同的定义。在美国海军中，只有由巡洋舰改装而来的"独立"级和"塞班"级两种航空母舰才被称为轻型航母。这些航母虽然载机量远比大型航母更小，但却有着与后者相当的航速，完全可以伴随其左右作战。在英国海军中，轻型航母则用于指代战时开工的一批排水量相对较小，航速中等的速造航母，如"巨人"级、"庄严"级以及"人马座"级。而日本海军中轻型航母的指代范围则相当广泛，从"凤翔"号、"龙骧"号两艘排水量不足一万吨的专门建造的航母，到排水量达两万吨的邮轮改造航母都被包括在内。自80年代之后，除一部分"巨人"级、"庄严"级依旧服役于小国海军，并依然列为轻型航母以外。绝大部分被称为轻型航母的，都是那些排水量较小，搭载短距起飞/垂直降落战斗机的航母。

舰队航空母舰（Fleet Aircraft Carrier/CV）：与以上几个按照排水量和尺寸为基础的分类不同。舰队航母所指代为所有拥有中等以上航速，可以与海军其余舰艇组成舰队一同作战的航空母舰。也正因为此，其包含范围十分广泛，上至今日的"尼米兹"级超级母舰，下至二战时的"独立"级轻型航母，均可算作舰队航空母舰。而那些航速较慢（通常而言是低于25节或23节），或因其他原因不适于编组在作战舰队内参与高强度作战的航母，则一律不能算作舰队航母。在日本海军中，舰队航空母舰也被称为"正规航空母舰"。

护航航空母舰（Escort Carrier/CVE）：在第二次世界大战期间，由于德国潜艇在大西洋肆意猎杀来往于大西洋两岸的商船，英国和美国均感到有必要以航空母舰所搭载的飞机对商船队进行掩护。苦于舰队航空母舰数量不足，两国只能通过将货船或油轮改造为航空母舰来补充缺额，而这些航母就成为护航航空母舰。与舰队航空母舰相比，虽然一部分护航航母载机量并不比轻型航母差太多，但由于直接使用了商船轮机，它们的航速都十分低劣，无法参与海战，只能执行反潜护航或掩护登陆的任务。二战末期，日本海军和陆军为掩护南太平洋与日本之间的交通线,也曾改装出了一批护航航母,但其数量很少,载机量和战斗力也远不及英美同类型舰只。

辅助航空母舰(Auxiliary Carrier):辅助航空母舰这一名称通常仅出现在欧洲海军国家之中,指代战时以民船或其余舰种快速改装而来的航空母舰。其名称大体来自于那些商船改造而来的辅助巡洋舰。通常而言,无论排水量大小,战斗力都比较差。因此当意大利人利用邮轮改装的"天鹰"号战斗力与舰队航空母舰相当时,意大利人并不将其称为辅助航母,而是将其视作舰队航空母舰。

攻击型航空母舰(Attacking Aircraft Carrier/CVA):1952年,美国海军重新依照航空母舰所担负的任务划分了航母分类,将搭载战斗机、攻击机等高性能舰载机,争夺制空权、攻击对方舰队和地面目标的舰队航空母舰称为"攻击型航空母舰"。虽然此后这个分类方式被取消,但概念却保留了下来,并为所有北约国家所接受。不过在今天,只有装备了斜角甲板,搭载弹射器飞/拦阻降落飞机的大中型航母才被称为攻击型航母。

反潜航空母舰(Anti-Submarine Warfare carrier/CVS):在划分出攻击型航空母舰的同时,美国海军也将那些专门搭载固定翼反潜机和直升机,用于执行反潜任务的航空母舰改称为反潜航母。在20世纪50年代,不少攻击型航母和反潜航母事实上同属"埃塞克斯"级,只是因担负的任务不同而被划作不同类型。除美国海军以外,北约所有国家也均担负着一定的海上任务,而这些国家担负同样任务的航母也被所有国以及美国视为反潜航母,在整个北约共同防务体系中承担着自己的任务。

弹射器飞/拦阻降落航母(CATOBAR Carrier):依据舰载机的起降方式,弹射器飞/拦阻降落航母特指现代海军中,如美国的"尼米兹"级、法国的"戴高乐"级等使用弹射器辅助舰载机起飞,并装有拦阻索辅助舰载机降落的航空母舰。这些航母通常搭载高性能舰载机,战斗力相对较强。除攻击型航空母舰以外,一些小国海军,如阿根廷的"五月二十五日"号等由二战老舰改装而来的航空母舰也一样是弹射器飞/拦阻降落航母。

短距起飞/垂直降落航母(STOVL Carrier):与弹射器飞航母不同,短距起飞航空母舰并不装备弹射器,而完全依靠航母迎风航行时的航速和飞机自身动力完成起飞。为增加升力,这类航空母舰通常会在舰首设置滑跃甲板。这类航空母舰无法搭载传统舰载机,只能搭载"海鹞"式、AV-8B、雅克-38或F-35B等垂直起降战斗机。为能够满载起飞,在起飞时飞机会利用滑跃甲板滑跑一段距离。而在降落时,由于飞机已经消耗了大量燃料(有时还包括武器),处于轻载状态,因此才会选择垂直降落,以节省降落作业所占用的空间。

短距起飞/拦阻降落航母(STOBAR Carrier):在如今的海军中,只有俄罗斯的"库兹涅佐夫"级和中国的001A型航空母舰同时采用了短距起飞和拦阻降落两种似乎并不协调的起降方式。其原因在于这两种航空母舰并没有装备弹射器,苏-33和歼-15战斗机必须利用自身动力和滑跃甲板来进行起飞作业。而这两种战斗机又没有垂直或短距降落能力,降落滑跑时必须依靠拦阻索制动。在英国海军设计"伊丽莎白女王"级航空母舰时,短距起飞/拦阻降落方案也曾经出现过,但由于这种配置的航空作业效率很低,而且也在一定程度上会限制飞机起飞重量,因而作罢。

核动力航空母舰(Nuclear Propulsion Carrier/CVN):自"企业"号航空母舰诞生以来,核动力便成为航空母舰所能拥有的最强大推进系统。而因为采用了核动力推进,航空母舰又可以被建造得更大、更快。因此当"企业"号诞生之后,核动力航母和常规动力航母便自然被依照动力系统类型被区别开来。美国海军后来也正式将航空母舰的分类完全更改为依照动力类型分类。在整个20世纪,仅有美国拥有服役的核动力航母。直到法国的"戴高乐"号服役后,这一情况才发生了改变。

常规动力航空母舰(Conventional Propulsion Carrier/CV):与核动力航母相反,所有非核动力航母均为常规动力航母。无论航空母舰装备的是燃气轮机、柴油机还是蒸汽轮机,只要并非核动力推进即可。

第一章
美国

"兰利"号

"兰利"号是美国海军历史上第一艘航母，该舰的命名源自美国天文学家、物理学家、航空先驱塞缪尔·皮尔庞特·兰利。作为航空先驱，早在1896年5月6日，他就成功地在一艘船上用一种类似抛石机的弹射器起飞了一架无人飞机，不过后来他制造的弹射器飞的有人飞机皆不幸试飞失败，从而使得莱特兄弟获得了发明第一架实用飞机的荣誉。为表彰与纪念他，美国海军以他的名字命名了第一艘航空母舰。至今，美国航太总署（NASA）仍有以其命名的兰利航空实验室。非常有意思的是，改装"兰利"号航空母舰的同时，美国海军还改装了一艘水上飞机母舰，该舰的舰名是"莱特"号，而这一次"兰利"却比"莱特"更为实用了。

第一次世界大战后，鉴于战争中飞机所显露出的地位与作用，及此时已经成为假想敌的英国海军拥有且仍继续建造数艘航母的形势，美国海军认为自己也需要装备几艘航母来实验舰载航空兵这一新型兵种并积累对其的运用经验，但由于国会的阻挠与拖延，直到1919年美国海军才获准改造一艘实验航母。

1919年7月11日，美国海军决定将于1912年8月12日下水，1913年4月7日完工的"木星"号运煤船改装为航母，该船是美国海军历史上第一艘电力推进船（汽轮发电机提供电力，电动机推进）。按照计划，本来还打算改装另外一艘运煤船作为CV-2号航母，但是由于不久签订的《华盛顿条约》，美国海军决意将两艘未完工的"列克星敦"级战列巡洋舰改装成舰队航空母舰，第二艘运煤船改装航母的计划遂取消。

改装工作于1920年3月24日在麦尔岛海军造船厂开始。4月11日，该船被更名为"兰利"号，美国海军通用舰船分类代号为CV-1。1922年3月20日，该舰改装完成，作为航母正式服役。

很大程度上，"兰利"号虽然仅仅是美军的第一艘航母并且还是带有实验性质的航母，该舰却一举奠定了此后数十年甚至至今的部分美国航母特色。比如美国航母从该级起便一直是全通飞行甲板，从未有过诸如多层飞行甲板或者分段飞行甲板之类的布局，美国航母从该级起也全部都装备有弹射器（少数航母建成时没有安装，但后期也均有加装）。此外，除极少数改装自其他军舰的航母外，美国航母从该级开始全部都是开放式机库，并且其开放式舰首在美国航母中亦用了二十多年。

作为早期通讯落后时代的一个特色，该舰还配有一个信鸽房，虽然在该舰驻泊时期的练习与实验中，信鸽们都成功地飞返了母舰，但是当该舰离开港口后，放飞的信鸽们都飞回了母舰原来驻泊的港口——显然对于航行中的军舰来说信鸽并不是一种可靠的通信手段,海军遂取消了所有给军舰携带信鸽的打算,在建的两艘"列克星敦"级航空母舰也去除了舰上的信鸽房。而"兰利"号上的信鸽房则被改成了军官住舱。

1922年10月17日,格里芬中尉驾驶一架VE-7型飞机在该舰甲板上成功起飞,这是美国海军历史上第一架从航母甲板上起飞的飞机,从此标志着美国海军进入一个新的时代。之后,在该舰上又成功地进行了飞机降落和弹射器飞的实验。1923年1月15日起,"兰利"号在加勒比海开始进行作战训练。6月,它又前往华盛顿,向军方和公众展示了航母舰载机的起降,之后该舰重返加勒比海及大西洋进行作战训练。1924年夏,该舰开始进行维修与改装,修理完毕后该舰前往圣迭哥并于11月29日加入太平洋舰队。

之后的12年里,"兰利"号一直作为训练舰培养航母舰员与飞行员,以及进行各种技术与战术实验等。1923年起,美国海军每年固定组织大部分主力军舰进行代号为"舰队问题"的大规模演习,假想内容是蓝方防守巴拿马运河,黑方的目标则是攻击巴拿马运河,除此之外不做任何预设,由双方自由对抗。1925年起,"兰利"号参加了多次海军"舰队问题"演习,演习中其舰载航空兵部队有效地进行了侦察与护卫任务,在两艘"列克星敦"级航空母舰服役后,演习中还出现了双方航空母舰依靠舰载航空兵部队互相"攻击"的情况,而"兰利"号也曾被敌军航空母舰"击沉"。这些演习极大地丰富了美国海军对航空母舰的应用思想,而演习中航空母舰所发挥的巨大作用也使得其地位逐渐被肯定。值得一提的是除了航空母舰外,搭载有战斗机的大型飞艇也曾作为"飞行母舰"参与过早年的"舰队问题"演习。

演习中"兰利"号暴露出的主要缺点是航速较慢,跟不上主力舰队,当然事实上在做出改装"木星"号运煤船的决定时美国海军就已经知道这个问题,无奈国会的拨款有限,只能牺牲这方面的要求。1936年,为了在海军条约的总排水量限制范围内建造新航母,该舰不再作为航母服役而被改装成了水上飞机母舰,编号也由CV-1改为了AV-3。接替该航母的是"黄蜂"号航空母舰。

太平洋战争爆发三个月后的1942年2月27日,"兰利"号在两艘美军驱逐舰的护航下运送32架P-40型战斗机前往印尼的芝拉扎。11时40分,编队被日本海军第21与第23航空战队发现,9架日军九九式舰爆(舰载俯冲轰炸机)对该舰展开攻击,军舰中弹进水,主机瘫痪。13时12分,舰长下达了弃舰命令,将人员转移到护航的驱逐舰上,随后由美军驱逐舰将其击沉,沉没位置位于芝拉扎以南121公里处。不幸的是,搭载该舰逃生舰员的美军军舰随后不久几乎被日军悉数击沉,因此"兰利"号舰员大部分未能生还。

1942年5月8日,该舰被美国海军除籍。舰名后被1943年服役的"独立"级轻型航母"兰利"号继承。

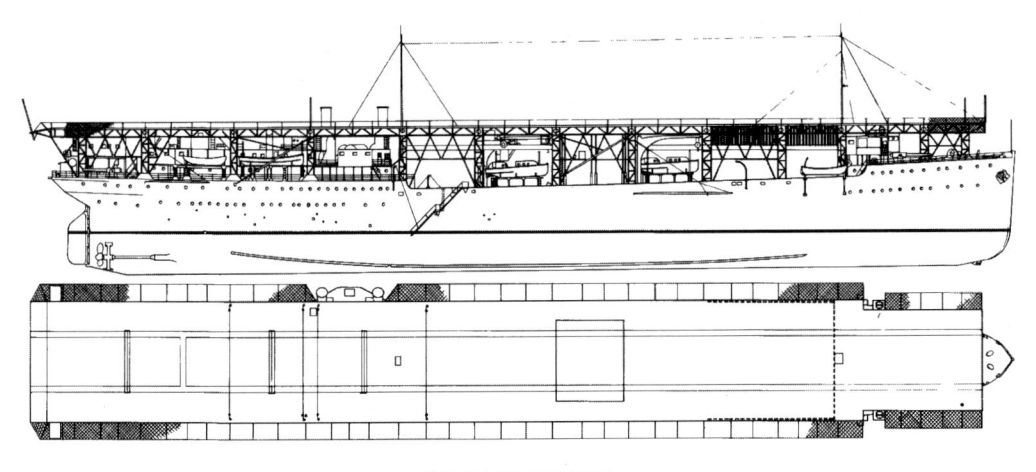

▲ "兰利"号航空母舰线图。

▲ 1932年7月1日，停泊在锚地中的两艘"列克星敦"级航母。当此之时，两舰所组成的编队无疑是世界上最为强大的海军航空力量。

▲ 1944年时的"萨拉托加"号航空母舰，此时该舰已经涂布了全新的迷彩，并将双联装203毫米舰炮更换为127毫米高平两用炮。

▲ 1946年参与核试验后，被原子弹重创沉没中的"萨拉托加"号。

"突击者"号

自华盛顿海军条约签订后，美国海军内部便存在关于应建造20000吨级以上航母（以下简称大型航母）还是13800吨级左右航母（以下简称小型航母）的争论。大型航母无疑战斗力较强，但是在条约限制的航母总吨位范围内能建造的数量就比较少，所以战术灵活性较差。小型航母的优势与劣势则完全反过来，并且当时有看法认为小型航母经过精心设计也可以接近大型航母的载机量。部分程度上这个争论同时还是一个将航母作为独立作战力量还是战列舰辅助力量的争论——小型航母搭载的飞机或许不够多但足以掩护战列舰及完成一些辅助性质任务，其航速可能较慢却也足够跟得上战列舰，而较多的建造数可以让大西洋与太平洋两个舰队都分配到一定量的航母。相对的，拥有较快航速较大载机量的大型航母，更适合与巡洋舰组成强大的独立快速突击力量。

部分是战列舰派军官的支持，部分是国会议员们觉得较多数量的方案看起来更具吸引力，小型航母派暂时获胜。1927年美国海军正式将5艘13800吨级航母列入造舰计划中。1929年，新航母完成设计。1930年11月，美国海军向纽波特造船厂下达了"突击者"号的订单，而这也是美国海军第九艘以"突击者"号命名的军舰。1931年9月26日，该舰开工，1933年2月25日下水。最初该舰的设计中并没有舰岛，但由于随后设计添加了舰岛，因此该舰又前往诺福克海军造船厂续建，并最终于1934年6月4日完工服役。

"突击者"号是美国海军历史上第一艘从动工之初就完全按照航母要求设计建造的军舰，其载机量最高达73架，居然和排水量超过两倍的"列克星敦"级相当，似乎以事实证明了小型航母派的胜利。然而该舰随后的海试与演习却给小型航母派浇了盆冷水——由于军舰较小，因此其适航性不佳；同时其较小的飞行甲板也使航空作业显得十分局促，降低了该舰单次可出击的飞机数量。这一系列因素导致美国海军迅速丧失了对小型航母的热情，后续4艘计划遂被迅速取消。

在这种情况下，"突击者"号本身也不再被美国海军寄予重任，直到第二次世界大战爆发前的大部分时光里该舰都只是担负训练与演习任务。第二次世界大战爆发后，该舰作为大西洋舰队当时唯一的一艘航母参与了中立巡航任务。

1941年12月7日太平洋战争爆发，美日两国海军开始生死之战。然而即便在最危险的时刻，美国海军也没有把这艘被认为不适合参与高强度战斗的航母投入到太平洋战场。该舰继续在大西洋海域进行巡逻，时而担负运输战斗机的任务。1942年末，随着4艘大西洋舰队所属护航航母开始服役，"突击者"号不再担任护航任务，成为大西洋舰队航母特混舰队的旗舰，其后这支航母特混舰队作为空中掩护力量参与了数次对法属殖民地的进攻，其中也包括了登陆北非的"火炬"行动。在这些战斗中，"突击者"号的舰载机部队击落击毁了大量法国飞机，击沉击伤了几艘法国军舰，并摧毁了若干地面目标，自身则有16架舰载机被击落或者重创。

在"火炬行动"之后，"突击者"号开始入坞维修并进行改造，直到1943年2月7日。重新回到海上的"突击者"号依旧被配属在大西洋方面。8月11日，该舰加入英国本土舰队。10月2日，该舰与英国舰队一同从斯卡帕湾出发，展开代号为"领袖"的轰炸挪威海域德国舰船的行动，行动中击沉了若干艘德国运输船舶。10月4日下午，"突击者"号被三架德军飞机发现，"突击者"号的舰载机很快便击落了其中两架，另一架落荒而逃。而"领袖"行动亦于当天结束。

1943年末，"突击者"号返回美国本土，虽然海军曾经有过改进该舰的想法，但是最终因为和新舰的建造有冲突而取消。该舰于是被降格为训练航母，战争结束一年后，于1946年10月18日退役。1947年1月31日该舰被出售给太阳造船和干船坞公司解体。

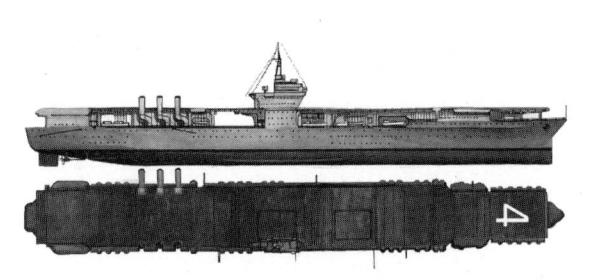

▲ "突击者"号航空母舰线图。

舰名	外文原名	舷号	开工时间	下水时间	服役时间	退役时间	备注
突击者	Ranger	CV-4	1931年9月26日	1933年2月25日	1934年6月4日	1946年10月18日	1947年出售解体

"突击者"号性能诸元	
标准排水量	14575吨
全长	234.4米
全宽	33.4米
吃水	6.83米
舰载机	27架F4F型战斗机，27架SBD型俯冲轰炸机，18架TBF型鱼雷攻击机（1943年10月）
主机总功率	53500轴马力
最高航速	29.25节
续航力	7000海里/15节
人员编制	1788人

▲ 刚刚完成下水的"突击者"号航空母舰。

▲ 1944年6月6日，即诺曼底登陆当天停泊在美国本土的"突击者"号。

▲ 建成后不久的"突击者"号，可见该舰较有特点的烟囱布局。

▶ 1942年6月，一架正在"突击者"号上降落的SBD"无畏"俯冲轰炸机。

"约克城"级

1933年8月3日，"突击者"号下水近半年后，美国海军便意识到了该舰或许存在缺陷，因此正式下达了20000吨级航母的建造订单，这就是"约克城"号。1934年5月21日，"约克城"号开工建造。其后不久，随着美国海军式放弃轻型航母概念，二号舰"企业"号也在1934年7月16日开工，这也是美国海军第七艘以"企业"命名的军舰。在海军条约彻底过期后，为对抗日本海军的扩军造舰，美国海军决定在设计新型航母的同时再赶造一艘"约克城"级，于是第三艘"大黄蜂"号于1939年3月30日开工，与"企业"号相同，这也是第七艘以"大黄蜂"命名的美国军舰。

作为美国海军建造的第四级航空母舰，"约克城"级充分吸收了先前航母的经验，设计非常成熟与优秀。该级舰拥有比其1.8倍还大的"列克星敦"级略多的舰载机。而与"突击者"号相比，该级舰飞行甲板面积要大20%，可以有效保证载机的单次出击数量。所有这一切显然让该级舰成为当时美国最好的航母。该级舰唯一的缺点是水下防护不足，仅能抵御180公斤TNT炸药，而后来的实战中三艘"约克城"级中有两艘被日军鱼雷命中并沉没了，唯一一艘幸存到战后的"企业"号正好也是三者中唯一没有遭到过雷击的。

1936年4月4日，一号舰"约克城"号下水，1937年9月30日该舰正式完工服役。二号舰"企业"号则于1936年10月3日下水，1938年5月12日正式完工服役。三号舰"大黄蜂"号于1940年12月14日下水，1941年10月20日正式完工服役，仅仅一个半月后，太平洋战争就爆发了，而它们也成为太平洋战争早中期美国海军最重要的中流砥柱。

1941年12月7日，日军偷袭珍珠港，此时三艘"约克城"级中唯一部署于太平洋的"企业"号正在向威克岛运送海军陆战队的战斗机，而其本身的舰载机部队有一部分正返航珍珠港的陆基机场，结果意外与日军机群遭遇，混战之中，"企业"号舰载机在击落一架日机的同时自己却损失7架，而且这7架飞机中至少有一架是被美军自己的防空炮火击落的。除此以外，得知珍珠港遭袭后，"企业"号放飞了6架F4F型战斗机前往珍珠港支援，其中两架被美军防空火力击落。

由于太平洋舰队的战列舰队此时已经完全丧失战斗能力，战前被认为是"次等主力舰"的航母一下子成为美国国运的唯一寄托。其中"企业"号成为第8特混舰队的核心，为加强太平洋舰队，"约克城"号也于1941年12月末从大西洋方面来到了太平洋，成为第17特混舰队核心。1942年1月31日，两艘"约克城"级共同发动了对马绍尔群岛的空袭，鼓舞了美军低落的士气。其后，"约克城"号被派往珊瑚海支援"列克星敦"号，并参与了接下来的珊瑚海海战。在"列克星敦"号中弹后不久，"约克城"号也被日机投中一枚炸弹，动力系统受损，此外还遭到数枚近失弹杀伤，舰体遭到了一定破坏，必须返回珍珠港进行维修。

在这一系列战事进行的同时，"大黄蜂"号由于刚服役不久仍然在大西洋海域接受训练与改装。直到1942年2月才接到第一个作战任务——搭载B-25型轰炸机前往东京进行轰炸！为执行这一任务，第8特混舰队被改组为第16特混舰队，"大黄蜂"号位列其中，"企业"号则负责为其提供掩护。4月18日晨，B-25机群成功完成了轰炸任务。不过由于飞行距离过长，提前起飞的B-25没有一架能最终达到它们计划降落的中国机场。

5月中旬，根据截获到的无线电报，美军得知日军的下一个目标是中途岛。全部三艘"约克城"级都被聚集到珍珠港进行补给准备迎战敌人，其中"约克城"号被命令加紧抢修，创造了著名的三昼夜奇迹。5月28日，第16特混舰队出港前往中途岛，5月30日，刚刚修复的"约克城"号带领第17特混舰队出港。

当地时间6月4日，在日军机动部队不知道美军航母编队所在何时，美军航母早晨放飞的数架飞机也没能找到日军航母。直到一架从中途岛起飞的美军PBY型水上飞机报告发现日本航母，美军才得以抢占先机。"大黄蜂"号放飞的攻击机群中只有部分鱼雷攻击机发起攻击，然而它们几乎悉数被击落，没有任何战果。"企业"号和"约克城"号的鱼雷机群在9时40分找到了目标，遗憾的是它们与"大黄蜂"

号的鱼雷机落得一样的命运，大部被击落。不过由于此前掩护的日军战斗机都被美军鱼雷攻击机吸引到了低空，加上云层的遮掩，当美国俯冲轰炸机到来时，日本人几乎一无所知。"加贺"、"赤城"、"苍龙"三舰几乎在同一时间遭到攻击，由于此时甲板上挤满了准备起飞的飞机，爆炸又引发了殉爆，最终三艘航母先后沉没。

"飞龙"号航空母舰成功躲过了美军俯冲轰炸机的攻击，该舰随后开始反击，起飞了18架九九式舰爆攻击了"约克城"号。后者立刻起飞了所有能起飞的战斗机拦截敌人，但还是被日机命中三枚炸弹，此外有一架九九式舰爆撞毁在甲板上，这些攻击导致该舰机库内的三架飞机起火，部分高炮被炸坏，以及大量锅炉受损。"约克城"号的航速开始下降，最终暂时停运。不过在日军以鱼雷机发动的第二波空袭中，该舰又被两枚鱼雷命中，大量进水并右倾，完全丧失动力。由于担心航母沉没，舰长不得不下令弃船。

到了此时，"飞龙"号自己事实上也已经山穷水尽，该舰仅剩下6架零战、5架舰爆和4架舰攻，以及一架二式舰侦，不得不将第三波攻击推迟到傍晚时分，指望能够在夜间浑水摸鱼，击伤对方航母。不过，就在这批飞机已经排列整齐，即将起飞时，"企业"号的"无畏"式俯冲轰炸机再次降临，"飞龙"号被4枚炸弹命中，最终只得由驱逐舰击沉。6月4日晚，达成作战目的的美军航母编队开始后撤以避免与日军水面舰队爆发夜战。

第二天早晨，"约克城"号仍未沉没，这让美军又重新燃起一线拯救该舰的希望。于是派出拖船试图拖曳该舰。而"约克城"号舰长巴克马斯特则在原"约克城"号舰员中组织了29名军官与141名水兵于6月6日凌晨重返航母进行抢修，之后驱逐舰"哈曼"号也靠在"约克城"号右舷，为其提供电力。然而当天下午，伊-168号潜艇却成功攻击了"约克城"号，在其发射的四枚鱼雷中两枚命中航母，一枚击中了"哈曼"号，后者当场被炸为两截，前者则于次日凌晨沉没。

6月6日早晨，当"约克城"号正在抢修时，"企业"号和"大黄蜂"号则在继续攻击日军，击沉"三隈"号重巡洋舰、重创"最上"号重巡洋舰，中途岛之战就此谢幕。在这场"约克城"级对抗大半个日本海军的海战中，三艘"约克城"级在一天之内扭转了太平洋战争的局势。在那之后，丧失精锐的日本帝国覆亡只是时间问题了。

1942年8月，除接受检修的"大黄蜂"号外，包括"企业"号、"萨拉托加"号以及"黄蜂"号在内的太平洋舰队所有航母都被投入了瓜岛战场。在8月24日爆发的东所罗门群岛海战中（日军称之为第二次所罗门海战），"企业"号被三枚炸弹命中，被迫返回珍珠港。与此同时，"大黄蜂"号则接替姐妹舰来到了所罗门海域。10月16日，"企业"号修复完毕，再次前往所罗门海域。10天之后，圣克鲁斯海战爆发（日方称之为"南太平洋海战"），战斗中"企业"号的舰载机炸伤了"瑞凤"号轻型航母，而"大黄蜂"号则炸伤了"翔鹤"号航母与"筑摩"号重巡洋舰。但同时"企业"号也被两枚炸弹命中，虽然损伤不轻但该舰仍可战斗。而"大黄蜂"号被3枚炸弹与两枚鱼雷命中，此外还有两架九九式舰爆坠毁在甲板上，军舰受损严重，动力瘫痪。在抢修过程中，"大黄蜂"号再次被一枚鱼雷命中，最终只得弃舰。当晚得胜的日本舰队赶到之后，曾希望缴获该舰，但最终因火势太大而放弃，改由驱逐舰将其击沉。

到此时为之，"企业"号成为太平洋地区唯一可用的美国航母，其舰员甚至在甲板上拼出了"企业VS日本"的著名口号。不过即使如此，该舰也还是要先返回珍珠港进行维修，直到11月11日才带着不少修理人员一边继续维修，一边南下参战。但就在短短两天后，"企业"号的舰载机便协助击沉了"比睿"号战列舰，到11月15日瓜岛海战（日本称之为"第三次所罗门海战"）结束时，"企业"号击沉或协助友军击沉了16艘敌军舰船并击伤了另外8艘。直到11月底，该舰才得以再次返回珍珠港修整。

1943年5月27日，"企业"号获得美国总统集体嘉奖，成为第一艘获得总统集体嘉奖的航母，也是美国海军历史上20艘获得总统集体嘉奖的军舰之一（全部是二战时期获得，大部分是驱逐舰和潜艇）。由于此时新锐的"埃塞克斯"级航母已经进入一艘接一艘服役的丰收期，"企业"号终于空闲下来并于7

月20日入坞大修及改装。此后的时间里，拥有大量航母的美军拥有了压倒性优势，所以"企业"号接下来的战斗中也就少了力挽狂澜的传奇故事，而多是平淡的参与空中掩护任务，协助地面部队不断夺取日占岛屿。1945年开始，包括"企业"号在内的美军航母特混编队横扫剩余各日占区域并开始轰炸日本本土。3月18日，"企业"号被日机命中一枚炸弹，轻微受损，6天后该舰返航接受了修理。4月5日，该舰出现在支援冲绳战役的前线，并于4月11日与5月14日分别遭到一架日军自杀飞机撞击，而这也是该舰最后一次遭到敌人攻击。不久，日本投降，第二次世界大战结束。

在执行了数次"魔毯"任务后，"企业"号于1947年2月17日退役。1946年曾有计划将该舰交给纽约州作为永久纪念馆，然而1949年计划被取消。于是热情的民众自发决定筹款买下该舰作为博物馆或者纪念馆，但遗憾的是他们没能筹到足够资金，海军遂于1958年7月1日将该舰出售给拆船商。人们再一次努力试图至少将该舰的三脚桅保存下来作为纪念，但依旧没能成功。到1960年5月时，该舰已经被彻底解体。"企业"号目前剩下的部件有舰钟、铭牌以及一个船锚。

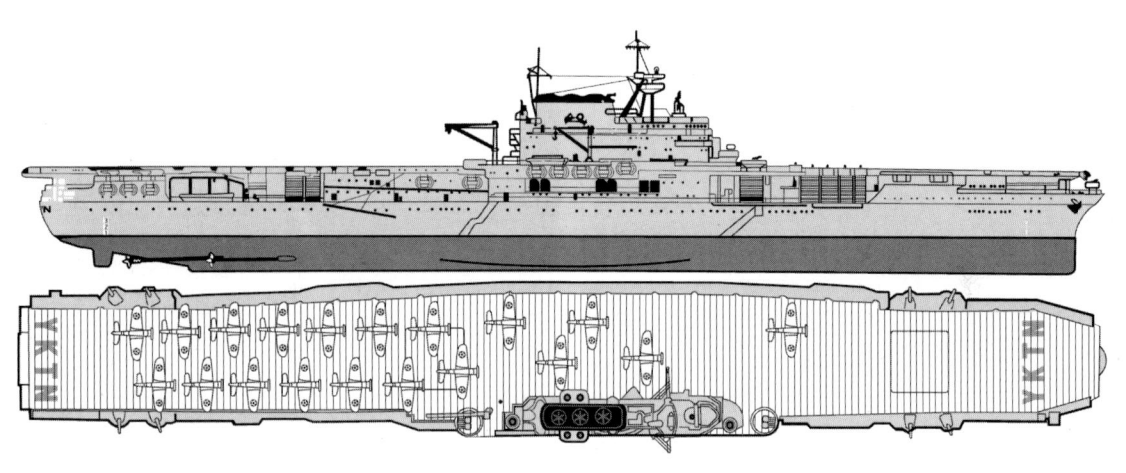

▲ "约克城"级航空母舰线图。

舰名	外文原名	舷号	开工时间	下水时间	服役时间	退役时间	备注
约克城	Yorktown	CV-5	1934年5月21日	1936年4月4日	1937年9月30日		1942年6月7日被日本伊-168号潜艇击沉
企业	Enterprise	CV-6	1934年7月16日	1936年10月3日	1938年5月12日	1947年2月17日	1958年出售解体
大黄蜂	Hornet	CV-8	1939年9月25日	1940年12月14日	1941年10月20日		1942年10月27日被日本"卷云"号与"秋云"号驱逐舰击沉

作战。"埃塞克斯"级的最大危机发生在3月18日，当时"富兰克林"号被日机命中两枚炸弹，当时该舰正在准备出击的机群，像中途岛海战中的日本航母一样发生较大规模的二次爆炸，严重受损，军舰右倾，经过几乎一天的火线抢救，军舰勉强恢复了动力，返航维修。

4月7日，"埃塞克斯"号航母派出的一架侦察机发现了正在前往冲绳的"大和"号战列舰，美军航母随即对"大和"号展开了前所未见的密集空袭，最终将这艘人类历史上最大、最强的战列舰送入了海底。4月16日，"无畏"号航母被日军自杀飞机重创，被迫返航维修，此时几乎每天都有美军军舰被自杀飞机撞伤，区别只在于伤得多重以至是否沉没。6月5日，"大黄蜂"号的飞行甲板再次因台风而坍塌，该舰因此返航维修。不久冲绳战役结束，美军舰队遂返航休整。

7月，美军航母特混舰队重新展开轰炸日本本土的行动，直至日本投降。在日本投降仪式当天，数艘"埃塞克斯"级起飞庞大机群飞越美军"密苏里"号战列舰上空以壮声威。至此，"埃塞克斯"级经受了日军炸弹、鱼雷、自杀飞机的各种攻击，但是无一沉没。

战争结束后，军队被大规模裁减，"埃塞克斯"级也未能完全逃脱。因为新锐"中途岛"级服役，"埃塞克斯"级不再是美国海军的瑰宝。战争结束后不久，便有19艘"埃塞克斯"级退役封存，只剩5艘维持现役。

由于喷气式飞机的出现，航母作为飞机平台本身也需要对应改进以适应其技术特点。战后下水，已经完工85%的"奥里斯卡尼"号遂被停建以等待新的设计方案。而海军于1947年6月5日最终拿出来的新方案被称为SCB-27，大幅强化了飞行甲板强度，并取消甲板高炮、重修舰桥以扩大甲板面积。在改建之后，航母的排水量增加了约20%。为维持军舰的浮力储备，水线装甲带被移除，并在舰体侧面安装了突出部。不过排水量的增加也导致军舰的航速下降了近3节，最高航速只能达到30节左右。

1947年8月8日，"奥里斯卡尼"号按照新方案开始复建。该舰最终于1950年9月15日完工服役，是"埃塞克斯"级中最后完工的。而其余各舰自1949年2月起也先后入坞按照SCB-27方案进行改建，不过由于技术的飞快进步，它们的改建方案已经升级为SCB-27A型，使用了H-8型液压式弹射器。1951年12月起接受改建的则是SCB-27C型，使用了C-11型蒸汽弹射器，这也是英军发明的现代蒸汽弹射器第一次被引入美国并许可生产装舰，实际上第一艘按此方案改装的"汉考克"号所用的弹射器本身就是英国制造的。

1952年12月，"安提坦"号加装并测试了英国人发明的斜角甲板，这也让它成为世界历史上第一艘装备斜角甲板的航空母舰，实验结果证明这是一个应对高速喷气机降落的有效方案。在这次成功的基础上，"埃塞克斯"级得到了新的改建方案SCB-125，其改建内容除前述SCB-27系列部分及新的斜角甲板外，还将舰首由开放舱改为封闭舱，并将航空指挥部移到了舰桥后方，此外布置了光学助降系统，Mk 7型拦阻索以及空调等。经过SCB-125升级后，"埃塞克斯"级彻底焕然一新，成为完全现代化的中型航母。最终在所有"埃塞克斯"级中，一艘接受了SCB-27升级，8艘接受了SCB-27A升级，6艘接受了SCB-27C升级。而这总共15艘SCB-27系列中，只有"尚普兰湖"号后来没有接受SCB-125升级。所以，24艘"埃塞克斯"级最终有15艘进入搭载喷气机的攻击型航母序列。

1950年6月25日朝鲜战争爆发后，19艘封存的"埃塞克斯"级有17艘被解封。不过参与朝鲜战争的"埃塞克斯"级大部分使用的还是二战时期的活塞式舰载机，即便是F2H喷气式舰载战斗机也远不及对方的米格-15战斗机。而性能上接近米格-15的F9F战斗机则服役得较晚，基本未在朝鲜战争中发挥多大作用，因此事实上此时的美国海航在飞机性能方面要算是落入了下风。不过即使如此，投入战争的11艘"埃塞克斯"级航空母舰还是牢牢把持着制海权并广泛地参与了对地攻击任务，但在空战方面几乎毫无贡献。

1952年10月，美国海军更改舰艇编号规则，"埃塞克斯"级全部被改为CVA，即攻击型航母。不过随着苏联潜艇的威胁越来越大，未接受任何SCB-27升级的9艘"埃塞克斯"级全部被改编为反潜航母，不进行现代化改装，直接改为搭载直升机执行反潜任务，编号也对应更改为 CVS（反潜航母）。不过，其中"富兰克林"号与"邦克山"号由于在二战中受损严重，并没有进行维修，因此只是挂名。

由于新航母陆续服役，加上新式飞机越来越大的尺寸与重量，即便是接受过 SCB-27 系列及 SCB-125 改装的"埃塞克斯"级也逐渐显得力不从心，因此大部分接受过现代化改进的该级舰也被陆续改编为反潜航母。而原来未接受 SCB-27 或者 SCB-125 改装的 9 艘"埃塞克斯"级则有三艘在 1950 年代末被改编为两栖攻击舰提供给海军陆战队并得到全新的 LPH 编号，其余 6 艘做退役解体处理。最终只有 3 艘"埃塞克斯"级直到退役仍保持攻击航母的身份。

至 1960 年代末到 1970 年代中期，"埃塞克斯"级陆续退役，只有"列克星敦"号作为训练航母一直服役到 1991 年。目前仍然作为博物馆保存的"埃塞克斯"级有四艘，包括停泊在南卡罗来纳州的"约克城"号、停泊在纽约的"勇猛"号、停泊在加利福尼亚州的"大黄蜂"号以及停泊在德克萨斯的"列克星敦"号。

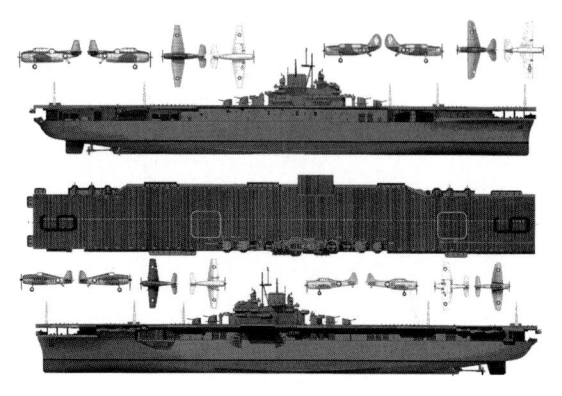

▲ "埃塞克斯"级航空母舰线图。

舰名	外文原名	舰号	开工时间	下水时间	服役时间	退役时间	备注
埃塞克斯	Essex	CV-9	1941年4月28日	1942年7月31日	1942年12月31日	1969年6月30日	1975年解体
约克城	Yorktown	CV-10	1941年12月1日	1943年1月21日	1943年4月15日	1970年6月27日	作为博物馆保存在南卡罗来纳查尔斯顿
勇猛	Intrepid	CV-11	1941年12月1日	1943年4月26日	1943年8月16日	1974年3月15日	作为博物馆保存在纽约
大黄蜂	Hornet	CV-12	1942年8月3日	1943年8月30日	1943年11月29日	1970年6月26日	作为博物馆保存在加利福尼亚州阿拉米达
富兰克林	Franklin	CV-13	1942年12月7日	1943年10月14日	1944年1月31日	1947年2月17日	1966年出售解体
提康德罗加	Ticonderoga	CV-14	1943年2月1日	1944年2月7日	1944年5月8日	1973年9月1日	1974年出售解体
伦道夫	Randolph	CV-15	1943年5月10日	1944年6月28日	1944年10月9日	1969年2月13日	1975年出售解体
列克星敦	Lexington	CV-16	1941年7月15日	1942年9月23日	1943年2月17日	1991年11月8日	作为博物馆保存在德克萨斯州科珀斯克里斯蒂
邦克山	Bunker Hill	CV-17	1941年9月15日	1942年12月7日	1943年5月24日	1947年1月9日	1973年出售解体
黄蜂	Wasp	CV-18	1942年3月18日	1943年8月17日	1943年11月24日	1972年7月1日	1973年出售解体
汉考克	Hancock	CV-19	1943年1月26日	1944年1月24日	1944年4月15日	1976年1月30日	1976年出售解体

舰名	外文原名	舷号	开工时间	下水时间	服役时间	退役时间	备注
本宁顿	Bennington	CV-20	1942年12月15日	1944年2月28日	1944年8月6日	1970年1月15日	1994年出售解体
拳师	Boxer	CV-21	1943年9月13日	1944年12月14日	1945年4月16日	1969年12月1日	1971年出售解体
好人理查德	Bon Homme Richard	CV-31	1943年2月1日	1944年4月29日	1944年11月26日	1971年7月2日	1992年出售解体
莱特	Leyte	CV-32	1944年2月21日	1945年8月23日	1946年4月11日	1959年5月15日	1970年出售解体
奇尔沙治	Kearsarge	CV-33	1944年3月1日	1945年5月5日	1946年3月2日	1970年2月13日	1974年出售解体
奥里斯卡尼	Oriskany	CV-34	1944年5月1日	1945年10月13日	1950年9月25日	1976年9月30日	2006年作为人工鱼礁自沉
报复	Reprisal	CV-35	1944年7月1日				1945年8月11日停工拆解
安提坦	Antietam	CV-36	1943年3月15日	1944年8月20日	1945年1月28日	1963年5月8日	1974年出售解体
普林斯顿	Princeton	CV-37	1943年9月14日	1945年7月8日	1945年11月18日	1970年1月30日	1971年出售解体
香格里拉	Shangri-La	CV-38	1943年1月15日	1944年2月24日	1944年9月15日	1971年7月30日	1988年出售解体
尚普兰湖	Lake Champlain	CV-39	1943年3月15日	1944年11月2日	1945年6月3日	1966年5月2日	1972年出售解体
塔拉瓦	Tarawa	CV-40	1944年3月1日	1945年5月12日	1945年12月8日	1960年5月13日	1968年出售解体
福吉谷	Valley Forge	CV-45	1943年9月14日	1945年7月8日	1946年11月3日	1970年1月16日	1971年出售解体
硫黄岛	Iwo Jima	CV-46	1945年1月29日				1945年8月11日停工拆解
菲律宾海	Philippine Sea	CV-47	1944年8月19日	1945年9月5日	1946年5月11日	1958年12月28日	1971年出售解体
		CV-50					建造计划取消
		CV-51					建造计划取消
		CV-52					建造计划取消
		CV-53					建造计划取消
		CV-54					建造计划取消
		CV-55					建造计划取消

"埃塞克斯"级性能诸元		
	二战时	SCB-125改建后
标准排水量	27208 吨	32250 吨
全长	265.08 米/270.7 米（"长舰体"型）	277.6 米
全宽	32.9 米	47.9 米
吃水	8.38 米	9.55 米
舰载机	36架F6F型战斗机，36架SBD型俯冲轰炸机，18架TBF型鱼雷攻击机（"埃塞克斯"号1943年11月）	80架左右小型喷气式舰载机
主机总功率	150000 轴马力	150000 轴马力
最高航速	32.7 节	30 节
续航力	15440 海里/15 节	10000 海里/15 节
人员编制	2682 人	3050 人

▲ 1942年7月31日刚刚下水的"埃塞克斯"号舰体。

▲ 1943年5月的"埃塞克斯"号航空母舰。作为当时世界上载机量最大的航母，"埃塞克斯"级的战斗力也要强于其对手日本航空母舰。

▲ 1943年中期的二号舰"约克城"号。

▲ 1943年11月至12月间在"列克星敦"号甲板上讨论作战方案的美国飞行员。

▲ 1943年11月至12月间参与空袭吉尔伯特群岛的"列克星敦"号。

▲ 1945年1月21日,一架舰载机在"汉考克"号上降落时发生爆炸的情景。

▲ 正在猛烈对空开火的"大黄蜂"号40毫米高炮。

▲ 与"贝劳伍德"号轻型航母（远方）一同遭到自杀飞机撞击的"富兰克林"号,照片摄于1944年10月30日。

▲ 1947年4月7日,遭日本自杀机撞击后燃起大火的"汉考克"号。

▲ 正在接收一架F6F降落的"汉考克"号。

▲ 经过了 SCB-27C 改装后的"勇猛"号航空母舰,照片摄于 1955 年 2 月。

▲ 一架 F2H 喷气战斗机正从"勇猛"号航空母舰上起飞。

▲ "列克星敦"号航空母舰上颇具戏剧性的一幕——一辆试图与 A-7 攻击机"赛跑"的方程式赛车。

▲ 与"独立"号、"萨拉托加"号两艘超级航空母舰一同航行以纪念美国海军航空兵组建 50 周年的"勇猛"号航空母舰(最上方)。

▲ 今日停泊在德克萨斯州作为博物馆的"列克星敦"号。

▲ 美国海军第一艘安装了斜角甲板的"安提坦"号航空母舰。

"独立"级性能诸元	
标准排水量	11000 吨
全长	189.7 米
全宽	33.27 米
吃水	7.7 米
舰载机	24 架 F6F 型战斗机，9 架 TBF 型鱼雷攻击机
主机总功率	100000 轴马力
最高航速	31.6 节
续航力	8325 海里 /15 节
人员编制	1569 人

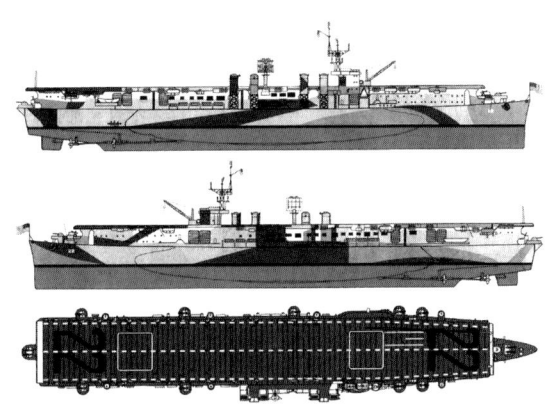

▲"独立"级轻型航母线图。

▲正在下水的"普利斯顿"号航空母舰。

▲1943 年中期正在甲板上进行训练的"考佩斯"号陆战队人员。

▲正在与海军人员一同检视"独立"级航母方案模型的罗斯福总统。

第一章 美国 · 041

▲ 与"库拉湾"号护航航母一同入坞维修的"蒙特雷"号（上）。

▲ 1944 年 10 月一架正在"兰利"号上降落的 F6F 战斗机。

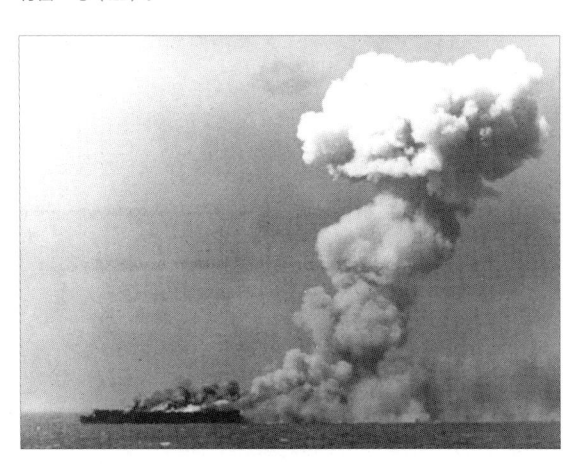

▲ 在 1944 年 10 月 24 日莱特湾海战中遭到日机轰炸后燃起大火的"普林斯顿"号。

▲ 正在为"普林斯顿"号灭火的"伯明翰"号轻巡洋舰。

▲ 1943 年下半年拍摄的"独立"号航空母舰。

◀ 经过了一段时间的抢修之后，"普林斯顿"号突然发生了大爆炸，导致该舰最终沉没。

"塞班"级

继"独立"级之后，美国海军还在1943年决定建造两艘"塞班"级轻型航空母舰，以便在未来"独立"级航母出现战沉或遭到重创时顶替舰队缺额。值得一提的是，虽然"塞班"级是以"巴尔的摩"级重巡洋舰的舰体为基础进行设计的，但它们却并不是直接使用未完工的重巡洋舰舰体进行改装的，而是自铺设龙骨时起便作为航空母舰进行建造。

因为"巴尔的摩"级重巡洋舰本身就要比"克利夫兰"级轻巡洋舰更大，而且设计师们又借鉴了"独立"级航空母舰的实际使用经验，因此"塞班"级的实际性能要比"独立"级更好一些。其全舰长度比"独立"级长了将近20米，因此其飞行甲板也达到了186.2米长、24.4米宽。此外，"塞班"级的飞行甲板也要比"独立"级设计得更为合理，提高了航空作业的效率，而且也使得从地面向飞行甲板吊装飞机的工作更为方便。为加快舰载机整备速度，"塞班"级还增加了两部鱼雷升降机与一部炸弹升降机。

"塞班"号于1944年7月10日开工建造，直到日本投降11个月后的1946年7月14日才投入服役。由于此时战争已经结束，"塞班"号在1946年至1953年间仅能执行一些诸如为飞行员培训、舰载喷气机实验、舰队战术实验以及电子设备实验等任务。除此以外，"塞班"号也曾多次参加舰队演习，但从未在朝鲜战场上参加实战。1951年，该舰随第6舰队前往地中海地区行动，两年后被调往朝鲜海域。返回美国后，该舰重新成为训练舰，直到1957年10月3日退出了现役。

二号舰"赖特"号开工于1944年8月21日，1947年2月9日竣工服役。在1947年至1951年间，该舰与"塞班"号一样，一直被作为训练舰使用，同时还承担着一些预备役人员集训以及反潜训练等任务。1951年，该舰与"塞班"号一同前往地中海，不久后便返回美国东海岸执行反潜巡逻任务。到1954年，该舰被调往太平洋海域，驻扎在日本海地区，返回美国后于1956年3月15日退役。直到60年代两舰相继被改装为通讯舰或指挥舰，但进入70年代后，随着卫星通信技术的发展和成熟，两舰迅速过时。"阿灵顿"号最后于1970年退出现役，1975年解体，"赖特"号则在1977年退役，1980年被卖给拆船厂解体。

舰名	外文原名	舷号	开工时间	下水时间	服役时间	退役时间	备注
塞班	Saipan	CVL-48	1944年7月10日	1945年7月8日	1946年7月14日	1957年10月3日	后被改装为通讯舰
赖特	Wright	CVL-49	1920年9月25日	1925年4月7日	1927年11月16日	1956年3月15日	后被改装为通讯舰

"塞班"级性能诸元	
标准排水量	14500吨
全长	208.4米
全宽	23.4米
吃水	8.5米
舰载机	18架F6F型战斗机，12架TBF型鱼雷攻击机，12架SB2C型俯冲轰炸机
主机总功率	120000轴马力
最高航速	33节
续航力	11700海里/14节
人员编制	1700人

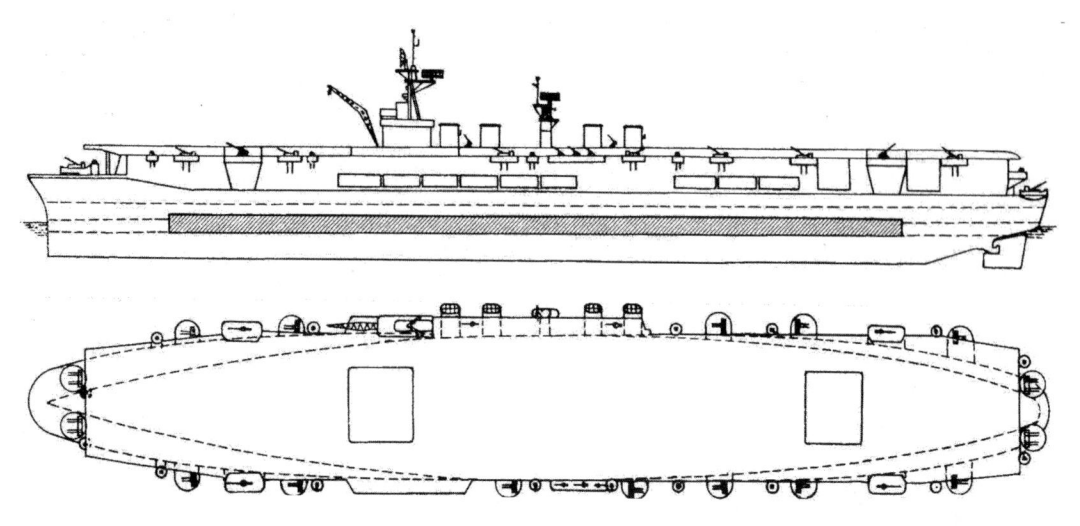

▲ "塞班"级轻型航母线图。

▲ 完工后的"塞班"号航空母舰,此时其甲板上搭载着 FH-1 型喷气式战斗机。

▲ 1952 年夏季搭载着 3600 名海军学院学员远航的"塞班"号。

▲ 与"埃塞克斯"级航母"莱特"号停泊在一起的"赖特"号轻型航母,可见二者之间体积差距极为明显。

▲ 建成早期的"赖特"号航空母舰。

"长岛"级护航航母

因为海军条约的限制,各主要海军国在战前建造的航母数量应当说是比较少的。当代表航空时代来临的第二次世界大战爆发后,各主要海军交战国都面临着航空母舰不足的问题——从正规舰队作战,到护航船队,执行反潜巡逻,支援登陆,甚至运输飞机等任务都需要航空母舰。如此情况下,除了赶造更多正规航母外,美日英等国也开始将其他舰船改装成航空母舰以填补不足。其中美国将改装航空母舰分为两类:一类是由巡洋舰、邮轮之类快速舰船改装而来的航空母舰,它们的航速足以和正规舰队航母媲美,除了载机量一般较小外,它们可以有效执行所有正规舰队航母的职责,美军将这类航母分类为CVL(轻型航母),实际中它们也的确主要用于和正规舰队航母混编,发挥同样职责;另一类是由慢速舰船,即主要是普通商船改装而来的航空母舰,由于航速几乎只有正规军舰的二分之一,它们难以伴随正规主力舰队作战,所以只能执行反潜巡逻及护航,支援登陆和运输飞机之类的辅助任务,美军于1942年2月将这类航母分类为辅助护航航空母舰,后来又于同年8月改成辅助航空母舰,最后于1943年7月改成了大部分人熟悉的护航航空母舰。

美国建造的第一级护航航母是"长岛"级,改装自C3M型(美国海事委员会设计的C3型标准货轮的一种改型)货船,共两艘。首舰"长岛"号改装自"诺门吉梅尔"号货船,二号舰"射手"号改装自"摩尔克兰"号货船。两艘货轮在接到改装训令时均已下水,自1941年初开始先后接受改装,成为护航航母,其中"射手"号是美国按照租借法案为英国建造的第一艘护航航母。相比正规舰队航母至少两年的建造周期,"长岛"号只花了88天即改装完毕,于1941年6月2日正式服役。"射手"号花的时间较多,但也只有半年,于1941年11月17日服役。

当然,如此短的改装时间也意味着改动幅度比较有限,该级舰连舰岛都没有,除布置了木制飞行甲板及一层简易机库外,两舰仍与C3M货轮无异——航速缓慢,毫无装甲或水下防护。相比当时正规舰队航母往往多达60至90架的载机量,一万多吨的"长岛"级只能搭载20架左右飞机,并且也只有一台升降机与一台弹射器。

作为美军最早的护航航母,"长岛"号经历了完整的护航航母分类改名之路。该舰初始得到的舷号是AVG-1,后来又被改成ACV-1,最后成为CVE-1。而"射手"号则得到了BAVG-1的舷号,不久,该

舰名	外文原名	舷号	开工时间	下水时间	服役时间	退役时间	备注
长岛	Long Island	CVE-1	1939年7月7日	1940年1月11日	1941年6月2日	1946年3月26日	1977年在比利时被解体

"长岛"号性能诸元	
标准排水量	11300吨
全长	150米
全宽	31.1米
吃水	7.66米
舰载机	7架F2A型战斗机,17架SOC-3型侦察机
主机总功率	8500轴马力
最高航速	16.5节
续航力	14550海里/10节
人员编制	408人

舰被正式移交给英国皇家海军，英国人给"射手"号的舷号是D78。

在实际使用中，"长岛"级暴露出的最大问题在于，虽然该舰使用的柴油机废气排放量不像锅炉那样庞大，但不单独设置烟囱而只设置排气口的设计却还是十分愚蠢，其排出的黑烟经常严重干扰舰载机的着舰作业。也正因为如此，"长岛"号在航母如云的美国海军中始终只能配得上运输飞机的任务，最后美国海军索性把它改装成专职飞机运输舰，为其换装了一块根本无法负担飞机降落冲击力的飞行甲板，同时也取消了弹射器和拦阻索。

"长岛"号战后被美国海军准备解体，但结果又被客船公司买去改装回民用船只，于1949年成为"妮莉"号（Nelly）移民客船。之后该舰又历经数次转卖与改名，最终于1977年在比利时被解体。

▲ 1941年11月的"长岛"号，可见其开放机库结构。此时飞行甲板上除两架F2A"水牛"战斗机以外，其余均为反潜观测机。

▲ 摄于1941年7月8日的"长岛"号护航航母。

▲ 担任飞机运输舰执行任务中的"长岛"号。

▲ 担任飞机运输舰执行任务中的"长岛"号，摄于1944年6月10日。

"冲锋者"号护航航母

"冲锋者"号护航航母本是根据租借法案为英国皇家海军建造的一艘"复仇者"级护航航母，同级舰共四艘。"复仇者"级是"长岛"级的改进型，依旧由C3型货轮改装而来，不过扩大了飞行甲板与机库，所以能够搭载、起降更多的舰载机，此外还布置了一个小小的舰岛。

这四艘舰本来都是为英国皇家海军建造的，所以

舰名	外文原名	舷号	开工时间	下水时间	服役时间	退役时间	备注
布列塔尼	Breton	CVE-10	1941年6月28日	1942年2月15日	1943年4月9日		1943年4月9日移交给英国
卡德	Card	CVE-11	1941年10月27日	1942年2月21日	1942年11月8日	1970年3月10日	1971年出售解体
蔻派里	Copahee	CVE-12	1941年6月18日	1941年10月21日	1942年6月15日	1946年7月5日	1961年出售解体
科尔	Core	CVE-13	1942年1月2日	1942年5月15日	1942年12月10日	1946年10月4日	1971年出售解体
克洛坦	Croatan	CVE-14	1941年9月5日	1942年4月4日	1943年2月20日		1943年2月27日移交给英国
哈姆林	Hamlin	CVE-15	1941年10月6日	1942年3月5日	1942年12月30日		1942年12月21日移交给英国
拿骚	Nassau	CVE-16	1941年11月27日	1942年4月4日	1942年8月20日	1946年10月28日	1961年出售解体
圣乔治	St. George	CVE-17	1941年7月31日	1942年7月18日	1943年6月14日		1943年6月11日移交给英国
奥尔塔马霍河	Altamaha	CVE-18	1941年12月19日	1942年5月22日	1942年9月15日	1946年9月27日	1961年出售解体
威廉王子	Prince William	CVE-19	1941年12月15日	1942年5月7日	1943年4月29日		1943年4月28日移交给英国
巴恩斯	Barnes	CVE-20	1942年1月19日	1942年5月22日	1943年2月20日	1946年8月29日	1959年出售解体
布洛克岛	Block Island	CVE-21	1942年1月19日	1942年6月6日	1943年3月8日		1944年5月29日被德军U-549号潜艇击沉
无	无	CVE-22	1942年2月20日	1942年6月20日	1943年4月8日		1943年4月7日移交给英国
布列塔尼	Breton	CVE-23	1942年2月25日	1942年6月27日	1943年4月12日	1946年8月20日	1972年出售解体
无	无	CVE-24	1942年4月11日	1942年7月16日	1943年4月26日		1943年4月25日移交给英国
克洛坦	Croatan	CVE-25	1942年4月15日	1942年8月1日	1943年4月28日	1946年5月20日	1971年出售解体
无	无	BAVG-6	1941年11月3日	1942年3月7日	1943年1月31日		1943年1月移交给英国
威廉王子	Prince William	CVE-31	1942年5月19日	1942年8月23日	1943年4月9日	1946年8月29日	1961年出售解体
查塔姆	Chatham	CVE-32	1942年5月25日	1942年9月19日	1943年8月11日		1943年8月11日移交给英国
格拉西尔	Glacier	CVE-33	1942年6月9日	1942年9月7日	1943年7月3日		1943年8月1日移交给英国
派伯斯	Pybus	CVE-34	1942年6月23日	1942年10月7日	1943年5月31日		1943年8月6日移交给英国
巴芬岛	Baffins	CVE-35	1942年7月18日	1942年10月18日	1943年6月28日		1943年7月20日移交给英国

舰名	外文原名	舷号	开工时间	下水时间	服役时间	退役时间	备注
波利纳斯	Bolinas	CVE-36	1942年8月3日	1942年11月11日	1943年7月22日		1943年8月3日移交给英国
巴斯蒂安	Bastian	CVE-37	1942年8月25日	1942年12月15日	1943年8月4日		1943年8月4日移交给英国
卡内基	Carnegie	CVE-38	1942年9月9日	1942年12月30日	1943年8月13日		1943年8月12日移交给英国
科尔多瓦	Cordova	CVE-39	1942年12月30日	1943年1月30日	1943年8月23日		1943年8月25日移交给英国
加达	Delgada	CVE-40	1942年10月9日	1943年2月20日	1943年11月20日		1943年11月20日移交给英国
埃迪斯	Edisto	CVE-41	1942年10月20日	1943年3月22日	1943年9月7日		1943年9月7日移交给英国
埃斯特罗	Estero	CVE-42	1942年10月31日	1943年3月22日	1943年11月3日		1943年11月3日移交给英国
牙买加	Jamaica	CVE-43	1942年11月13日	1943年4月21日	1943年9月27日		1943年9月27日移交给英国
肯纳那	Kennenaw	CVE-44	1942年11月27日	1943年5月6日	1943年10月25日		1943年10月22日移交给英国
普林斯	Prince	CVE-45	1942年12月17日	1943年5月18日	1944年1月17日		1944年1月17日移交给英国
奈安蒂克	Niantic	CVE-46	1943年1月5日	1943年6月2日	1943年11月8日		1943年11月8日移交给英国
珀迪多	Perdido	CVE-47	1943年1月1日	1943年6月17日	1944年1月31日		1944年1月31日移交给英国
森塞特	Sunset	CVE-48	1943年2月22日	1943年7月15日	1943年11月19日		1943年11月19日移交给英国
圣安德鲁斯	St. Andrews	CVE-49	1943年3月12日	1943年8月2日	1943年12月7日		1943年12月7日移交给英国
约瑟夫	Joseph	CVE-50	1943年3月25日	1943年8月21日	1943年12月22日		1943年12月22日移交给英国
圣西蒙	St. Simon	CVE-51	1943年4月26日	1943年9月9日	1943年12月31日		1943年12月31日移交给英国
弗米利恩	Vermillion	CVE-52	1943年5月10日	1943年9月27日	1944年1月20日		1944年1月20日移交给英国
威拉帕	Willapa	CVE-53	1943年5月21日	1943年11月8日	1944年2月5日		1944年2月5日移交给英国
温亚	Winjah	CVE-54	1943年6月5日	1943年11月22日	1944年2月21日		1944年2月18日移交给英国

"博格"级性能诸元	
标准排水量	9393 吨
全长	151.1 米
全宽	34 米
吃水	7.09 米
舰载机	9 架 F4F 型战斗机，12 架 TBF 型鱼雷攻击机
主机总功率	8500 轴马力
最高航速	16.5 节
续航力	26300 海里/15 节
人员编制	890 人

▲ 战后作为飞机运输舰服役的"科尔"号，照片摄于1966至1967年，甲板上停放有 A-4 等喷气机。

◀ 正遭到"科尔"号舰载机攻击的德国 U-185 号潜艇。在大西洋反潜战中，美制护航航母对盟军的胜利居功至伟。

◀ 1942 年 1 月 15 日正在下水中的"博格"号护航航母。

▼ 1944 年的"蔻派里"号航空母舰。

"桑加蒙"级护航航母

太平洋战争爆发后，美国海军不顾一切地需要航母。除了以C3型货轮为基础建造"博格"级护航航母外，美国海军还于1942年初开建了以T3型油轮为基础改装的"桑加蒙"级护航航母。

"桑加蒙"级共4艘，它们原本是1938至1939年开工的民用T3S2型油轮，1940至1941年被美国海军买下改建为舰队油船，太平洋战争爆发后又被选中用来改建成护航航母。相对其他护航航母的改造原型C3型货轮，T3型油轮在体积方面要大得多，这不仅提供了在恶劣海况下更好的适航性，还使得该级护航航母可以布置面积更大、强度更高的飞行甲板，从而使航母能够搭载如"无畏"式俯冲轰炸机等较重的舰载机，这也使"桑加蒙"级成为所有护航航母中唯一有能力使用俯冲轰炸机的。此外，较大的舰体还让"桑加蒙"级有空间装备更多的防空武器。T3型油轮的船体分舱相较C3型货轮也更为合理，这使得"桑加蒙"级拥有相对不错的损害管制能力。在日后的战斗中，"桑加蒙"级承受了包括日本自杀飞机、鱼雷在内的各种打击，但是无一损失。同时"桑加蒙"级还保留了原来作为油轮时的油料运输舱，这使得海军仍然可以把它们当作油轮或给油舰使用。

虽然"桑加蒙"级作为护航航母看起来各方面性能都较为优异，但是海军以T3油轮为基础建造更多护航航母的计划却因为1942年油轮吨位损失较大，亟待补充而被迫放弃。于是"桑加蒙"级也就成为美军二战中唯一一级服役的油轮改装护航航母。

1942年2月起，4艘"桑加蒙"级的改建工作先后开始。8至9月，各舰改装完毕。与"博格"级不同，4艘"桑加蒙"全部都在美国海军服役，而且因为当时美国海军航母短缺，除"突击者"号外的所有美军正规舰队航母都已被抽调去支援太平洋战场，所以性能较为优秀的"桑加蒙"级在服役后当仁不让地成了大西洋舰队航母特混舰队主力。1942年10月末，在"突击者"号的带领下，4艘"桑加蒙"级投入了进攻北非法属殖民地的"火炬"行动，其舰载机部队担负了空中巡逻、反潜巡逻与地面支援等任务。除此之外，"桑加蒙"级甚至还抽空干了自己的油轮老本行，在行动过程中为其他军舰加油。

"火炬"行动胜利结束后，4艘"桑加蒙"级短暂的分道扬镳。四号舰"桑蒂"号继续在大西洋担负反潜巡逻之类的任务，另外3艘都被派遣到太平洋，运输飞机或者为炽热的岛屿争夺战提供支援。1944年上半年时，"桑蒂"号最终也被调到了太平洋。

除了些自身舰载机的小事故外，"桑加蒙"级直到1944年中的生涯总体上没有什么波澜。1944年6月，一号舰"桑加蒙"号与二号舰"萨旺尼"号被投入进攻塞班岛的战役，但是当著名的马里亚纳海战打响时，美国海军调去迎击日军舰队的全部是舰队航母，所有护航航母都被留下来继续支援登陆部队，所以"桑加蒙"级也就与人类历史上最大的航母交战失之交臂了。

1944年10月20日，4艘"桑加蒙"级会合在一起参加了登陆莱特岛的战役。但第一天"桑加蒙"号就被日军飞机抛下的一枚炸弹命中，不过这枚炸弹戏剧性地在主甲板上划了几道痕后被弹入大海，一直落到了距离"桑加蒙"号远达270米的地方才发生爆炸，没有对该舰构成任何实质性伤害。接下来的几天里，4舰与其他护航航母一起为登陆的美军地面部队提供了强大的空中支援，不久，三号舰"希南戈"号返航去装载补充用飞机。

10月25日爆发了著名的萨马海战，美军护航航母编队与日军栗田健男中将率领的水面舰队遭遇并遭到痛击，不过此战中遭到攻击的美军护航航母编队仅有"塔菲3号"，即第77特混舰队第4大队第3小队。"桑加蒙"级所在的"塔菲1号"因为远在南方并未受到日军舰队的威胁。但是这一天对于"桑加蒙"级来说也不平静，在日军神风自杀飞机一波又一波的攻击中，虽然美军护航航母编队拼死发射防空炮火并击落了大量来袭日机，但"桑蒂"号还是被自杀飞机撞中，飞行甲板与机库甲板起火；就在大火得到控制后不久，该舰又被日军伊-56号潜艇发射的一枚鱼雷命中，导致军舰部分舱室进水并倾斜6度。不久后，"萨旺尼"号也被一架零战撞上，飞行甲板与机库甲板受损。虽然遭到如此打击，但是"桑蒂"号与"萨旺尼"号都幸存了下来，"萨旺尼"号甚至很快修复了，重新开始航空作业。不过包括没有遭到日军直接命中的"桑加蒙"号在内，3舰都遭受了一定的人员伤亡。战斗结束后受损最为严重的"桑蒂"号先行返航修理，而剩余两舰在第二天再次被日军机群攻击，一架神风自杀飞机撞上了"萨旺尼"号并引起该舰飞行甲板上的大量载机起火爆炸，灾难最终在几个小时后被控制住了，伤势不轻的"萨旺尼"号不得不步"桑蒂"号后尘返航维修。而"希南戈"号虽然于28日带着补充飞机回到舰队，但第二天整个舰队便退出了战斗。

1945年开始，4艘"桑加蒙"级又伴随美军舰队参加了包括冲绳战役在内的大多数剩余对日战役。虽然日军进行了疯狂抵抗，但是除了"桑加蒙"号在1945年5月4日再度被一架神风自杀飞机撞成重伤外，总体来说"桑加蒙"级在最后一年里的战斗大多有惊无险。战后，"桑加蒙"号中止维修并直接出售给民营公司，后几经转手，最终于1960年8月在日本大阪被解体。而另外三舰则参加了运送大量退役美军士兵返回本土的"魔毯"行动，之后均被美国海军封存，1959年，三舰被美国海军注销并出售给民营公司，很快都被解体。

舰名	外文原名	舷号	开工时间	下水时间	服役时间	退役时间	备注
桑加蒙	Sangamon	CVE-26	1939年3月13日	1939年11月4日	1942年8月25日	1945年10月24日	1960年被解体
萨旺尼	Suwannee	CVE-27	1938年6月3日	1939年3月4日	1942年9月24日	1947年1月8日	1962年被解体
希南戈	Chenango	CVE-28	1938年7月10日	1939年4月1日	1942年9月19日	1946年10月21日	1960年被解体
桑蒂	Santee	CVE-29	1938年5月31日	1939年3月4日	1942年8月24日	1946年10月21日	1960年被解体

"桑加蒙"级性能诸元	
标准排水量	10494吨
全长	168.6米
全宽	32.1米
吃水	9.32米
舰载机	12架F6F型战斗机，9架SBD型俯冲轰炸机，9架TBF型鱼雷攻击机
主机总功率	13500轴马力
最高航速	18节
续航力	23900海里/15节
人员编制	1080人

KC-130F 的实验，结果取得圆满成功，这也是降落在航母上最大兼最重的飞机记录。不过，虽然实验成功了，但是巨大的 C-130 在航母甲板上进行起降还是显得过于冒险，最终海军选择了更保险的 C-2 型运输机。1964 年 5 月，部署在太平洋地区的"突击者号也进行了类似的实验，不过这次起降的是 U-2 型高空侦察机以观测法国在玻利尼西亚岛的核实验情况。由于行动高度机密，因此所有普通舰员在 U-2 起降时都被要求到飞行甲板下回避。而在这次行动中，一架 U-2 在着舰时坠入海中。

美国全面介入越南战争后，"突击者"号首先于 1964 年 8 月 6 日被部署到越南附近海域，以舰载机支援地面战斗。次年 6 月，"独立"号也来到了越南，不过该舰在这里只逗留到了 11 月 21 日，之后便返回大西洋海域，未再参与越战之后的行动。1967 年 7 月，"福莱斯特"号亦到达越南附近海域执行空袭任务。不过仅仅几天以后的 7 月 29 日，"福莱斯特"号正在准备新一波空袭时，一架 F-4 型舰载战斗机所挂载的火箭走火并击中了前方一架已经挂弹的 A-4 型攻击机，在航母上引起大火，火灾肆虐了数个小时，烧毁了 21 架飞机并导致 134 名舰员死亡，此外还有 161 名舰员受伤。这一事故导致航母不得不放弃任务返航维修，随后的修理花去了多达 7200 万美元。

在此期间，"萨拉托加"号仍然在地中海方面作为美国的存在力量。1967 年 6 月 8 日，正在地中海公海海域侦察第三次中东战争情况的美军"自由"号间谍船遭到以色列飞机和鱼雷艇攻击，34 名美军舰员死亡，171 人受伤。虽然事后以色列人称他们误把该船当成埃及舰艇，但是该船幸存者坚称他们表明了身份而且以色列人其实知道他们是美国人，无论如何，"萨拉托加"号在收到求救信号后立刻弹射器飞了 8 架挂载实弹的战机前去救援该船，逼迫以色列人停止攻击并转而开始救援该船。

此后直到 1972 年，除"突击者"号一直持续部署在越南海域外，其余 3 舰都主要在大西洋或地中海海域活动。同年，美国海军又一次修改编号规则，CVA（攻击航母）被更改为 CV（常规动力航母），4 艘"福莱斯特"级的编号亦随之修改。1972 年 4 月 11 日，"萨拉托加"号驶往苏比克湾开始它的第

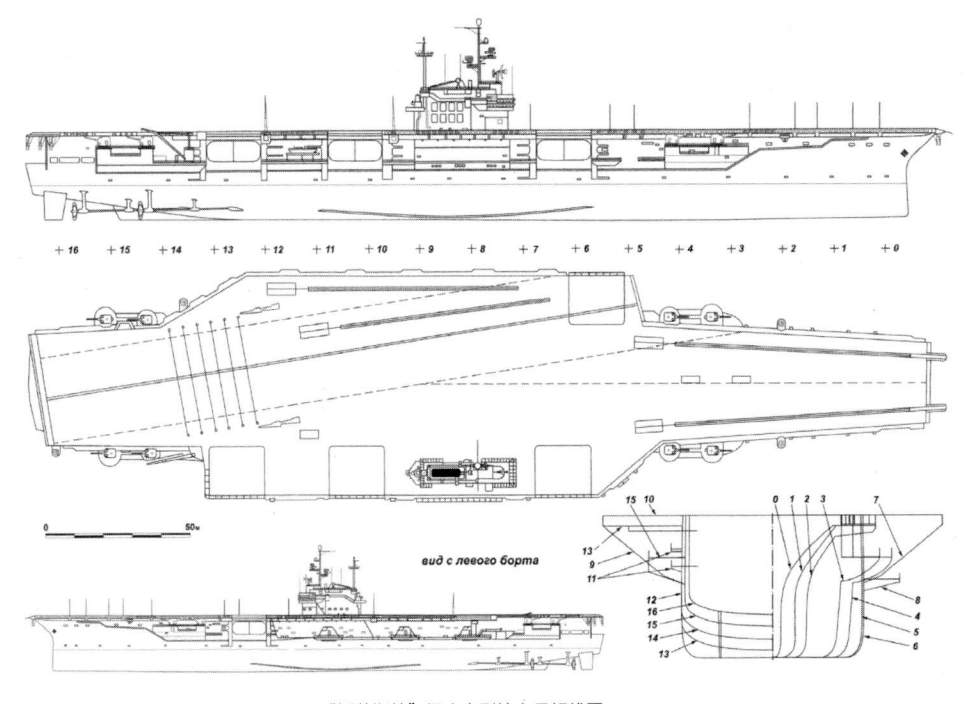

▲ "福莱斯特"级攻击型航空母舰线图。

一次西太平洋地区巡航。在越战最后的时光里,"萨拉托加"号和"突击者"号一直在越南行动,直到1973年美国退出越南战争。此后"萨拉托加"号返回大西洋舰队。

1985年10月10日,1艘从埃及亚历山大港出航的意大利邮轮被巴勒斯坦解放阵线组织的恐怖分子劫持,1名美国游客被杀。经过与埃及方面两天的谈判,恐怖分子在埃及塞得港登陆并搭乘埃及航空公司的波音737飞机前往突尼斯。根据里根总统的命令,"萨拉托加"号出动了7架F-14型战斗机前往拦截这架波音737,最终客机被F-14引导到意大利西格里拉海军航空站降落,意大利人随后逮捕了恐怖分子。

1990年,伊拉克军队入侵科威特,除"福莱斯特"号于1991年被调回本土接替"埃塞克斯"级的"列克星敦"号成为训练航母外,其余3艘"福莱斯特"级都被调到波斯湾并参与了"沙漠盾牌"与"沙漠风暴"行动。1992年,"福莱斯特"号开始接受改装成为训练航母,然而1993年海军改变主意决定不再保留专门的训练航母,"福莱斯特"号遂于1993年9月11日退役,而"突击者"号已经于稍早的7月10日退役。剩余2舰继续正常行动,直到1994年8月20日,"萨拉托加"号也告退役。1996年3月,中国人所熟知的台海危机时期,"独立"号与"尼米兹"号被一同部署到台湾海域。1998年9月30日,"独立"号退役。

4艘退役的"福莱斯特"级目前尚未拆毁,但是等待它们的命运不容乐观,仅有"突击者"号有望作为博物馆保存,其余3舰则很可能被拆解或作为靶舰击沉。

舰名	外文原名	舷号	开工时间	下水时间	服役时间	退役时间	备注
福莱斯特	Forrestal	CV-59	1952年7月14日	1954年12月11日	1955年10月1日	1993年9月11日	可能作为人工鱼礁自沉
萨拉托加	Saratoga	CV-60	1952年12月16日	1955年10月8日	1956年4月14日	1994年8月20日	可能在德克萨斯州布朗斯维尔解体
突击者	Ranger	CV-61	1954年8月2日	1956年9月29日	1957年8月10日	1993年7月10日	可能作为博物馆保存在俄勒冈州费尔维尤
独立	Independence	CV-62	1955年7月1日	1958年6月6日	1998年9月30日	2004年3月8日	可能被解体

"福莱斯特"级性能诸元	
标准排水量	59650吨
满载排水量	81101吨
全长	325米
全宽	72.5米
吃水	11米
舰载机	最多85架F-14、F-4、A-4、A-7、A-6、E-2、S-3B、EA-6B、C-2、SH-3、A-3B等舰载机
主机总功率	280000轴马力
最高航速	34节
续航力	8000海里/20节
人员编制	5540人

▲ 根据"福莱斯特"级最初方案绘制的完工想象图,与"合众国"号一样,此时该级舰也并没有设置舰桥。

▲ 正在吊装过程中的"福莱斯特"号二号柴油主机。

▲ 建造中的"福莱斯特"号舰体,照片摄于1953年4月28日。

▲ 1956年3月12日,正在起飞FJ-3战斗机的"福莱斯特"号。

▲ 1955年8月22日,出海进行试航的"福莱斯特"号。

▲ 正在飞跃"福莱斯特"级二号舰"萨拉托加"号的 VA-34 中队 A-4 攻击机。

▲ 1965 年在西班牙巴塞罗那入港的"萨拉托加"号。

▲ 1967 年的"福莱斯特"号航空母舰。作为世界上第一型真正意义上的超级航母，其基本设计理念一直被沿用到了今日。

▲ 1985 年在地中海巡航的"萨拉托加"号，此时该舰已经装备了 F-14 战斗机。

▲ 1971 年 8 月进入船坞维修的"突击者"号航空母舰，此时"汉考克"号（远方左侧）和"珊瑚海"号（远方右侧）也停泊在同一港口中。

▲ 1998 年与"小鹰"号（右）一同停泊在珍珠港的"独立"号航空母舰，此时前者刚刚接替"独立"号准备前往日本横须贺长期驻扎执勤。

▲ "罗斯福"号的作战指挥中心（CDC），照片摄于2005年该舰于波斯湾巡航期间。

▲ 2006年7月28日，一架VF-31中队的F-14D在"罗斯福"号航空母舰上完成了"雄猫"战斗机最后一次弹射起飞，为海军航空史上最为传奇的战机画上了句号。

▲ 正从"林肯"号上方飞跃而过的三架S-3反潜巡逻机。

▲ 2007年，在拖船辅助下进入北岛海军航空站的"斯坦尼斯"号航空母舰。

"福特"级

"福特"级核动力航空母舰是美国在建中的新型超级航母，该级舰将在未来50年中建造10艘，逐步取代现役的"尼米兹"级。

"福特"级的正式概念最早由五角大楼于2002年提出，当时该计划的名称还是CVNX，其中"CVN"和"尼米兹"级、"企业"号一样表示核动力航母，而X则表示实验或技术验证。该计划后来又被改名为CVN-21，21表示21世纪之意，即21世纪的新航母。相对"尼米兹"级，CVN-21在舰体基本尺度等方面变化不大，但是它的核心设计思想却与"尼米兹"级截然相反——"尼米兹"级设计于20世纪60年代，那时人力比各种信息化或者自动化系统便宜，当然那时后者也不很成熟，而到了21世纪，形势已经完全反过来了。所以反映到CVN-21的设计中，除了采用"尼米兹"级原始设计诞生后的诸多新技术外，最大特征便是尽可能地利用技术设备并优化布局等手段来降低人力消耗，从而能够减少舰员数量，降低维护成本。根据美军一开始的设计期望，CVN-21航母一号舰将能够节省30%左右的舰员编制，而二号舰将能节省一半的舰员编制，从而大大降低人员方面的开支。即便是实际开工后，美军的保守期望也是能够减编"几百名舰员"。

除此以外，CVN-21的舰岛被缩小且后移，此外对飞行甲板布置做了改进，使用6面AN/SPY-3型相控阵雷达代替了老式航母繁杂的雷达，从而得以减小舰桥体积，空出略多的甲板面积。舰桥后移也使舰桥前方空出了大片甲板专门用于飞机出击前的加油挂弹作业，这使得飞机降落后不用穿过任何起降区域便可以快捷而高效地被转移到此区域重新挂弹加油，从而大大提高了单位时间内的出击架次。除了舰桥及相关甲板区域的变化外，其他飞行甲板方面的变化还包括改进四号弹射器的位置。在"尼米兹"级上，四号弹射器上的飞机因为左翼过于靠近甲板边缘而无法满载起飞，因此CVN-21将四号弹射器的位置向内移动了一段距离。与此同时，4台升降机被削减为3台，这一切都是为了尽可能地提供更大更高效的飞行甲板作业环境。

在过去50年中，蒸汽弹射器是大型航空母舰的必备设备之一，但在CVN-21上，这一点即将成为历史。新舰将使用电磁弹射器代替蒸汽弹射器。相比之下，新弹射器和拦阻索出力更均匀，老系统往往会在行程开始时给予飞机极大的过载，而后面又会较小，其中大过载的阶段会对飞机结构造成较明显的损伤，这迫使舰载飞机往往需要额外加固的结构，从而付出重量方面的代价，其寿命也受到影响，而新系统是均匀加速，对飞机结构的损坏要小得多。新的电磁系统相比老系统还拥有更高的可控性，能够灵活设定出力。新的电磁系统的结构相比老系统也要简单得多，占用体积也要小得多。老系统比如蒸汽弹射器拥有复杂而庞大的管道与阀门结构，无论操作或维护都不容易，并且还占用了舰内的大量容积，而新系统就要简洁得多，这意味着操作或者维护它所需的人力也要少得多，同时解放了更多舰内容积可以用于布置其他舱室。

自"尼米兹"级诞生至今，各种技术已经进步了很多代，对于动力系统来说最直观的结果便是军舰所需的用电量一直在不断上升，尤其CVN-21还拥有与4台电磁弹射器。如此之大的耗电量超过了"尼米兹"级所用的A4W型反应堆所能提供的电力上限，这也是为什么"尼米兹"级虽然不断改进但却始终无法使用电磁弹射器或电磁拦阻索的原因，当然这也是促使新的CVN-21诞生的原因之一。CVN-21所用的A1B型核反应堆体积更小，并能提供3倍于A4W型核反应堆的发电量。不仅如此，A1B的寿命也更长，这使得CVN-21全寿命期中需要更换核燃料的次数大减，而每减少一次更换核燃料的工程就意味着可以减少对应所需花费的数亿乃至十多亿美元，大大降低了CVN-21的全寿命支出。

虽然美军曾经打算把"尼米兹"级最后一艘"布什"号建成CVN-21的技术验证舰，大量使用前述先进概念或技术，但是最终因为预算原因不得不放弃；美军最早时还曾期望2007年能够开工建造第一艘CVN-21，2011年开工第二艘，从而使得2013年"企业"号退役时刚好第一艘CVN-21能够完工服役并接替它。这样一来，美军也可以维持11艘现役航母的数量不变。但因为预算原因，第一艘CVN-21迟至2009年才开工，"企业"号则在2012年便提前退役，使美军在接下来很长时间只有10艘现役航母。

目前第一艘"福特"级航空母舰已于2017年服役，该舰以美国第38任总统之名命名为"杰拉尔德·鲁道夫·福特"号，于是CVN-21也就被称为"福特"级。

舰名	外文原名	舷号	开工时间	下水时间	服役时间	退役时间	备注
福特	Gerald R. Ford	CVN-78	2009年11月13日	2013年11月9日	2015年		计划用于取代"企业"号
肯尼迪	John F. Kennedy	CVN-79	2017年7月22日	2018年	2020年		计划用于取代"尼米兹"号
企业	Enterprise	CVN-80	2018年	2023年	2025年		计划用于取代"艾森豪威尔"号

"福特"级性能诸元	
满载排水量	101600 吨
全长	333 米
全宽	77 米
吃水	12.5 米
舰载机	最多 90 架 F-35C、F/A-18E/F、EA-18G、E-2D、C-2A、MH-60R/S、X-47B 等舰载机
主机总功率	不详
最高航速	不低于 30 节
续航力	无限
人员编制	不详

▲ 二号舰"肯尼迪"号的第一块钢板切割仪式。

▲ 正在吊装舰桥的"福特"号航空母舰。

"福特"级航空母的 3D 模拟图,其甲板上停放着 F-35C 型战斗机。

第二章
加拿大

"勇士"号（"巨人"级）

"勇士"号属于英国海军"巨人"级轻型航母。该舰在1944年下水，1946年1月24日完工后被转交给加拿大海军，其首任舰长为弗兰克·霍顿上校（退役时军衔为少将）。在加拿大驱逐舰"米克马克"号和扫雷舰"米德尔塞克斯"号的护航下，"勇士"号于1946年3月下旬从朴次茅斯起航前往加拿大，至3月31日抵达哈利法克斯港。"勇士"号在加拿大海军的服役并不顺利，在整个1947年中，这艘并没有装备暖气系统设备的航母不得不在环境恶劣的北大西洋执行勤务，有时甚至还要进入北极圈，无论是空勤人员还是水兵都吃尽了苦头。因此在1948年，"勇士"号便被送还给了英国海军，作为交换，后者则向加拿大海军交付了"壮丽"号航空母舰。而"勇士"号后来被英国海军卖到了阿根廷，成为后者的"独立"号航空母舰。

舰名	外语原名	获得时间	退役时间	备注
勇士	Warrior	1946年3月14日	1948年3月23日	原英国海军"勇士"号航空母舰，交还英国后被转卖给阿根廷海军

"勇士"号性能诸元	
满载排水量	18300吨
全长	212米
全宽	24米
吃水	7米
舰载机	48架活塞式舰载机
主机总功率	40000轴马力
最高航速	25节
续航力	12000海里/14节
人员编制	1075至1300人

◀ 在加拿大海军服役期间的"勇士"号航空母舰。

"壮丽"号与"邦纳文彻"号("庄严"级)

在将"勇士"号交还给英国后,加拿大海军又向英国重新订购了尚未完工的"庄严"级轻型航母三号舰"壮丽"号,并要求在舾装过程中为其安装暖气系统。早在1943年7月29日,该舰便已经动工,到1944年11月下水,不过与大多数同级姐妹舰相似,"壮丽"号的施工也因大西洋护航战结束而停工,直到加拿大海军将其买走才重新开工。1948年3月21日,"壮丽"号正式加入了加拿大海军。当时该舰所使用的舰载机为"海火"式单座战斗机、"海怒"式双座战斗机以及"复仇者"式三座鱼雷机。在爱给军舰起昵称的船员中间,"壮丽"号也因其英文(Magnificent)的发音而得名"玛琪"(Maggie)。

1949年3月20日,当"壮丽"号在加勒比海上参加一次舰队演习时,舰上有32名地勤人员突然宣布拒绝执行上级要求他们在早上清洗甲板的命令,以抗议自己受到的不公正待遇。对于这一突发情况,"壮丽"号舰长十分果断而谨慎地将这32名地勤召集了起来进行谈话,承诺解决他们的问题,并对外宣布这只是一场意外"事件",而并非会在军法上给这些人带来严重处罚的"暴乱",从而化解了这场危机。几乎在同一时间,在中国南京以及墨西哥西海岸均有加拿大军舰发生了类似的事件,而那两位船长也同样采取了大事化小、小事化了的谨慎手段。

由于"壮丽"号并未安装斜角甲板,在服役后不久便显得不堪使用了,因而也逐渐成了一艘高速运输舰。其最后一次行动则是在1956年的苏伊士运河危机期间运载着一批加拿大维和部队前往中东,搭乘部队所装备的车辆则停放在飞行甲板上一同运输。同年年底,随着经过了大规模现代化改装,拥有斜角甲板的"邦纳文彻"号的到来,"壮丽"号被送回英国,于次年编为预备役,最终于1965年拆毁。

接替"壮丽"号的"邦纳文彻"号也同样属于"庄严"级轻型航母,在英国海军服役时原名"有力"号。与"壮丽"号相同,"有力"号在下水后也遭遇了停工的命运。直到加拿大人感到无法起降喷气机的"壮丽"号不足以担负未来战争任务之后,该舰才时来运转。1952年,加拿大海军买下了"有力"号,并将其交由英国船厂进行现代化改装,安装蒸汽弹射机、斜角甲板。同时其舰名也依照加拿大一个野生鸟类保护区的名字改为"邦纳文彻"号。1957年1月17日,"邦纳文彻"号正式加入加拿大海军服役。

在"邦纳文彻"号最初服役时,该舰搭载了总计34架固定翼舰载机和直升机,其中固定翼飞机分别为麦道公司的F2H"女妖"型喷气式战斗机和格鲁曼的CS2F"追踪者"型巡逻机(即S-2型的加拿大型号)。直升机则为西科斯基公司的HO4S型直升机(即著名的H-19"契卡索人"式)。在实际使用中,由于"邦纳文彻"号的飞行甲板相对较短,因此F2H型战斗机在降落时通常要冒很大风险,一部分美国飞行员在美加两国的联合演习中甚至拒绝在"邦纳文彻"号上降落。而使用CS2F型巡逻机在进行航空作业时又会因为甲板狭窄而显得十分局促。不过无论如何,在加拿大海军空勤、地勤以及水兵的联合努力下,到1958年时,"邦纳文彻"号总算是形成了战斗力,可以担负全天候作战任务,而且主要职责则是反潜巡逻,因此随时待机的舰载机也是4架CS2F反潜巡逻机和2架HO4S直升机。1966年至1967年，加拿大海军花费1100万美金对"邦纳文彻"号进行了一次全面整修。在那之后，随着F2H战斗机的退役，该舰正式成为了一艘彻底的反潜航母，原先VF-870和VF-871两个战斗机中队被3个"海王"直升机中队取代，全舰载机量则减少到了21架。在加拿大海陆空三军于1968年被合并为"加拿大军队（Canadian Forces）"后，"邦纳文彻"号也于1970年7月3日在哈利法克斯退役，一年后被拖到台湾拆船厂拆解。仅有船锚和船钟被作为纪念物保留了下来，而蒸汽弹射机则被安装到了澳大利亚的"墨尔本"号航空母舰上。

舰名	外语原名	舷号	获得时间	退役时间	备注
壮丽	Magnificent	CVL-21	1948年3月21日	1956年	原英国海军"壮丽"号航空母舰，1965年拆解
邦纳文彻	Bonaventure	CVL-22	1957年1月17日	1970年7月3日	原英国海军"有力"号航空母舰，1971年拆解

"壮丽"号和"邦纳文彻"号性能诸元		
	"壮丽"号	"邦纳文彻"号
标准排水量	14224吨	16000吨
全长	211.84米	213.97米
舰宽	24.38米	24.38米
吃水	7.16米	7.5米
舰载机	38架活塞式舰载机	34架小型喷气式舰载机
主机总功率	40000轴马力	40000轴马力
最高航速	25节	24.5节
续航力	12000海里/14节	12000海里/14节
人员编制	1100人	1200人

◀"壮丽"号航空母舰的舰徽。

▼加拿大海军服役期间的"壮丽"号航空母舰。

▼加拿大海军服役期间的"壮丽"号航空母舰。

第二章 加拿大 · 091

▲ 1961年的"邦纳文彻"号航空母舰。

◀ "邦纳文彻"号被拆毁后留下的船锚。

▼ 正在进行巡逻机起飞作业的"邦纳文彻"号。

第三章
英国

"百眼巨人"号

早在1912年，威廉·比尔德莫尔造船厂便向英国海军部提议建造一艘全通飞行甲板的飞机母舰，一战爆发前他们又提出了两艘具体的可改装在建邮轮。但是当时英国皇家海军对此还不是很热心，事实上直到一战开始时，英国皇家海军中的大部分军官都只是把飞机当成马戏团的玩具。但是随着一战的进行，飞机的重要性逐渐显现，尤其是1916年5月31日至6月1日的人类历史上最大规模目视距离海战日德兰海战中，英国本土舰队的水上飞机母舰未能起飞水上飞机为舰队提供侦察搜索支援，从而放跑了德国公海舰队。这些都促使英国皇家海军开始认真考虑建造可以起降常规飞机的航空母舰，于是威廉·比尔德莫尔造船厂的提议终于引起了他们的兴趣，在两艘邮轮中一番对比后，英国海军部于1916年9月20日买下了动力部分完工度较高的前意大利邮轮"罗索伯爵"号进行改建并将该舰重命名为"百眼巨人"号，开始了改造工程。

按照最初设计，该舰在飞行甲板两侧各有一个舰岛，每个舰岛各带一个烟囱。两个舰岛间，靠近飞行甲板的部分布置有拦阻网。而两个舰岛上层则由钢架连接，舰桥就建造在钢架之上，下面留出的净空约为6.1米高。随着设计工作的进一步展开，由于考虑到烟囱排出的废气会在飞行甲板上空形成紊流，对舰载机的起降造成不利影响，因此两个舰岛上的烟囱都被取消，烟道被布置到机库顶与飞行甲板中间一路水平通向舰尾，在电动鼓风机吹出的冷空气帮助下将废气引导到飞行甲板末端排放。

1916年11月，按照设计方案制作的等比例模型在英国国家物理实验室的风洞中进行了测试，结果发现该舰的舰桥结构会在飞行甲板上引起极为严重的紊流问题。不过英国人并未对他们的设计做出任何修改，该舰继续按照设计方案建造。直到下水后近半年的1918年4月，首次航母改装中保留了大部分上层建筑的"暴怒"号巡洋舰在海试时出现了极为严重的乱流问题，英国海军部才终于下令修改"百眼巨人"号，将该舰上层建筑全部拆除，成为完全的平甲板航母。

"百眼巨人"号在实用中暴露出的最大问题在于稳定性不足。除了日本人在设计之初就为改装成航母作了提前考虑的邮轮外，大部分邮轮改装航母都存在稳定性问题。作为一艘邮轮，其上层部分并不会很重，因此稳定性指标也是以此为基础展开设计的。而改装成航母后，大部分航空设施恰恰是被建造在上层部分，这导致这些改装航母的稳定性急剧恶化，德国人因为这个问题在二战时甚至不得不放弃了三艘邮轮改装航母的计划。"百眼巨人"号为克服稳定性问题，在水线两侧加装了约610吨的突出部，但依然存在着极为严重的稳定性问题。

1918年9月16日，"百眼巨人"号正式完工服役，并成为世界上第一艘真正的航空母舰。因为该舰完全平甲板的造型，所以该舰得到了"帽盒"（Hat Box）与"熨斗"（Flatiron）的昵称。1918年10月1日，第一架飞机降落在该舰的甲板上。此时一战已近结束，所以"百眼巨人"号并无太多表演空间。该舰的早期任务只是进行各种航空实验。

1920年1月，"百眼巨人"号正式加入英国皇家海军大西洋舰队服役，此时该舰总共搭载有16架飞机，在实际运用中该舰积累了大量的航空母舰操作经验。根据其实际运作中的经验，该舰获得了进一步改进，这些早期的探索经验对后来航母在技术方面能走上正轨发挥了历史性意义。除此之外，"百眼巨人"号还参与了数次演习，为航母在战术方面的发展同样做出了巨大贡献。

由于"百眼巨人"号是在1921年12月9日前建成的"老航母"，因此华盛顿海军条约将"百眼巨人"号视作实验航母，并不作为航母总排水量的一部分予以计算或限制，所以"百眼巨人"号得以继续平安服役。除了1928年3月20日到9月1日"百眼巨人"号接替"竞技神"号航母在中国分舰队服役的时间外，该舰的大部分时光都在本土度过。1928年末，为节省开支，该舰被泊到普利茅斯港闲置，但依旧保持着可在14天内恢复现役的待机水平。1932年9月，为进一步节省开支，该舰被送到罗赛斯封存。直到1936年2月，英国海军才决定将"百眼巨人"号当作无线电遥控靶机母舰重新投入服役，同时还将其飞行甲板拓宽3米，并改用6台驱逐舰用新型锅炉取代了原来的老式锅炉。海军最初还打算给该舰加装一台液压弹射器，但最终这台弹射器被转给了"皇家方舟"号航空母舰。

第二次世界大战爆发时，"百眼巨人"号正在法国马塞与土伦附近训练飞行员。1940年6月起，由于英国皇家海军严重缺乏航空母舰，尤其是在之前的战斗中先后损失了"光荣"号和"勇敢"号两艘舰队航母，"百眼巨人"号不得不被推上前台，在接下来的两年多时间里担负了大量护航与运输飞机之类的任务。

1940年12月24日，"百眼巨人"号在护航由20艘运兵船组成的WS-3A护航队时遭遇了德军"希佩尔"号重巡洋舰。由于能见度不佳，德国人一开始没看到这个护航队的护航军舰，因此直接趋向攻击运兵船，在击伤两艘运兵船后，"希佩尔"号忽然发现英军"贝里克"号重巡洋舰正带着一群驱逐舰向其冲来。而实际上该护航队的完整护航兵力要比德国人看到的更为强大，拥有包括"百眼巨人"号在内的两艘航母（另一艘是"暴怒"号），一艘重巡洋舰，两艘轻巡洋舰和6艘驱逐舰。在击伤"贝里克"号后，德国人意识到自己的实力不足以击败这样一支护航队，于是撤退了。随后两艘英国航母起飞了"贼鸥"型战斗轰炸机与"箭鱼"型鱼雷攻击机追击"希佩尔"号，但同样由于能见度不佳而一无所获。

1942年11月，"百眼巨人"号参加了"火炬"行动，攻击法属北非殖民地。在这场战役中，"百眼巨人"号遭受了生涯中唯一一次战伤。11月10日，一枚炸弹命中该舰，造成4人死亡。1943年5月，"百眼巨人"号重新分类为护航航母，此后由于英国海军航空母舰数量增加，该舰不再出海作战，只承担了一些训练任务。1944年3月，英国人还曾计划将该舰改造成专门的飞机运输舰，但由于预计改装周期将长达一年而不了了之。1944年9月27日，最后一架飞机从"百眼巨人"号甲板起飞，此后该舰被闲置直到12月改编为宿舍舰。第二次世界大战结束后的1946年12月5日，该舰被出售并在苏格兰因弗基辛解体。

舰名	外语原名	舷号	开工时间	下水时间	服役时间	退役时间	备注
百眼巨人	Argus	I49	1914年6月	1917年12月2日	1918年9月16日	1944年12月改为住宿船	1946年出售解体

土舰队。10月，该舰参与了在北海搜索德军"格奈森诺"号战列巡洋舰的行动，而"光荣"号则参与了在印度洋搜索德军"斯佩"号装甲舰的行动，不过两舰均未能发现敌军。10月13日，当"皇家橡树"号战列舰在斯卡帕湾被德军U-47号潜艇击沉时，"暴怒"号就泊在附近。

1940年4月，"暴怒"号与"光荣"号先后投入到挪威战役中。11日至14日，"暴怒"号多次派出飞机空袭德国舰队，但并未取得太多战果。18日，"暴怒"号遭到一架He-111型轰炸机的水平轰炸，虽然是高空轰炸，但德机的炸弹仍比较精准地落到了离"暴怒"号极近的地方，其中左舷方向的一枚近失弹将"暴怒"号螺旋桨炸歪并导致其机械部分受损，航速仅能维持20节。受损后的"暴怒"号坚持在挪威海域执勤，由于天气越来越恶劣，"暴怒"号才终于在4月23日前往附近港口进行检修，不久后又回到英国本土维修此前德机炸弹导致的损伤。4月24日，"光荣"号也赶到了挪威海域并加入战局。连续数天起飞载机轰炸特隆赫姆附近的德军，5月1日时遭到德军机群连续攻击以至当晚不得不暂时撤退，不过该舰并无损伤。

5月18日，"光荣"号与抢修完毕的"暴怒"号重返战场，执行飞机运输任务。虽然挪威战役中英军逐渐取得了优势，但是与此同时法国战局的恶化却迫使英国人撤离这个次要战场。于是自6月2日起，"光荣"号又开始撤离皇家空军此前部署在挪威的飞机，而这也是无任何着舰设备的高速单翼机首次降落到航空母舰上。但是开创这个记录后不久，6月8日15时46分左右，正在撤往本土途中，由于长期作战疲惫而没有派出任何空中巡逻队的"光荣"号被德军"沙恩霍斯特"号及"格奈森诺"号两艘战列巡洋舰发现，英国人直到16点多时才发现了德国人，措手不及的英国航母很快便被对方280毫米主炮自23000米开外打穿了飞行甲板。之后虽然驱逐舰顽强抵抗，最终"光荣"号还是在18时左右被德舰击沉，一生开创数个纪录的"光荣"号这一次又写下了世界上第一艘被舰炮击沉的航母的纪录。

6月14日，"暴怒"号孤身一舰运送价值1800万英镑的金条前往加拿大哈利法克斯。9月到10月，该舰对位于挪威特隆赫姆的德军水上飞机基地及附近海域的德军交通线进行了空袭。之后"暴怒"号担负了大半年的飞机运输任务，其间曾与"百眼巨人"号一通遭遇"希佩尔"号。苏德战争爆发后，英军于1941年7月30日组织"暴怒"号与"胜利"号两艘航母空袭了德国与芬兰在挪威和苏联被占领地区的运输船，不过与以前的类似行动一样，英军取得的战果寥寥无几，自己却又损失了16架飞机。其后"暴怒"号恢复运输飞机的任务直到10月7日被送进美国费城船厂进行大修与改装。

1942年11月8日晨，"暴怒"号作为"火炬行动"的支援部队出动战斗机攻击法国机场。1943年2月，"暴怒"号离开地中海舰队加入本土舰队。在那之后，"暴怒"号始终只能执行一些小规模的佯动、牵制以及护航任务，其间还参与了对"提尔皮茨"号战列舰的空袭。1944年9月15日，随着战争正走向结束，"暴怒"号被编为预备役。次年5月，该舰被用来测试飞机爆炸对舰体主结构影响的实验船。1948年3月，"暴怒"号被出售并在苏格兰特伦被解体。

舰名	外语原名	舷号	开工时间	下水时间	服役时间	退役时间	备注
勇敢	Courageous	50	1915年3月28日	1916年2月5日	1917年1月		1939年9月17日被德军U-29号潜艇击沉
光荣	Glorious		1915年5月1日	1916年4月20日	1917年1月		1940年6月8日被德军"沙恩霍斯特"号与"格奈森诺"号战列巡洋舰击沉
暴怒	Furious	47	1915年6月8日	1916年8月15日	1917年6月26日	1944年9月15日	1948年被出售解体

"光荣"级性能诸元	
满载排水量	22500 吨
全长	239.8 米
全宽	27.9 米
吃水	8.5 米
舰载机	12 架战斗机，36 架鱼雷攻击机（1939 年 8 月）
主机总功率	90000 轴马力
最高航速	30 节
续航力	7480 海里 /10 节
人员编制	1216 人

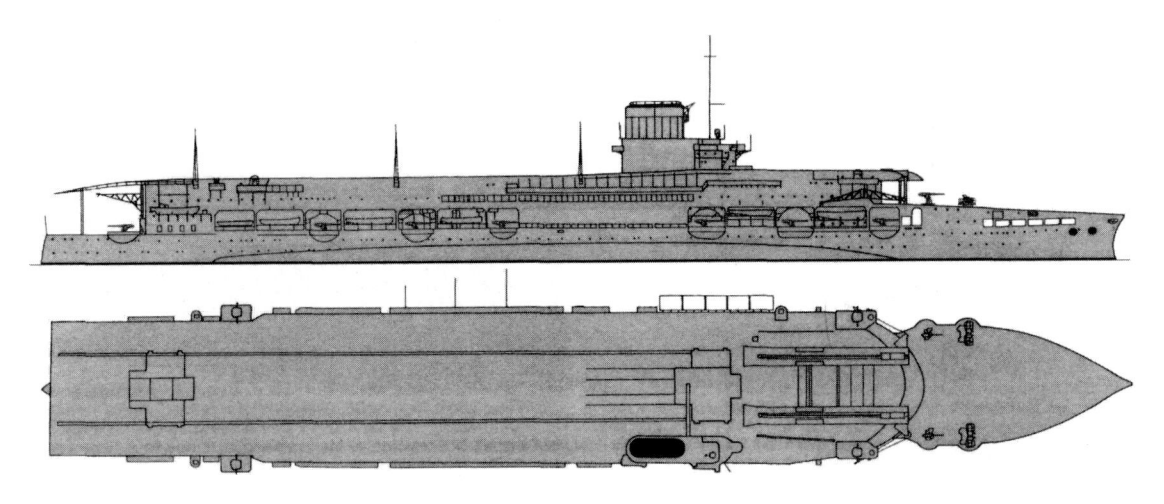

▲ "光荣"级航空母舰线图。

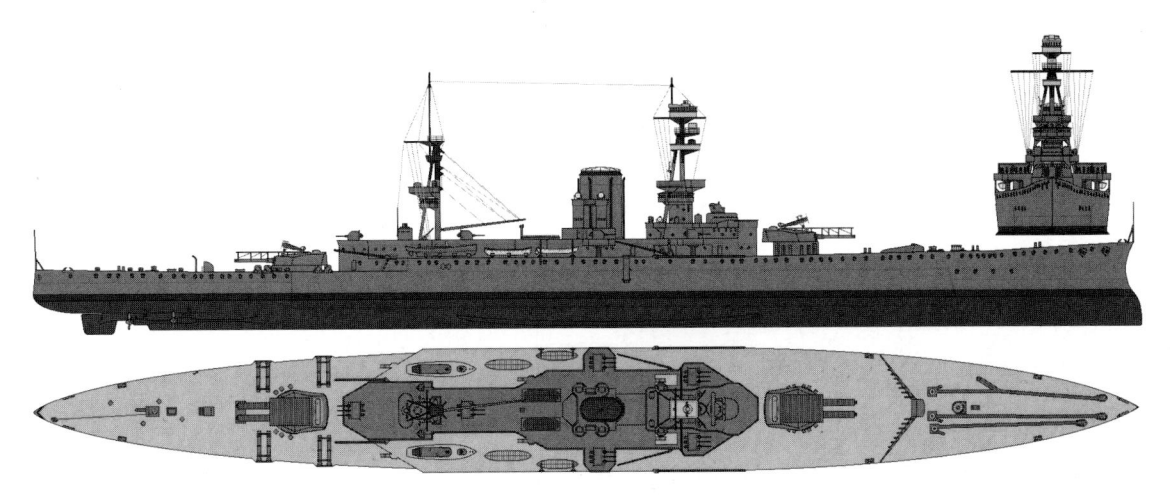

▲ "光荣"级大型轻巡洋舰线图。

舰名	外语原名	舷号	开工时间	下水时间	服役时间	退役时间	备注
鹰	Eagle	94	1913年2月20日	1918年6月8日	1924年2月26日		1942年8月1日被德军U-73号潜艇击沉。

"鹰"号性能诸元	
满载排水量	22960吨
全长	203.5米
全宽	32米
吃水	8.1米
舰载机	16架"海飓风"型战斗机，9架"箭鱼"型鱼雷攻击机（1942年6月）
主机总功率	50000轴马力
最高航速	22.5节
续航力	4800海里/16节
人员编制	950人

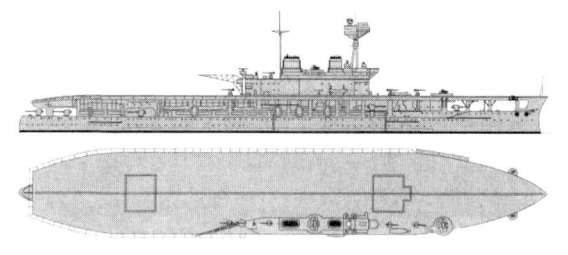

▲ "鹰"号航空母舰线图。

▲ 二战爆发前的"鹰"号航空母舰，可见该舰的舰桥体积相对十分巨大，而且在舰桥上同时安装两个烟囱，也是极为罕见的设计。

▲ 二战中的"鹰"号航空母舰，可见其后甲板上停放着一排"海飓风"战斗机。

▶ 二战爆发前的"鹰"号航空母舰，由于该舰由战列舰改装而来，其舰体显得相对短粗。其飞行甲板前端与大部分早期英国航母相同，呈椭圆形状。这是因为大西洋海况较差，英国海军担心采用突出舰艇两侧的方形甲板会导致甲板经常被海浪打伤。

"竞技神"号

"竞技神"号是英国海军也是人类历史上第一艘自设计与开建之初即完全是航母的航母。与很多早期航母一样，该舰在设计时也考虑了搭载水上飞机的能力。此外，该舰的设计还包括一个非常有意思的舰首可旋转弹射器，以便对应各种风向弹射飞机。1918年1月，海军工程总监完成了其设计方案，该舰随即在阿姆斯特朗造船厂开工。

由于船厂的主要力量都被用于建造同时期的"鹰"号航母，因此"竞技神"号的工程进度较慢。该舰下水后，由于船厂破产，于是该舰又被拖航至德文波特皇家海军船厂续建。加上它的设计因为前面几艘早期航母的经验而不断更改，因此该舰迟至1924年才完工服役，使第一艘建成的非改装航母名号被日本"凤翔"号抢去。

服役后的"竞技神"号在大西洋舰队短暂服役了一段时间后被派往地中海舰队。1925年6月17日起，"竞技神"号前往中国分舰队执勤并在此度过了它大半的战前生涯。1937年5月3日，"竞技神"号回到本土并参加了5月20日英王乔治六世的加冕阅舰式，之后该舰加入预备役舰队，闲置了1年时间。直到1938年7月16日，"竞技神"号才离开预备役舰队，作为训练航母在德文波特执勤。在此期间，英国海军曾有计划对它的高炮及高射火控系统进行改进，但是由于此时战争已经阴云密布，形势紧张而未能实施。

1939年8月，"竞技神"号重新恢复现役并开始搭载作战飞机。战争爆发后，该舰与其他英军航母一样组成U艇猎杀群在不列颠本岛以西巡逻。9月18日，该舰发现1艘U艇并派出两艘驱逐舰前往攻击，但未获成功。由于同一天"勇敢"号航母在执行U艇猎杀任务时被击沉，加之"皇家方舟"号也曾在执行同样任务时被U艇攻击过，如此高的风险迫使皇家海军不再使用舰队航母继续执行这种任务，"竞技神"号遂奉命返航。10月7日起，"竞技神"号加入法军"斯特拉斯堡"号战列巡洋舰的编队搜索德军袭击舰，但如同大部分的此类行动一样无果而终。12月末，该舰返航本土并在途中为一个护航队提供了掩护，之后开始大修，直到1940年2月10日重回搜索德军袭击舰及偷运封锁船的任务。

1940年6月29日，该舰终于执行了第一次强度较高的战斗任务——封锁前盟友法国的达喀尔港。由于英国人要求法国人交出他们的军舰或者解除武装的通牒在法国各港口都被拒绝，英国人终于开始了二战中第一次坚决的大规模海军行动，但目标却是法国海军。7月7日晚到8日凌晨，"竞技神"号放出一艘携带4枚深水炸弹的小艇，借着夜幕接近法军新锐的"黎塞留"号战列舰并在其舰艉投下深弹，随后"箭鱼"型鱼雷攻击机对"黎塞留"号展开了鱼雷攻击，在这场攻击中"黎塞留"号被炸坏一个螺旋桨，法军飞机随后攻击了来袭的英国人，但未能取得任何战果。7月10日晚返航弗里敦（Freetown）时，"竞技神"号不慎与"科孚"号辅助巡洋舰相撞，导致航母上两伤一死，航速下降至12节。8月5日，"竞技神"号加入一个前往南非的护航队并于17日在西蒙斯敦进行了修理。12月起，修理完成的"竞技神"号参与了一系列搜索德军袭击舰及法国与轴心国商船的行动，之后该舰主要在南非海域活动。直到1941年12月日本对英国宣战并击沉了"威尔士亲王"号以及"反击"号两艘主力舰后，该舰才在1942年2月14日到达科伦坡加入英国派往亚洲与日本作战的东方舰队。

1942年4月5日，"竞技神"号奉命前往亭可马里以准备英军接下来入侵马达加斯加的行动。但4月9日，该舰得到了日军航母部队即将来袭的警告，于是离开亭可马里航向南方以躲避敌人。但不久之后，"竞技神"号便被日军"榛名"号战列舰的侦察机发现，英国人遂决定回到亭可马里以接受陆基战斗机的保护。不过来自亭可马里的6架"管鼻燕"战斗机根本无力抵挡日军航母的85架九九式舰爆和9架零战的进攻，在进行了微不足道的抵抗后，"竞技神"号及为其护航的"吸血鬼"号驱逐舰皆被日军俯冲轰炸机炸沉，其中"竞技神"号包括舰长在内307人战死。

一心只想逃跑的法国人没有在意这个目标继续向北狂奔。到这场海战结束时，法军1艘战列舰被击沉，1艘战列舰和1艘战列巡洋舰被重创。7月6日，"皇家方舟"号再次向米尔斯克比尔港中的"敦刻尔克"号发起攻击并重创对方。

9月23日到25日，"皇家方舟"号又攻击了北非的法国达喀尔港，但并未取得战果。10月8日，"皇家方舟"号回到本土大修，11月6日返回地中海。此后直到1941年初，该舰始终在北非地区参与对意大利的战斗。到1941年3月，该舰前往大西洋，截获了3艘被德国人控制的商船。5月26日，该舰的舰载机又给予"俾斯麦"号战列舰致命一击，击毁了后者的舵机，导致其被英国主力舰队追及并击沉。

其后"皇家方舟"号回到地中海活动，继续为护航队提供掩护及为马耳他岛运送飞机。1941年11月13日15时41分，在为马耳他岛运送飞机后，正返航直布罗陀的"皇家方舟"号遭到德军U-81号潜艇攻击，右舷舰舯被命中一枚鱼雷，该舰随即开始进水并向右舷倾斜。考虑到之前沉没的"光荣"号和"勇敢"号航母都因为没有及时下达弃舰令而造成舰员大量随舰丧生，"皇家方舟"号舰长早早地便下令全舰舰员撤到飞行甲板上准备弃舰。不过约半小时后该舰的状况似乎稳定了下来，因此该舰的损管工作在遭到攻击49分钟后终于全面展开，但是由于动力系统早已瘫痪，加之没有备用柴油发电机，因此损管工作难以有效进行。不久"拉弗雷"号驱逐舰靠到航母为损管工作提供电力。20时，拖船"泰晤士河"号也从直布罗陀赶来试图拖航该舰。

但是"皇家方舟"号的进水越来越严重，倾斜也越来越大。到14日凌晨2时30分，该舰的倾斜已经达到20度。到4时，舰长不得不下令弃舰，舰员随后被"军团"号驱逐舰救起。6时19分，"皇家方舟"号翻覆并断裂成两截沉没。

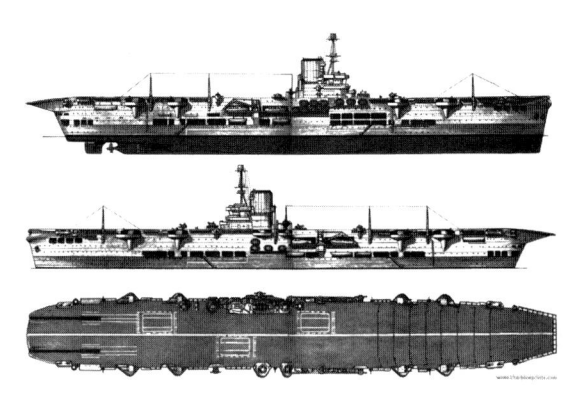

▲ "皇家方舟"号航空母舰三视图。

舰名	外语原名	舷号	开工时间	下水时间	服役时间	退役时间	备注
皇家方舟	Ark Royal	91	1935年9月16日	1937年4月13日	1938年11月16日		1941年11月13日被德军U-81号潜艇攻击，14日沉没

"皇家方舟"号性能诸元	
标准排水量	22000吨
全长	243.8米
全宽	29米
吃水	8.46米
舰载机	24架"管鼻燕"型战斗机，30架"箭鱼"型鱼雷攻击机（1941年5月）
主机总功率	102000轴马力
最高航速	31节
续航力	7600海里/20节
人员编制	1580人

▲ 1935年9月16日刚刚下水后的"皇家方舟"号航空母舰。

▲ 在"皇家方舟"号之前,所有英国航母的飞行甲板前端都采用了强度更高的椭圆形结构,而"皇家方舟"号则改为了矩形和椭圆形的混合结构,使其可用面积更大。

◀ 建成后的"皇家方舟"号。与先前那些改装航母或小型航母不同,"皇家方舟"号不仅是英国第一艘装甲航母,同时也是第一艘近代化航空母舰。直到80年代的"无敌"级诞生之前,几乎所有英国航空母舰都是在该舰基础上发展而来的。

▶ 第820皇家飞行中队的"剑鱼"式攻击机自"皇家方舟"号上空飞过,摄于1939年。在第二次世界大战爆发时,英国航母所装备的攻击机性能无疑是三大航母国中最差的。

▲ 1940年10月27日在特乌拉达角海战中遭到意大利飞机空袭的"皇家方舟"号。

▲ 在 1941 年 11 月 13 日被 U-81 号潜艇发射的鱼雷命中后，正在向"军团"号驱逐舰转移舰员的"皇家方舟"号，此时航母舰体已经右倾。值得注意的是，该舰也是英国海军中第一艘采用封闭式舰尾的航母。

"光辉"级

"光辉"级由"皇家方舟"号发展而来，由于正式签署的伦敦海军条约将新造航母单舰排水量限制为23000 吨，所以"光辉"级的设计要求基本都是依此展开。相比"皇家方舟"号，"光辉"级布置了 76 毫米的装甲飞行甲板，理论上可以抵挡 454 公斤炸弹直接命中，这使得该舰面对空中打击时拥有极强的生存能力。该级舰是第一级布置装甲飞行甲板的航母，同时还是第一级将飞行甲板作为舰体主甲板的航母。值得一提的是，为了进一步提高面对空袭时的生存能力，其升降机并不直通机库，而是被布置在机库前后端，由装甲门与机库隔开，这意味着其升降机即便中弹，损害也无法波及机库。除此之外 114 毫米的舷侧装甲带防护区域也从水线上升到覆盖了整个机库侧面。

不过，由于"光辉"级舰将飞行甲板作为舰体主甲板的受力结构设计，导致该级舰的尺寸（主要是高度）受到较大限制，加之有限的排水量又要安装重装甲防护，设计人员只能将"皇家方舟"号的双层机库改成了单层，损失了几乎一半的载机量。不仅如此，由于机库高度受到限制，其在战后面对更大型的喷气式飞机时作业也十分困难。

事实上，这两项变动也反映了皇家海军设计思想的倒退——他们又开始轻视飞机的作用，转而更依赖航母自身的装甲与高炮。加上大西洋海况恶劣的关系，皇家海军在很长时间里都没有在飞行甲板上系留飞机的习惯，所以"光辉"级虽然拥有 23000 吨的标准排水量，但设计载机量只有区区 36 架，相比之下排水量更小的美军"约克城"级与日军"飞龙"级均能搭载 70 架以上飞机。直到 1944 年进入太平洋作战后，皇家海军才接受了在飞行甲板上搭载更多飞机的做法，这使得单层机库的早期"光辉"级最终能够搭载 57 架飞机。

"光辉"级总计建造了 6 艘。1937 年，第一批 4 艘"光辉"级在维克斯 - 阿姆斯特郎造船厂与哈兰德与沃尔夫造船厂开工。其中四号舰"不挠"号后来更改了设计，削弱舷侧装甲厚度，将原机库甲板上移，压缩原有机库的高度，从而省出了排水量与空间，得以在原机库的下方布置了一个新的半长度机库，载机量增加到了 50 架以上。第二批两艘"光辉"级改进型于 1939 年在费尔菲尔德造船厂与约翰·布朗造船厂开工，它们从一开始就采用了"不挠"号的一层半机库设计方案，不过这批舰布置了 4 组蒸汽轮机而不是第一批 4 艘舰的 3 组蒸汽轮机，其总输出功率对应增加了 33%，从而使得军舰能够达到更高的航速，这两艘航母有时也被单独列为一级，以其首舰（"光辉"级五号舰）命名为"怨仇"级。

1940年到1941年，第一批"光辉"级陆续建成服役，"光辉"号、"胜利"号与"可畏"号早期主要在大西洋和地中海活动，执行运送飞机、掩护舰队或护航队与空袭敌军港口的任务。1940年11月11日夜，"光辉"号出动21架舰载机攻击了塔兰托港中的意大利舰队，击沉意军一艘战列舰，重创意军两艘战列舰，这就是著名的塔兰托袭击战，这场战斗首次彰显了航母的强大攻击力，因其意义而名载史册。不过没多久，1941年1月10日，"光辉"号就遭到德意军猛烈空袭并被6枚炸弹命中，只是由于坚固的装甲甲板保护才免于沉没。1月16日到19日，该舰在马耳他修理时再次遭到德意军空袭并进水倾斜，不得不在一路转折后前往美国诺福克海军造船厂修理并接受一些改装，直至年末才得以返航本土。然而，回到本土后不久，"光辉"号又与"可畏"号相撞，"光辉"号只好再次修理，一直到1942年2月才得以重返作战任务。

而"胜利"号在服役仅仅两周后便得到追击德军"俾斯麦"号战列舰的命令。当时该舰状况并不好，但仍然于1941年5月24日出动了9架"箭鱼"攻击机和两架"管鼻燕"战斗机前往攻击"俾斯麦"号，虽然一枚鱼雷命中敌舰，但对其造成的伤害却微不足道。更糟的是，由于"胜利"号的无线电归航信标出了故障，返航的两架"管鼻燕"没能找到母舰，结果不得不在海上迫降。1941年8月起，"胜利"号开始参与北冰洋护航的任务，与德军主力舰队紧张对峙，期间有时也执行直接空袭德控挪威港的任务。北冰洋护航任务持续到1942年7月，因为PQ-17船队遭受了重大损失，护航运输任务不得不暂停。

"可畏"号则参与了1941年3月27日到29日的马塔潘角海战，战斗中该舰被意大利轰炸机投下的两枚1000公斤级炸弹重创，不得不前往美国诺福克海军造船厂修理，因此缺席战斗长达半年之久，修理完成后该舰横跨太平洋一路回到地中海继续战斗。

"不挠"号服役后直接前往印度洋，按计划该舰本应加入"威尔士亲王"号战列舰与"反击"号战列巡洋舰组成的Z舰队并在远东压制扩张的日军。但是由于"不挠"号1941年11月在牙买加附近触礁，其修理工作耽搁了行程，在该舰再次起航前往新加坡与Z舰队汇合前，两艘主力舰却已经被日军飞机炸沉了。1942年5月，"不挠"号与从美国修理后横跨太平洋到达印度洋的"可畏"号汇合，准备依靠舰载机雷达优势夜袭前来印度洋扫荡的日军航母机动部队。但是行动落空，日本人在击沉"竞技神"号航母、两艘重巡洋舰及若干其他舰艇后胜利返航。5月，"不挠"号与"光辉"号共同参与了入侵马达加斯加的任务。此后，"光辉"号主要都在远东战斗，而"不挠"号则前往地中海。

1942年下半年到1943年末，4艘第一批"光辉"级中，"光辉"号主要在远东战斗，"胜利"号被航母损失惨重的美军借调过去，以"罗宾"号（Robin）的舰名与美军"萨拉托加"号航母共同在太平洋与日军战斗。"可畏"号与"不挠"号在地中海与德意军队战斗并为北非战役、西西里战役等盟军的重大行动提供了支援，其间"不挠"号先后被500公斤炸弹和鱼雷命中。

1944年，第二批两艘"光辉"级开始服役，不过此时对于皇家海军来说大西洋及地中海几乎可以说是已经平定了。在4月轰炸德军"提尔皮茨"号战列舰，6艘"光辉"级先后加入东方舰队或后来的太平洋舰队进行对日战斗。在这里"光辉"级见识到了日军的"神风"自杀飞机，然而由于"光辉"级优秀的装甲防护，它们并没有像美国航母那样遭受重创。1945年4月1日、5月4日、5月9日，"胜利"号先后遭受日军"神风"飞机的近失爆炸与两架直接命中，但是该舰仍然可以继续战斗。5月4日与5月9日，"可畏"号同样先后遭到两架"神风"飞机的直接命中，虽然受损比"胜利"号严重一些，但也可以继续战斗。5月4日，"不挠"号被一架"神风"飞机直接命中，其装甲飞行甲板继续证明着它的可靠性。在太平洋战场上，几乎每艘"光辉"级都遭到了"神风"自杀撞击，但却始终没有失去战斗力。

太平洋战争结束后，"光辉"号成为训练航母并进行了小规模改装，该舰继续服役直到1954年退役并在1956年在法斯兰海军基地（Faslane）解体。"胜利"号则在1950年到1957年进行了长达8年

"独角兽"号

20世纪30年代，为了给正规航母提供有效的航空后勤支援，皇家海军认为有必要专门建造一艘维护航空母舰。为负担维护飞机的勤务，该舰应当拥有全通飞行甲板，以便来自正规航母的飞机可以直接降落在舰上，维护完成后飞机也可以自行飞回航母。这些想法最后演变成了"独角兽"号的设计思想，从外观上看该舰与轻型航空母舰无异，事实上该舰也并非完全不能参与海战，只不过相比之下动力稍差。

1939年4月14日，"独角兽"号的建造订单被下达给北爱尔兰的哈兰德·沃尔夫造船厂。由于不久后战争爆发，随着局势的不断恶化，海军部在1942年下令该舰不再需要安装其设计中的全套修理及维护设备以节省建造时间。1943年3月12日该舰完工服役，造价为253万1000英镑。

"独角兽"号服役后被当作了一艘轻型航母使用，参与了多次护航任务。1943年7月，它还参加了本土舰队在挪威外海的佯动，以在盟军西西里登陆作战时期分散德军注意力。8月，该舰前往地中海为计划中的盟军对意大利萨勒诺的登陆作战提供空中支援。9月9日登陆战正式打响，"独角兽"号的"海火"战斗机频频出击。不过由于"海火"是改自陆基型战斗机"喷火"，其在航母上的降落性能并不理想，本次行动中也有多架"海火"因为降落事故而受损。但是该舰恰好是一艘有一定修理能力的航母，虽然相比设计指标有所下降，但大部分受损飞机还是很快就能够修好重返战斗。9月20日，"独角兽"号重返其造船厂并开始安装原计划的全套修理及维护设备。

1943年12月，"独角兽"号加入了东方舰队，在这里该舰主要担当飞机修理舰与训练舰的角色。1944年11月它又加入了新成立的英国太平洋舰队。1945年3月到5月，该舰在参与冲绳战役的同时修理、改装或维护了105架飞机。日本投降后，"独角兽"号于1946年1月回到本土退役并进入预备役舰队。

1949年，"独角兽"号重新服役并被部署到远东以支援"凯旋"号航母。不久后朝鲜战争爆发，该舰奉命作为飞机运输舰为在朝鲜海域作战的其他航母运送补充用飞机，除此之外它还被用作训练航母及住宿舰。1953年7月26日，在该舰前往日本的一次任务途中，"独角兽"号收到了"因特贝德"号商船的求救电报，称该船正被海盗攻击，"独角兽"号遂全速前往商船位置并用全舰火炮瞄准商船上的海盗，海盗遂四散而逃，同一天朝鲜战争四方签订停战协定，没有战争可打的该舰遂于11月17日回到本土再次退役并进入预备役舰队。

1951年时曾有对"独角兽"号进行全面现代化改装的方案，包括安装蒸汽弹射器，提高飞行甲板强度，扩大升降机，将两层机库合二为一等，如此改装完后该舰将可以有效操作与使用新式喷气战机，不过因预计改装费用过于高昂而告吹。1959年，该舰被出售给拆船厂，次年在特伦解体。

▲ 第二次世界大战期间停泊在锡兰科隆坡的"独角兽"号。

▲ 1945年1月，在澳大利亚停泊期间的"独角兽"号后部飞行甲板，其两侧的吊车使其显得很像一块维修平台，而对飞机进行维护也正是该舰的设计目的。

舰名	外语原名	舷号	开工时间	下水时间	服役时间	退役时间	备注
独角兽	Unicorn	72	1939年6月29日	1941年11月20日	1943年3月12日	1953年11月17日	1959年出售解体

"独角兽"号性能诸元	
标准排水量	14750吨
全长	196.9米
全宽	27.51米
吃水	7.32米
舰载机	30架"海火"型战斗机，3架"箭鱼"型鱼雷攻击机（1943年9月）
主机总功率	40000轴马力
最高航速	24节
续航力	7000海里/13.5节
人员编制	1200人

1942年型轻型航空母舰

在第二次世界大战最初的三年里，德国潜艇肆虐北大西洋及英国沿海，对英伦三岛的海上交通线构成了致命威胁。为增加航空母舰数量，除向美国租借大批护航航母以外，英国海军为加强快速航母部队的实力，也开始计划自行建造或改装一批轻型快速航空母舰。1941年中期，海军设计局总监斯坦利·古多尔受命寻找如何快速增加高速航母数量的办法。在他提交的方案中，其首推的项目是改造排水量9750吨的"霍金斯"级大型巡洋舰，在拆除上层建筑后安装飞行甲板和机库，飞机搭载量与护航航母类似，但航速更快，战斗力也更强。除此以外，古多尔还建议说，海军也可以选择将邮轮改造为航母，但性能几乎完全与护航航母相同。当然海军也可以全新设计一型新航空母舰，只要新航母不像"光辉"级那样安装装甲甲板，并在一定程度上减小排水量和体积，那么其建造时间必然会大大小于后者，同时战斗力仍会远高于护航航母。

最终，英国海军选择全新设计航空母舰，而其定位则介于护航航母与舰队航母之间，即轻型航母。为节省建造时间和成本，轻型航母在设计方面必须一切从简，但同时还必须能够满足与快速舰队一同执行勤务的要求，这事实上意味着轻型航母必须拥有不比舰队航母差太多的航速。鉴于此时海军设计局的工程师们忙于应付各种舰船的设计、改装以及维修工作，轻型航母的设计任务便落在了维克斯·阿姆斯特朗公司的设计部门肩上。后者的工作也十分迅速，在1942年1月便完成了整套设计方案，这套方案也因完成年份被称为"1942年型轻型航空母舰"。

事实上，轻型航母的设计方案只是一型取消了装甲防护，并在舰型上有所缩小的简化版"光辉"级。为节约建造时间和成本，东西系统也直接采用了英国巡洋舰常用的配置，而其中一部分蒸汽轮机和锅炉也确实来自于一些取消建造的巡洋舰。由于标准排水量仅有13000吨级别，1942年型轻型航母将仅装备两组蒸汽轮机，两个轮机舱则交错布置，右侧轮机舱位置要比左侧轮机舱更加靠前一些。相对而言，这两组蒸汽轮机所提供的动力算是相当小了，总计仅有4万轴马力，仅能推动航母达到 25 节最大航速，勉强能够与快速舰队配合行动。不过与此同时，1942 年型轻型航母的续航力却相当优秀，达到了 12000 海里/14 节的水准。在至关重要的载机量方面，最初方案中英国海军计划为其装备 41 架飞机，全部被停放在机库中。但到了 1942 年中，在甲板上系留的飞机也被计入飞机搭载量，因此轻型航母的飞机搭载量上升到了 24 架"海火"战斗机以及 24 架"剑鱼"鱼雷机，之后又改为 34 架"海火"加 18 架"梭鱼"。相对而言，虽然排水量较小，但"1942 年型"航母的飞行甲板却并不短，达到了 210 米的长度，这要比美国尤其是日本相近吨位的轻型航母甲板长了许多，因此在航空作业方面也相对便利，同时还安装了液压弹射器，进一步增强了起飞作业的效率。在防空武器方面，由于排水量限制，1942 年型轻型航母没有装备任何大口径防空炮，而仅安装了 40 毫米 2 磅炮和 20 毫米厄利孔防空炮，后来所有防空炮均为 40 毫米博福斯高炮取代。

1942 年 2 月，英国海军部通过了设计方案和建造计划。一个月之后，分别被命名为"巨人"号和"荣誉"号的首批两舰便已经开工了。在接下来的两年里，英国海军总共开工了多达 14 艘的同型航空母舰，并依照首舰名称将其称为"巨人"级轻型舰队航空母舰。这 16 艘航空母舰分别由 8 个船厂承建，根据计划，每艘"巨人"级工期应为 1 年零 9 个月，由于建造过程中设计经常发生变更，计划工期后来被延长到了两年零 3 个月。但即使如此，在人员和资材短缺的情况下，绝大部分航母工期还是一拖再拖，最终仅有两艘成功在计划时间内竣工。在一系列延误影响下，最终 16 艘"巨人"级航母中仅有"巨人"号、"荣誉"号、"可敬"号以及"复仇"号 4 艘得以在欧战结束前完工，并组成了第 11 航空母舰中队。不过除上述 4 舰以外，出于为远东海外基地提供飞机保养、维修等支援的需求，英国人还在建造过程中将"英仙座"号和"先锋"号改造成了维护航母，并在战争结束前便完成了两舰的工程。在战争结束后，由于国外海军订购以及皇家海军自身的需求，又有 4 艘"巨人"级得以竣工。

至于最后 6 艘"巨人"级轻型航母，则由于航空设备、火炮、雷达，尤其是舰载机体积的扩大而不得不对设计进行变更。为应付更重的舰载机，英国海军对 1942 年型航母的拦阻索和飞行甲板进行强化，同时还更换了弹射器、雷达和高炮。在所有改进之后，这 6 艘航母的满载排水量上升了大约 1500 吨，命名也被随之改为"庄严"级。不过由于这些航母开工过晚，直到二战结束时，才仅有 5 艘下水，最后一艘则更是在 1945 年 9 月才下水。战争结束后，这批原本便是应急航母的建造工程自然随之取消。但不久之后，随着苏联方面威胁的增加以及国外海军订购，其中几舰的工程又被重启。首舰"庄严"号和二号舰"可怖"号在完工时基本与最初设计相同，而之后三舰则因喷气舰载机的服役而做了大幅修改，再度强化了飞行甲板，并依照了蒸汽弹射机以及斜角甲板。六号舰"利维坦"号则没有完工，在数个改装计划都没有成型后最终被当作了宿舍舰使用，其锅炉则在荷兰人将"杜尔曼"号（"可敬"号）卖给阿根廷时一同卖给了后者。值得注意的是，即使是 5 艘完工的"庄严"级航母，也没有任何一艘曾在英国海军服役，而是在完工后被直接出售给了外国。8 艘"巨人"级则在二战后分别参加了朝鲜战争、苏伊士运河危机等行动，最终在 50 至 60 年代拆毁，仅有一部分被出售给了外国。

舰名	外语原名	舷号	开工时间	下水时间	服役时间	退役时间	备注
"巨人"级							
巨人	Colossus	R15	1942 年 6 月 1 日	1943 年 9 月 30 日	1944 年 12 月 16 日	1946 年	1946 年转交法国海军
荣誉	Glory	R62	1942 年 8 月 27 日	1943 年 11 月 27 日	1945 年 4 月 2 日	1956 年	1961 年出售拆解

舰名	外语原名	舷号	开工时间	下水时间	服役时间	退役时间	备注
大洋	Ocean	R68	1942年11月8日	1943年7月8日	1945年8月8日	1960年	1962年出售拆解
可敬	Venerable	R63	1942年12月3日	1943年12月30日	1945年1月17日	1947年4月	1948年转交荷兰海军，归还后于1969年转交阿根廷
复仇	Vengeance	R71	1942年11月16日	1944年2月23日	1945年1月15日	1952年	1952年转交澳大利亚，1960年加入巴西海军
先锋	Pioneer	R76	1942年12月2日	1944年5月20日	1945年2月8日	1954年	维护航母，于1954年出售拆解
勇士	Warrior	R31	1942年12月12日	1944年5月20日	1945年4月2日	1946年	1948年转交加拿大海军，1958年加入阿根廷海军
忒修斯	Theseus	R64	1943年1月6日	1944年7月6日	1946年2月9日	1957年	1981年出售拆解
凯旋	Triumph	R16	1943年1月27日	1944年10月2日	1946年5月9日	1975年	1981年出售拆解
英仙座	Perseus	R51	1943年6月1日	1944年3月25日	1945年10月19日	1957年	1958年出售拆解
"庄严"级							
庄严	Majestic	R77	1943年4月15日	1945年2月28日	1955年10月26日	1955年10月28日	1955年10月28日转交澳大利亚海军
可怖	Terrible	R93	1943年4月19日	1944年9月30日	1948年12月16日作为澳大利亚"悉尼"号服役	1958年5月30日	1975年出售拆解
壮丽	Magnificent	R36	1943年7月29日	1944年11月16日	1948年3月21日作为加拿大"壮丽"号服役	1956年	1965年出售拆解
大力神	Hercules	R49	1943年10月14日	1945年9月22日	1961年4月4日作为印度"维克兰"号服役	1997年1月31日	作为博物馆保存
利维坦	Leviathan	R97	1943年10月18日	1945年6月7日	未建成		1968年出售拆解
有力	Powerful	R95	1943年11月27日	1945年2月27日	1957年1月17日作为加拿大"邦纳文彻"号服役	1970年7月3日	1971年出售拆解

1942年型轻型航空母舰性能诸元		
	"巨人"级	"庄严"级
标准排水量	13200吨	15750吨
全长	212米	212米
全宽	24米	24米

1942年型轻型航空母舰性能诸元		
吃水	7.09米	7.54米
舰载机	52架活塞式舰载机	52架活塞式舰载机
主机总功率	40000轴马力	40000轴马力
最高航速	25节	25节
续航力	12000海里/14节	12000海里/15节
人员编制	1050人	1050人

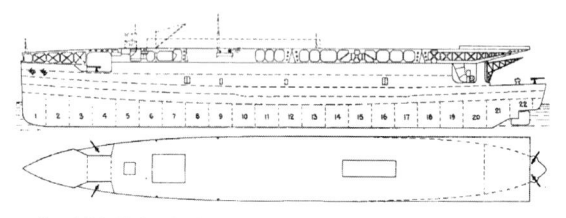

▲"巨人"级航空母舰线图。

▲1957年驶离马耳他巨港的"荣誉"号。

▲在建造过程中被改建为维护航母的"英仙座"号。由于飞行甲板尾部被一个甲板舱室占据,事实上该舰的飞行甲板已经失去了降落飞机的能力,而仅能供那些完成维护或者维修,返回原搭载舰的飞机起飞。

▲1944年,在德文波特船厂下水前的"可怖"号。

◀1953年的"大洋"号航空母舰。

"大胆"号护航航母

二战爆发后，英军立刻开始动用航母进行反潜巡逻任务。理论上航母是很适合这个任务的——飞机拥有比水面军舰更快的出击速度而且视野也更好，一艘搭载几十架飞机的航母能够控制的海域范围要远超过任何反潜舰艇，而且潜艇大部分防空能力薄弱且自身生存力也不强，一架飞机就能够压制得它不得不深潜，从而无法攻击目标。然而用航母执行反潜巡逻任务也意味着航母自身遭到潜艇攻击的概率大大增加。英国向德国宣战后第12天，正执行反潜巡逻任务的"皇家方舟"号就遭到潜艇攻击，三天后，同样执行反潜巡逻任务的"勇敢"号被U-29潜艇击沉。至此，英军舰队航母在这短短半个月时间的反潜巡逻任务中只击沉一艘U艇，自身却损失一艘航母。如此高昂的交换比显然不是皇家海军能够承受的，于是皇家海军不得不立刻放弃了这种作战方式。

然而德军U艇在没有飞机压制的情况下只会变得更猖獗，英国人的商船队在U艇打击下损失惨重。不仅如此，如果没有飞机保护，德国空军的Fw 200远程侦察机也可以持续跟踪英国护航队并不断向U艇和德军袭击舰发送英国人位置的信息。无论从哪个层面看，英国人都迫切需要给护航队配备飞机。

作为对应方案，英国人先是给一些商船装上了弹射器以携带一架战斗机，如果遇到德军远程侦察机或者U艇的威胁就弹射器飞战斗机驱逐敌人，然后战斗机再在水面上迫降，并由护航舰艇救回飞行员。这种方法虽然有用，但把战斗机作为一次性消耗品的用法实在显得有点代价较高，因此海军部想出来的解决办法只好是拿商船改装成小型航空母舰。1940年3月，被英国在西印度洋俘获的德国偷越封锁船"汉诺威"号被挑选用来改装成这种小型航空母舰。1941年1月22日，该船被送到布莱斯造船厂进行改装。1941年6月20日完工服役，当时舰名为"帝国大胆"号，不过海军部不喜欢这种商船式的名称，于是改成了"大胆"号。该舰的改装是很简陋的，实际上只是拆除原上层建筑并加装了层飞行甲板，没有安装机库，因此所有载机只能停放在飞行甲板上。

7月10日一架F4F型战斗机降落到该舰甲板上，这也是第一架降落到护航航母上的飞机。随后该舰进行了训练并于1941年9月13日搭载8架F4F开始了它的第一次护航任务。结果就在这次行动中，"大胆"号却首开纪录，其F4F击落一架前来轰炸护航队的Fw 200飞机。其后的第三次护航任务时，"大胆"号的F4F又一举击落4架Fw 200，自身只损失1架。

"大胆"号的第四次任务是护航从直布罗陀起航的HG 76护航队，这次任务中该舰只搭载了4架F4F。但船队此行却遭到德军10艘U艇围攻。战斗中"大胆"号的一架F4F发现并攻击了德军U-131号潜艇，虽然自己反被击落，但是U-131号也受损无法下潜，不久因为"鹳"号炮舰逼近而被迫自沉。德军其余潜艇很快发现了"大胆"号，U-751号对其发起鱼雷攻击并先后命中3枚鱼雷，"大胆"号在70分钟后沉入海底。

舰名	外语原名	舷号	开工时间	下水时间	服役时间	退役时间	备注
大胆	Audacity	10	不详	1939年3月29日	1941年6月20日		1941年12月21日被德军U-751号潜艇击沉

"大胆"号护航航母性能诸元	
标准排水量	10230吨
全长	142.4米
全宽	18.3米

"大胆"号护航航母性能诸元	
吃水	6.58米
舰载机	8架F4F型战斗机
主机总功率	5200轴马力
最高航速	15节
续航力	12000海里/14.5节
人员编制	210人

▲"大胆"号护航航母线图。

▲改装完成后的"大胆"号护航航母。

▲被英国海军俘获前的偷越封锁船"汉诺威"号。

"射手"号护航航母

"射手"号护航航母原为美国建造的"长岛"级护航航母二号舰,也是美国按照租借法案为英国建造的第一艘护航航母。"长岛"级相比最原始的"大胆"号有所改进,主要是添加了一层简易机库还有对应的一台升降机。除此之外,二者都尽其所能的精简至极。

1941年11月15日,"射手"号完工,其后美国海军首先使用了该舰一段时间,其间美军F4F型战斗机在该舰进行了起降训练,结果一架F4F因为弹射器故障而落入海中,但这只是该舰厄运的开始。1942年1月13日该舰的转向系统与罗盘又发生了故障,当然这还不算严重。当天晚些时候该舰撞沉了一艘4497吨的美国货轮,创造了它的第一个"击沉"记录,而且"射手"号本身也受损严重,动力系统瘫痪,派出去牵引它的第一艘拖轮却发现自身动力根本拖不动这艘航母,于是被迫放弃,该舰在原地瘫痪了17日才被第二艘拖船拖回去修理。

这块烫手山芋在3月正式由英国海军人员操作执行护航或反潜巡逻任务,虽然没再发生大的事故,但却仍然小故障不断。不过此时缺乏航空母舰的英国人也只能硬着头皮继续使用该舰。1943年5月23日,该舰的"箭鱼"用火箭弹击沉了德军U-752号潜艇,这是航空火箭弹这种新式武器首次击沉潜艇,也是该舰的第一个及最后一个猎杀记录。1943年11月6日,由于该舰的各种故障实在多如牛毛,英国海军将其退役,此后该舰主要作为仓库船或者宿舍舰使用。

1945年3月15日,"射手"号被转交给军事运输部作为飞机运输舰使用并改名为"帝国拉甘"号。1946年1月9日,该舰被还给美国海军。一个半月后的2月26日,该舰被美国海军除籍。1947年9月30日,该舰被出售给民船公司改装后作为客轮继续运营,在该舰剩下的民用生涯里,几经转手、改名,最后被一家中国台湾的公司买下。1961年11月7日,该舰又一次与一艘9003吨的挪威油轮相撞,受损严重,台湾公司立刻放弃了该舰,甚至拒绝为将它拖回海岸的美国政府付账,该船残骸遂被美国政府在1962年1月12日出售并在新奥尔良被解体。

舰名	外语原名	舷号	开工时间	下水时间	服役时间	退役时间	备注
射手	Archer	D78	1939年8月1日	1939年12月14日	1941年11月17日	1943年11月6日	1946年被还给美国

"射手"号性能诸元	
标准排水量	10220吨
全长	150米
全宽	23.7米
吃水	6.65米
舰载机	3架F4F型战斗机,9架"箭鱼"型鱼雷攻击机(1943年5月)
主机总功率	8500轴马力
最高航速	16.5节
续航力	14550海里/10节
人员编制	555人

▲ 改造完成后的"射手"号航空母舰，照片摄于1943年，此时其甲板上停放有"剑鱼"式攻击机。

▲ 摄自一架刚刚起飞的"剑鱼"飞机的"射手"号航空母舰，此时其甲板上仍有准备起飞的舰载机。

▲ 由于"射手"号属于美国"长岛"级护航航母，因此该舰并没有像英国自建护航航母那样使用金属甲板，其机库四周也几乎完全开放。

"复仇者"级护航航母

"复仇者"级是"长岛"级的改进型，由美国根据租借法案为英国皇家海军建造。该级护航航母依旧由C3型货轮改装而来，不过扩大了飞行甲板与机库，所以能够搭载更多舰载机，同时航空作业效率也有所提高。此外，与之前的两艘英国护航航母相比，"复仇者"级还安装了一个小小的舰岛。

"复仇者"级共有4艘，这些航母原本都是为英国皇家海军建造的，不过其中四号舰"冲锋者"号在被移交给英军两天后，便于1941年10月4日又被还给了美国人，让其在美军编制（及开销）下训练英军舰载机飞行员。因此最终在英军服役的"复仇者"级仅有三艘。

1942年起，"复仇者"级陆续建成服役。与之前的"射手"号一样，该级舰也是各种毛病不断，故障频繁，为此"复仇者"号的英军舰长还专门起草了一份关于未来护航航母设计的建议，期望能够修正其设计缺陷。

"复仇者"级最早参与的大型行动是在1942年9月为PQ 18船队护航。由于之前的PQ 17船队损失惨重，北极航线曾一度中断。而为了确保此次行动能够成功，英军为其准备了包括"复仇者"号在内的强大护航兵力，而"复仇者"号也是该护航队唯一的一艘航母。行动中"复仇者"号的"箭鱼"飞机前后至少迫使7艘德军U艇下潜，并引导驱逐舰击沉了其中一艘U-589。不过该舰搭载的"海飓风"却没能驱离跟踪船队的德军水上侦察机，其原因在于"海飓风"搭载的7.7毫米机枪对拥有装甲的德国水上飞机毫无作用，导致英国人只能垂头丧气地看着它们继续跟踪船队。而就在侦察机的引导下，德军轰炸机与U艇一波接一波地对护航队发起攻击。"复仇者"号的"海飓风"奋力迎战并击落了24架敌机，但是对水上侦察机的攻击则依旧毫无效果，反倒是"海飓风"被对方自卫机枪击落一架。经过 4 天交战，41 艘商船的护航队最终有 31 艘成功抵达苏联港口，部分因为这场战斗的教训，后来"复仇者"号换装了一些装有 20 毫米炮的"海飓风"。

下一场"复仇者"级参与的大规模行动是"火炬行动"，3 艘"复仇者"级均被投入到了这场进攻北非法属殖民地的战役中，任务是提供空中支援。不过 11 月 15 日，曾经战绩卓著的"复仇者"号被德军 U-155 号潜艇发现并被其一枚鱼雷击沉，全舰舰员仅 12 人获救。除了"复仇者"号战沉外，行动中二号舰"欺骗者"号也被一架坠毁的"海飓风"撞伤了舰桥，不得不提前撤退。

在此后的战争时光里，"欺骗者"号成功完成了 4 次护航的任务，其舰载机击沉或协助击沉了 3 艘 U 艇。而三号舰"冲击者"号仅仅担负一次护航任务后就于 1943 年 3 月 27 日在克莱德河口发生内部爆炸沉没了，528 名舰员中有 379 人不幸随舰遇难。

硕果仅存的"欺骗者"号在 1945 年 4 月 9 日被还给美国海军，其后又被转交给法国海军，重命名为"狄克斯莫德"号。

舰名	外语原名	舷号	开工时间	下水时间	服役时间	退役时间	备注
复仇者	Avenger	D14	1939 年 11 月 28 日	1940 年 11 月 27 日	1942 年 3 月 2 日		1942 年 11 月 15 日被德军 U-155 号潜艇击沉
欺骗者	Biter	D97	1939 年 11 月 28 日	1940 年 12 月 18 日	1942 年 5 月 1 日	1945 年 4 月 9 日	1945 年 4 月 9 日被交还美国海军，1968 年 6 月 10 日作为靶舰被击沉
冲击者	Dasher	D37	1940 年 3 月 14 日	1941 年 4 月 12 日	1942 年 7 月 1 日		1943 年 3 月 27 日发生内部爆炸沉没
冲锋者	Charger	无	1940 年 1 月 19 日	1941 年 3 月 1 日	1941 年 10 月 2 日	1947 年出售改做商用	1941 年 10 月 4 日被交还给美国海军

"复仇者"级性能诸元	
标准排水量	10366 吨（"欺骗者"号后期为 12850 吨）
全长	150 米
全宽	23.7 米
吃水	7.67 米
舰载机	12 架"海飓风"型战斗机，3 架"箭鱼"型鱼雷攻击机（1942 年 9 月）
主机总功率	8500 轴马力
最高航速	16.5 节
续航力	14550 海里 /10 节
人员编制	555 人

▲ 1943年2月，正在冰岛海域准备与JW53护航队一同起航的"冲击者"号，摄自"贝尔法斯特"号巡洋舰。

◀ 在高海况环境航行中的"复仇者"号，此时其甲板涂布了迷彩，同时排放有6架"海飓风"战斗机。

◀ 正在大西洋上航行中的"复仇者"号（左）和"欺骗着"号（右）。

"攻击者"级护航航母

随着德军新服役U艇数量越来越多，在吨位战面前英国人越来越危险，英军迫切地需要更多护航航母。再加上太平洋战争爆发后美军也需要大量护航航母来在各岛屿间运输飞机或掩护登陆船队，所以美国的工业机器终于开始全速轰鸣，成果便是第一级大量建造的成熟护航航母"博格"级。

根据租借方案交给英国皇家海军的第一批11艘"博格"级被皇家海军称之为"攻击者"级。这些航母自1942年末开始陆续加入皇家海军，此时大英帝国的生命线已经被U艇逼到了悬崖边上。服役后的"攻击者"级立刻被投入到大西洋、北冰洋和地中海的反潜护航任务中，在这类任务中创造最惊人战绩的是"追赶者"号——该舰在为前往苏联的北极护航队护航时在1944年3月4日到6日的3天时间里击沉了U-472号、U-366号和U-975号3艘潜艇。在将德军潜艇逐出北大西洋后，一些德军远洋潜艇又前往印度洋活动试图开辟新的战场，结果"攻击者"级再度出击，"战斗者"号于1944年3月用舰载机攻击并引导驱逐舰击沉击伤了德军在印度洋活动的1艘补给船及两艘U艇。如此压力下，德军U艇在印度洋的攻势也告失败。

除反潜外，"攻击者"级自1943年下半年德军U艇压力减轻后还被投入到包括西西里战役在内的多场登陆作战中，以几乎全战斗机的配置为登陆部队提供空中掩护，它们的活动有效保障了盟军在夺得附近地面机场前的制空权。此外,"攻击者"级在轰炸德军"提尔皮茨"号战列舰的行动中也曾现身,以战斗机群保障了行动的空中安全。在大西洋和地中海战事基本平息后,"攻击者"级又前往亚洲继续对日作战。所有"攻击者"级都熬过了战争,甚至没有受过大的损伤。

1945 年到 1946 年,"攻击者"级被陆续归还给美国海军。不过美国海军随后便将它们退役并出售,大部分"攻击者"级被民船公司买下并改装成商船继续运营,少数直接解体。

舰名	外语原名	舷号	开工时间	下水时间	服役时间	退役时间	备注
攻击者	Attacker	D02	1941 年 4 月 17 日	1941 年 9 月 27 日	1942 年 10 月 10 日	1946 年归还美国,后被出售作为商船	原美军 CVE-7,1980 年在中国香港解体
战斗者	Battler	D18	1941 年 4 月 15 日	1942 年 4 月 4 日	1942 年 11 月 15 日	1946 年归还美国	原美军 CVE-6,1946 年被出售解体
追赶者	Chaser	D32	1941 年 6 月 28 日	1942 年 1 月 15 日	1943 年 4 月 9 日	1946 年归还美国,后被出售作为商船	原美军 CVE-10,1972 年在中国台湾高雄解体
击剑者	Fencer	D64	1941 年 9 月 5 日	1942 年 4 月 4 日	1943 年 2 月 27 日	1946 年归还美国,后被出售作为商船	原美军 CVE-14,1975 年在意大利解体
猎者	Hunter	D80	1941 年 5 月 15 日	1942 年 5 月 22 日	1943 年 1 月 11 日	1945 年归还美国,后被出售作为商船	原美军 CVE-8,1965 年在西班牙解体
追捕者	Pursuer	D73	1941 年 7 月 31 日	1942 年 7 月 18 日	1943 年 6 月 14 日	1946 年归还美国	原美军 CVE-17,1946 年被出售解体
掠夺者	Ravager	D70	1942 年 4 月 11 日	1942 年 7 月 16 日	1943 年 4 月 26 日	1946 年归还美国,后被出售作为商船	原美军 CVE-24,1973 年解体
搜索者	Searcher	D40	1942 年 2 月 20 日	1942 年 6 月 20 日	1943 年 4 月 8 日	1945 年归还美国,后被出售作为商船	原美军 CVE-22,1976 年在中国台湾高雄解体
跟踪者	Stalker	D91	1941 年 10 月 6 日	1942 年 3 月 5 日	1942 年 12 月 30 日	1945 年归还美国,后被出售作为商船	原美军 CVE-15,1975 年在中国台湾解体
打击者	Striker	D12	1941 年 12 月 15 日	1942 年 5 月 7 日	1943 年 4 月 29 日	1946 年归还美国	原美军 CVE-19,1948 年出售解体
追踪者	Tracker	D24	1941 年 11 月 3 日	1942 年 3 月 7 日	1943 年 1 月 31 日	1945 年归还美国,后被出售作为商船	原美军 BAVG-6,1964 年解体

"攻击者"级性能诸元	
标准排水量	10200 吨
全长	149.9 至 151.2 米
全宽	24 米
吃水	7.19 米
舰载机	10 架 F4F 型战斗机,12 架"箭鱼"型鱼雷攻击机
主机总功率	8500 轴马力
最高航速	16.5 节
续航力	26300 海里 /15 节
人员编制	646 人

▲ 战争结束后与 1945 年 9 月进入新加坡的"猎人"号护航航母，此时甲板上排列着"海火"战斗机。

▲ 自"跟踪者"号（远景）起飞的三架"复仇者"攻击机，此时这三架飞机正准备前往挪威进行轰炸，照片摄于 1944 年 9 月。

"统治者"级护航航母

自第二批"博格"级护航航母开始，美国建造的护航航母进入了全新建造阶段，即护航航母不再由已建造大半甚至已完工的商船改装，而是自开工起已经是护航航母，后来更发展出设计之初便作为护航航母的"卡萨布兰卡"级与"科芒斯曼特湾"级。除了建造上的区别外，第二批"博格"级相比第一批"博格"级还加强了军舰的防空火力配置。

第二批"博格"级共建造了 24 艘，其中有 22 艘被移交给英国皇家海军。因本批 22 艘大多以各种头衔的统治者命名，皇家海军将其称之为"统治者"级。也有资料以其首舰舰名将本级称之为"亲王"级。"统治者"级是皇家海军史上单级数量最大的航母，它们的到来彻底锁定了大西洋之战中盟军的胜局，德军 U 艇再也无法在大洋上自由行动了。在大西洋局势基本安定的情况下，相当数量的"统治者"级也被投入太平洋战场，但由于与日军的战斗要激烈得多，因此英军主要将不适宜高强度对抗的护航航母用于辅助任务而非直接前线对抗。

除 1944 年 8 月 22 日被德军 U-354 号潜艇击伤的"印度长官"号与 1945 年 1 月 15 日被 U-1172 号击伤的"领主"号未予维修便草草退役外，其余的"统治者"级都安然度过了战争，很多护航航母还被投入到运送盟军战俘返回家乡的任务中。1945 年到 1946 年，"统治者"级被陆续归还美国。与"攻击者"级类似，美国海军随后便将它们直接退役出售，大部分"统治者"级被改回了商船，其余则直接解体。

舰名	外语原名	舷号	开工时间	下水时间	服役时间	退役时间	备注
亲王	Ameer	D01	1942 年 7 月 18 日	1942 年 10 月 18 日	1943 年 7 月 20 日	1946 年归还美国	原美军 CVE-35
仲裁者	Arbiter	D31	1943 年 4 月 26 日	1943 年 9 月 9 日	1943 年 12 月 31 日	1946 年归还美国	原美军 CVE-51
诸侯	Atheling	D51	1942 年 6 月 9 日	1942 年 9 月 7 日	1943 年 8 月 1 日	1946 年归还美国	原美军 CVE-33
伊斯兰教女王	Begum	D38	1942 年 8 月 3 日	1942 年 11 月 11 日	1943 年 8 月 3 日	1946 年归还美国	原美军 CVE-36

舰名	外语原名	舷号	开工时间	下水时间	服役时间	退役时间	备注
皇帝	Emperor	D98	1942年6月23日	1942年10月7日	1943年8月6日	1946年归还美国	原美军CVE-34
女皇	Empress	D42	1942年9月9日	1942年12月30日	1943年8月13日	1946年归还美国	原美军CVE-38
埃及总督	Khedive	D62	1942年9月22日	1942年12月27日	1943年8月25日	1946年归还美国	原美军CVE-39
印度长官	Nabob	D77	1942年10月20日	1943年3月9日	1943年9月7日	1944年9月30日，1946年归还美国	原美军CVE-41，1944年8月22日被德军U-354号潜艇重创退役，
巡查员	Patroller	D07	1942年11月27日	1943年5月6日	1943年10月25日	1946年归还美国	原美军CVE-44
首相	Premier	D23	1942年10月31日	1943年3月22日	1943年11月3日	1946年归还美国	原美军CVE-42
猛击者	Puncher	D79	1943年5月21日	1943年11月8日	1944年2月5日	1946年归还美国	原美军CVE-53
女王	Queen	D19	1943年3月12日	1943年7月31日	1943年12月7日	1946年归还美国	原美军CVE-49，1946年归还美国
印度王公	Rajah	D10	1942年12月17日	1943年5月18日	1944年1月17日	1946年归还美国	原美军CVE-45
印度王妃	Ranee	D03	1943年1月5日	1943年6月2日	1943年11月8日	1946年归还美国	原美军CVE-46
死神	Reaper	D82	1943年6月5日	1943年11月22日	1944年2月21日	1946年归还美国	原美军CVE-54
统治者	Ruler	D72	1943年3月25日	1943年8月21日	1943年12月22日	1946年归还美国	原美军CVE-50
伊朗国王	Shah	D21	1942年11月13日	1943年4月21日	1943年9月27日	1945年归还美国	原美军CVE-43
投石者	Slinger	D26	1942年5月25日	1942年12月15日	1943年8月11日	1946年归还美国	原美军CVE-32
打击者	Smiter	D55	1943年5月10日	1943年9月27日	1944年1月20日	1946年归还美国	原美军CVE-52
演讲者	Speaker	D90	1942年10月9日	1943年2月20日	1943年11月20日	1946年归还美国	原美军CVE-40
领主	Thane	D48	1943年2月23日	1943年7月15日	1943年11月19日	1945年10月	原美军CVE-48，1945年1月15日被德军U-1172号潜艇重创退役
大胜者	Trouncer	D85	1943年2月1日	1943年6月16日	1944年1月31日	1946年归还美国	原美军CVE-47
号手	Trumpeter	D09	1942年8月25日	1942年12月15日	1943年8月4日	1946年归还美国	原美军CVE-37

"奈拉纳"级护航航母

较为成熟且较为成功的"活跃"号让英国海军部对建造更多护航航母产生了兴趣，一如既往，军事运输部并不愿意把已建成商船调拨给他们，于是海军部最终只得到了三艘尚未下水的在建快速货轮。不仅如此，这三艘货轮甚至还分别在英格兰、苏格兰和爱尔兰的三个船厂。大概也正因为这样的地理差异，最终改造出来的三艘"奈拉纳"级护航航母也各有细微差异。

与之前的"活跃"号一样，"奈拉纳"级同样为与美式护航航母截然不同的钢质飞行甲板、封闭式机库、单台升降机与双轴推进设计。此外，三舰均为铆接船体而非美国护航航母常见的焊接船体。

1943年12月，"奈拉纳"号与"维迪克斯"号首先服役，两舰在搭载作战飞机部队后与"活跃"号一同于1944年1月末离开原驻地准备执行战斗任务。由于此时英军已经拥有足够的护航航母为每一个护航队提供护航，因此英军开始抽调多余的护航航母组成U艇猎杀群，在大洋上捕猎德国潜艇。"奈拉纳"号与"维迪克斯"号的第一次任务便是作为U艇猎杀群核心搜索德军U艇。结果1月31日"奈拉纳"号就遭遇危险——在其放飞飞机时该舰无意中暴露在德军U-592号潜艇面前，幸而护航的"野鹅"号炮舰及时发现了U-592号并对"奈拉纳"号发出警告，才使护航航母有惊无险地躲过一劫。U-592号随后被"野鹅"号与"欧椋鸟"号两艘炮舰击沉。

3月12日，"奈拉纳"号与"维迪克斯"号编队首开纪录，不过是失败的纪录，它们的"箭鱼"攻击机在攻击德军U艇时3次投下的深弹全部没有爆炸，1架"箭鱼"的后座机枪手反被德军U艇的高炮打死。3天后的3月15日夜，在装备反潜雷达的"箭鱼"引导下，英军反潜舰艇终于击沉了德军U-653号潜艇。由于这段时间天气持续恶劣，两艘护航航母上的舰载机群事故不断。3月24日，1架坠毁在飞行甲板上的"箭鱼"更因为引爆了航空深弹而在甲板上炸出个大洞，才出航16天的"奈拉纳"号不得不返航修理。在这16天里，两舰的舰载机群没有在敌火下损失一架，却因为事故损失或者损坏了10架。

之后"维迪克斯"号继续在海上执勤，直到5月6日该舰的"箭鱼"才击伤了一艘德军U艇U-765号。战绩寥寥的同时，"维迪克斯"号的舰载机群因为天气恶劣而继续不断损失，5月9日该舰的升降机马达也坏了，导致舰员不得不用人力驱动升降机工作。到"维迪克斯"号不得不返航时，该舰出航时所带的飞行员只剩35%依然健康。

1944年2月，"坎帕尼亚"号服役，该舰的主要任务是掩护护航队，特别是北冰洋护航队。与其他地区不同，德军在挪威一直拥有较为强大的军事力量，因此北冰洋航线直至1945年时仍会遭到德军包括空军在内的较大威胁。在多次护航任务中，"坎帕尼亚"号和其他护航航母击落了大量来袭德机并击沉或协助击沉了数艘德军U艇。

三艘"奈拉纳"级都平安度过了战争，从未被敌军击中，不过它们的舰载机群却在各种事故中损失甚多，特别"奈拉纳"级前两艘因此自身也多次受伤。战争结束后，英军不再需要护航航母。"奈拉纳"号于1946年被转让给了荷兰海军，被荷兰人重命名为"杜尔曼"号服役到1948年并被归还给英国人，英军随后将其出售给民船公司，并被改装为商船运营到1971年解体。"维迪克斯"号则在远东短暂服役后于1947年被当初订造该船的民船公司购回，改装为商船运营到1971年解体。"坎帕尼亚"号是唯一在战后没有如此平淡结局的。该舰于1945年退役进入预备役舰队，1951年又被改装为展览船。在那之后，"坎帕尼亚"号又接受改装，成为英国试爆第一枚原子弹的"飓风行动"指挥船。但是改装完毕后英国人却觉得该舰因为种种原因不适合做该次行动的指挥船，于是"坎帕尼亚"号也就无缘目睹英国的第一枚原子弹爆炸了。1952年12月，"坎帕尼亚"号退役，1955年在布莱斯解体。

舰名	外语原名	舷号	开工时间	下水时间	服役时间	退役时间	备注
奈拉纳	Nairana	D05	1941年11月6日	1943年5月20日	1943年12月12日	1946年转让给荷兰海军，更名为"卡雷尔守卫"号	1948年出售作为民船运营，1971年解体
维迪克斯	Vindex	D15	1942年7月1日	1943年5月4日	1943年12月3日	1945年	1947年出售，后作为民船运营，1971年解体
坎帕尼亚	Campania	D48	1941年8月12日	1943年6月17日	1944年2月9日	1952年12月	1955年解体

"奈拉纳"级性能诸元	
标准排水量	12450至13825吨
全长	160至161.09米
全宽	20.88至21米
吃水	5.8至6.4米
舰载机	6架"海飓风"型战斗机，12架"箭鱼"型鱼雷攻击机（1944年3月）
主机总功率	10700轴马力
最高航速	16至17节
人员编制	700至728人

▲1944年3月27日，停泊在锚地中的"坎帕尼亚"号。

▲"奈拉纳"号护航航母，此时其舰首停放着4架"海飓风"战斗机。

◀正伴随着护航队在大西洋航行中的"奈拉纳"号。

舰名	外语原名	舷号	开工时间	下水时间	服役时间	退役时间	备注
帝国凯	Empire MacKay	MH	不详	1943年6月17日	1943年10月		1945年改回商船
帝国科尔	Empire MacColl	MB	不详	1943年7月24日	1943年11月		1945年改回商船
帝国马洪	Empire MacMahon	MJ	不详	1943年7月2日	1943年12月		1945年改回商船
帝国凯布	Empire MacCabe	MJ	不详	1943年5月18日	1943年12月		1945年改回商船
阿卡乌斯	Acavus	MA	不详	1934年11月24日	1943年10月		1945年改回商船
阿度拉	Adula	MQ	不详	1937年1月28日	1944年2月		1945年改回商船
亚历克西亚	Alexia	MP	不详	1934年12月20日	1943年12月		1945年改回商船
阿曼斯坦	Amastra	MD	不详	1934年12月18日	1943年9月		1945年改回商船
阿塞纽斯	Ancylus	MF	不详	1934年10月9日	1943年10月		1945年改回商船
格达拉尔	Gadila	MX	不详	1934年12月1日	1944年2月1日	1944年2月1日被移交给荷兰商船队	1945年改回商船
枚康马	Macoma	MR	不详	1935年12月31日	1944年4月1日	1944年4月1日被移交给荷兰商船队	1945年改回商船
米勒达	Miralda	MW	不详	1936年7月	1944年1月		1945年改回商船
拉帕纳	Rapana	MV	不详	1935年3月	1943年7月		1945年改回商船

英国商船航母性能诸元			
	"帝国"级运粮船航母	"帝国"级油轮航母	"拉帕纳"级油轮航母
标准排水量	7950吨	8856至9249吨	8000吨
满载排水量	12000吨	12000吨	16000吨
全长	139.9米	146.1至148.1米	146.6米
全宽	18.3米	17.9至18.8米	18.3米
吃水	7.3米	8.3至8.5米	8.38米
舰载机	4架"箭鱼"式攻击机	3至4架"箭鱼"式攻击机	4架"箭鱼"式攻击机
主机总功率	3500轴马力	3300轴马力	4000轴马力
最高航速	12.5节	11节	11.5节
人员编制	107人	122人	118人

▲ "亚历克西亚"号商船航母，该舰原为一艘隶属于荷兰壳牌石油公司的油轮。

▲ 两架停放在"阿塞纽斯"号商船航母甲板上的"剑鱼"飞机，此时该舰正在北大西洋或北冰洋地区行动，甲板上已经铺满了冰雪。

"大胆"级/"鹰"级

第二次世界大战期间，由于"光辉"级和"怨仇"级载机量相对较小，而太平洋战争的经验已经告诉英国人，如果航母没有较大的载机量，那么在未来海战中便会像没有弹匣或弹仓的步枪一样，无法发挥出应有的战斗力。为此，英国海军在40年代初决定建造4艘放大版的"怨仇"级航空母舰，新舰将与"怨仇"级一样安装两层机库，但与此同时尺寸有所放大，因此载机量也有所增加。1942年，"大胆"号和"鹰"号首先开工，一年后"无阻"号和"非洲"号也跟着铺设了龙骨。不过在战时条件下，即使是同年开工的"巨人"级轻型航空母舰，工程进度也要远远落后于计划，更何谈大型的"大胆"级航空母舰。因此直到二战结束时，也没有一艘能够完工。与此同时，英国海军还在建造"大胆"级的过程中，发现原先设计的机库高度太小了，根本无法容纳未来几年内将要列装的喷气机甚至新式大型活塞舰载机。

由于工程进度极低以及技术设计落伍两方面的因素，英国海军在第二次世界大战结束后便直接取消"鹰"号和"非洲"号的建造工作。"大胆"号和"无阻"号则被分别更名为"鹰"号以及"皇家方舟"号，以纪念皇家海军之前建造的同名航母。不过虽然"鹰"号在1946年便已经下水，但两舰的工程还是中断了数年，直到1951年和1955年才分别服役。在服役当时，两舰并没有安装斜角甲板，使用的弹射器也仍是动力较差的老式液压弹射器。此时两舰标准排水量为36800吨，航速31节，装备"海火"战斗机、A-1攻击机、"飞龙"攻击机等活塞式舰载机，后来还装备了一部分"海鹰"式喷气战斗机。

由于两艘"大胆"级服役的50年代恰好是海军航空兵自活塞舰载机向喷气式舰载机过度的阶段，因此几乎是自"鹰"号完工之日起，英国海军便开始筹划对其进行大规模现代化改装。最初海军方面曾希望依照"胜利"号的工程对其进行全面改造，但最终却因为预算问题而没能如愿。不过即使如此，改装的最终方案规模却还是相当庞大。除舰桥将会完全重建以容纳更新的雷达和指挥设备以外，其飞行甲板更是将会完全重建，以便在确保强度的同时增设8.5度的斜角甲板。原先飞行甲板上安装的两组液压弹射器自然也被取消，取而代之的是动力更大的蒸汽弹射器。此外，"鹰"号还将在改装中拆除掉所有防空炮，代之以"海猫"式防空导弹。1959年，"鹰"号被送入德文波特船厂进行改造，1964年5月工程完工。此时"鹰"号的标准排水量已经上升到了44000吨，成为当时世界上除美国海军以外最大的航空母舰，舰载机也全部更换为"海盗"式攻击机、"海雌狐"战斗机、"弯刀"战斗机等喷气式舰载机，仅有反潜机为活塞动力的"鸬鹚"式。与改装前相比，由于所搭载的飞机体积明显增大,"鹰"号的载机量也从60架下降到了45架。在"鹰"号完成改造前两个月,"皇家方舟"号也开始了改装,其改造工程于1967年2月结束。

虽然耗时5年的改装使两舰战斗力得到大幅提升,但讽刺的是,这却并不意味着它们跟上了时代的脚步。相对而言,虽然"海盗"式算是一种性能优良的攻击机,"海雌狐"和"弯刀"两种战斗机性能却十分落后,甚至无法进行超音速飞行。因此英国海军也不得不开始计划为"大胆"级装备F-4"鬼怪"式战斗机。这种飞机的发动机又装有加力燃烧室,要求航母必须装备液冷式阻焰板才能使用,而"鹰"号此时装备的阻焰板却仅仅是一块可以扬起的厚重钢板而已。也正因为这个原因,当英国人在"鹰"号上对F-4战斗机进行测试时,他们担心阻焰板会被F-4的加力尾焰烧坏,不得不在弹射器后方安装了一块单独的钢板。每当一架F-4起飞之后,地勤人员便会用消防龙头冲洗临时阻焰板为其降温,之后才能安排下一架F-4起飞。相比之下,由于"皇家方舟"号的工程开始较晚,因此在改装时便考虑到了搭载美国F-4"鬼怪"式战斗机的要求,但"鹰"号却要单独花费500万英镑来再次进行改装。但在1966年,英国海军因为预算紧张而决定大幅削减航母数量,并为此将"人马座"级航母改编为宿舍舰,而"鹰"号的改装也自然随之遭到了否决。到1972年1月,"鹰"号退出了现役,并在朴次茅斯港拆掉了雷达等设备。之后该舰又被送回了出生地达文波特,将不少零部件从船体上拆解下来,作为"皇家方舟"号的备件保存,船体则最终于1978年开始被解体。

在确定"鹰"号不会接受进一步改装的同时,海军将订购的48架F-4战斗机中的20架转交给了皇家空军,另外28架中则有12架成了"皇家方舟"

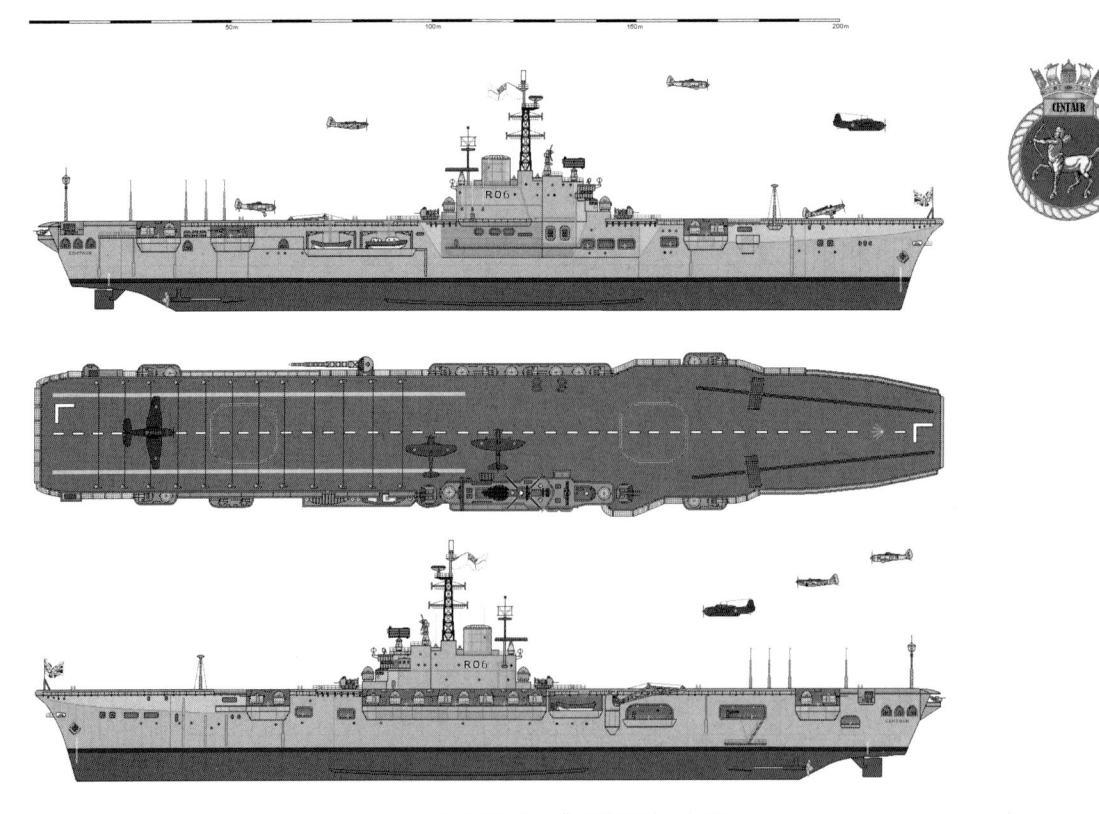

▲ 建成时的"大胆"级航空母舰三视图。

号舰载机。1963年,"皇家方舟"号还成了世界上第一种舰载垂直起降战斗机的试验舰,而该机便是在某些国家一直服役至今的"海鹞"式。事实上,早在1966年时,英国海军便曾决定应在1975年之前将所有攻击型航空母舰退役,而这也就是"鹰"号退役的原因所在。但当"鹰"号真的退役之后,英国人却又开始认为仅凭岸基航空兵无法掩护英军在全球的行动,搭载垂直起降战斗机的"无敌"级又要到1980年以后才能服役。两相矛盾之下,"皇家方舟"号便一直服役到了1979年,其间并未参加任何战事,甚至连战斗部署都不曾经历。第二年,该舰被拖到苏格兰拆毁。

舰名	外语原名	舷号	开工时间	下水时间	服役时间	退役时间	备注
鹰	Eagle	R05	1942年10月24日	1946年3月19日	1951年10月5日	1972年1月	原名"大胆"号
皇家方舟	Ark Royal	R09	1943年5月3日	1950年5月3日	1955年2月25日	1979年2月14日	原名"无阻"号
鹰	Eagle		1942年8月	取消建造			
非洲	Africa		1943年7月12日	1944年改为"马耳他"级航空母舰			

"大胆"级/"鹰"级性能诸元	
标准排水量	36800吨
满载排水量	54100吨("鹰"号1964年) 53950吨("皇家方舟"号1978年)
全长	247.4米("鹰"号) 245米("皇家方舟"号)
全宽	52米("鹰"号1964年/"皇家方舟"号1978年)
吃水	11米("鹰"号1964年) 9.5米("皇家方舟"号1978年)
舰载机	60架活塞式舰载机("鹰"号建成时) 45架喷气式舰载机("鹰"号现代化改装后) 50架活塞式舰载机("皇家方舟"号建成时) 38架喷气式舰载机("皇家方舟"号现代化改装后)
主机总功率	152000轴马力
最高航速	31节("鹰"号) 31.5节("皇家方舟"号)
续航力	7000海里/18节("鹰"号) 7000海里/14节("皇家方舟"号)
人员编制	2750人("鹰"号) 2640人("皇家方舟"号)

▲ 1978年与"尼米兹"号航空母舰停泊在一起的"皇家方舟"号,相形之下,后者体型便要显得狭窄许多了。

▲ 在地中海航行中的"鹰"号航空母舰,此时该舰已经接受了大改装,成为一艘现代化航空母舰。

▲ 服役后不久的"皇家方舟"号,照片摄于1957年。与当时绝大部分英制航空母舰相同,该舰虽然开辟了斜角甲板,但并没有对飞行甲板进行根本性的结构改变。

第三章 英国 · 137

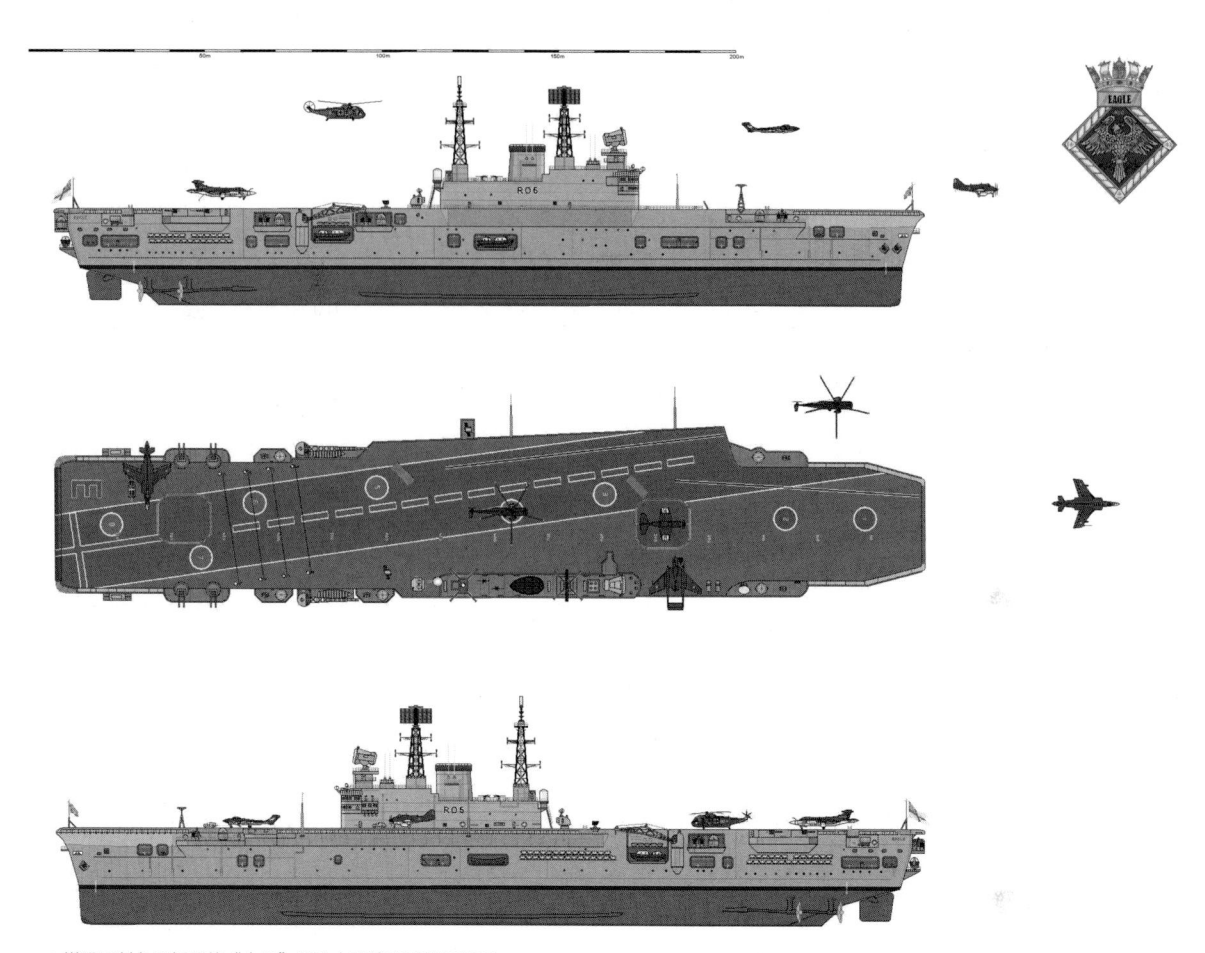

▲ 增设了斜角甲板后的"大胆"级攻击型航空母舰三视图。

▶ 在"鹰"号退役后,从该舰旁边驶过的"皇家方舟"号,其甲板人员则分列甲板四周,向"鹰"号致敬。

▼ 服役后不久前往法国土伦访问的"皇家方舟"号。

▼ 20世纪70年代初的一张"皇家方舟"号航拍照片,此时该舰甲板上停放的大多均为F-4战斗机。

"马耳他"级

自条约时代结束之后,英国海军始终在建造装备厚重甲板装甲,但载机量相对较少的装甲航空母舰。但在第二次世界大战中,英国海军却逐渐发现这些航空母舰由于载机量过少,独立行动的能力较差,除在大西洋等毫无对方海军力量威胁的海域行动以外,即使是在地中海面对实力和作战意志并不强的意大利人,自己的航空母舰也必须与战列舰亦步亦趋,不敢独立行动。相比于美国和日本海军所能够进行的大规模航母战,英国航母所能担负的任务被限制在了舰队防空、小规模空袭、反潜巡逻等任务上。为此,皇家海军在二战中期也决定开始设计一型强调载机量的大型航空母舰,这便是"马耳他"级。不过在选择大载机量的同时,英国人也并不愿意放弃原有的厚重装甲,这便导致"马耳他"级航母最终成了与美国"中途岛"级排水量相当的巨型航母。

按照设计方案,"马耳他"级将成为英国历史上排水量最大的航空母舰,并将一直保持这一纪录直到"伊丽莎白女王"级于2016年建造完成时为止。根据设计方案,"马耳他"级航空母舰长度将达到273米,甚至比"中途岛"级还要更长一些。新舰的排水量也将上升到前所未有的47350吨,相较此前皇家海军的主力航母"光辉"级增加了整整一倍。与此同时,"马耳他"级依旧安装有厚达100毫米的飞行甲板装甲,在面对日本神风自杀机时要比木制甲板远为坚固可靠。而且与先前的英国航母不同,"马耳他"级并没有采用封闭式机库,而是采用了美国式的开放式机库,以便舰载机能够在机库中提前热车,减少甲板作业时间。只不过由于英国人的方案导致机库有效面积要远小于"中途岛"级,导致其载机量仅有80架左右,远不及后者的130架。升降机方面,"马耳他"级也安装了英国航母中前所未有的4座,其中两座依旧按

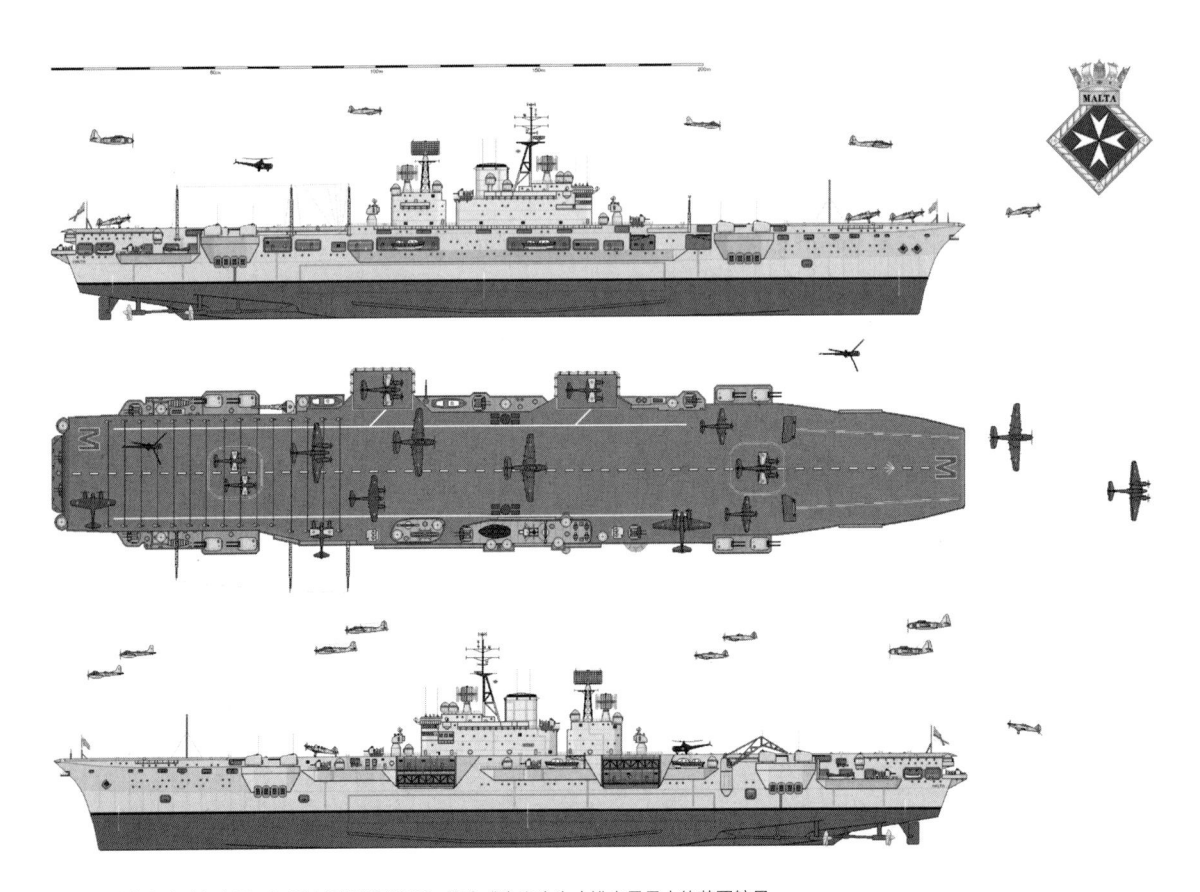

▲ "马耳他"级完成想象图,如果该级舰能够完工,将会成为迄今为止排水量最大的英国航母。

照惯例安装在飞行甲板中线上，另外两座则被安装在飞行甲板舷外，而后者自然是得益于采用了开放式机库所获得的好处，因为封闭式机库是无法采用舷外升降机的。由于飞行甲板极为宽大，且升降机数量较多，因此其航空作业效率也远比先前的英国航母更高。动力系统方面，新舰安装了8座锅炉和4组蒸汽轮机，可为航空母舰20万轴马力动力，推动近50000吨的航空母舰达到33.25节高速，甚至比大部分英国舰队航空母舰都要快。

1943年7月，在设计方案完成之前，英国海军部便向船厂下达了3艘"马耳他"级航空母舰的订单，其中三号舰的预算来自于取消建造的"大胆"级航空母舰四号舰"非洲"号。不过由于战争期间英国各大船厂订单繁忙，无暇开工这三艘英国历史上最大的战舰，因此到1945年战争结束后订单取消时为止，3舰也均没有开工。

舰名	外语原名	舷号	开工时间	下水时间	服役时间	退役时间	备注
马耳他	Malta		未开工				
新西兰	New Zealand		未开工				
直布罗陀	Gibraltar		未开工				预算改用自"非洲"号航空母舰

"马耳他"级性能诸元	
标准排水量	46900吨
满载排水量	57700吨
全长	273米
全宽	41米
吃水	10.7米
舰载机	80架活塞式舰载机
主机总功率	200000轴马力
最高航速	33.25节
续航力	7100海里/20节
人员编制	3500人

"人马座"级

在开工了16艘1942年型轻型航空母舰之后，英国海军又在1944年开工了8艘新的轻型航母。与1942年型航母相比，这一批最初被称为"竞技神"级的新航母在排水量方面明显要更大一些，其标准排水量达到了22000吨，甚至比被美国海军定义为大型航母的"约克城"级还要更大。不过由于"竞技神"级也同样是一型应急性质的航空母舰，其排水量却并不能反映出实际战斗力水平——该级航母在使用活塞舰载机时仅能搭载42架飞机，而最大航速也仅有28节，战斗力与日本海军利用邮轮改造的"飞鹰"级航母相近，只不过"竞技神"级拥有着25至50毫米厚的装甲甲板，防护能力稍强一些。

由于要优先建造16艘1942年型轻航母，"竞

"技神"级的建造进展自然就要比前者更为缓慢，而且与1942年型轻型航母一样，"竞技神"级的设计方案也在随着建造过程中航空技术的进步而不断发生更改。在第二次世界大战结束时，全部8艘"竞技神"级没有一艘完工，甚至也还没有一艘能够下水。在1947年，被重新更名为"人马座"号的首舰才终于下水，原先的"竞技神"级也随之被称为"人马座"级。而在那之后工程还是依然处于近乎停工的状态，仅有少量工人还在维持着航母极低的工程进度。1953年9月1日，"人马座"号终于在开工后的第10年开始服役。而在此时，几乎全世界的舰队航母都在经历着增设斜角甲板的改装，但"人马座"号服役时却并没有设置斜角甲板，因此难以搭载喷气机执行航空勤务。直到1956年至1958年间，"人马座"号才接受了一次改装，对原有飞行甲板左舷进行小规模改装，使其得以开辟出一道外倾6度的斜角甲板。不过值得注意的是，"人马座"级的斜角甲板几乎完全没有突出舷外的部分，因此几乎可以被视为只是在一块全通飞行甲板上人为分划出了两块作业区而已，若非英国海军同时还为其安装了蒸汽弹射器，其拥挤的飞行甲板依然无法承担喷气机作业压力。

在完成改装之后，"人马座"号终于开始搭载"海鹰"、"海雌狐"战斗机等喷气机，但由于过于拥挤的飞行甲板上几乎完全没有系留飞机的空间，其载机量一下子减少到了26架，甚至要比某些不足两万吨的航母还要更小。1960年，"人马座"号参与了电影《猎杀"俾斯麦"号》的拍摄过程，在影片中同时扮演了"光辉"号和"皇家方舟"号两艘航母（只不过影片中"人马座"号始终喷涂着属于自己的R06舷号），还为此搭载了3架"剑鱼"鱼雷机。在此期间，二号舰"海神之子"号、三号舰"堡垒"号以及原名"象"号，后为纪念二战中沉没同名舰而依照原八号舰舰名更名的四号舰"竞技神"号相继服役。而"蒙莫斯"号、"独眼巨人"号、"高傲"号以及八号舰"竞技神"号则被彻底取消建造。与"人马座"号相比，后三艘完工的同型舰在竣工时便已经设置了斜角甲板和蒸汽弹射器，因此自竣工伊始便可以搭载喷气机作业。其中"竞技神"号的斜角甲板外张角度更大，伸出了舰体左舷，使该舰拥有了同级舰中最强的航空作业能力。

由于改装工作，"人马座"号错过了1956年的苏伊士运河危机，而那时"竞技神"号又还没有完工，因此只有"海神之子"号和"堡垒"号参加了当年年底的行动，其中仅"堡垒"号便出动了将近600架次飞机，在当地的军事行动中扮演了重要角色。在此后的几年间，由于大西洋已经成了美苏较量的舞台，英国海军的主要行动范围便集中在了中东地区，而4艘"人马座"级自然也随之将行动重点集中在了那里，除执行航空任务以外，各舰还时常会搭载一些陆战部队，随时做好在海外维护英国利益的准备。

到了20世纪60年代初，随着英国在全球范围内的紧缩，财政能力已经不足以支撑其拥有的航母舰队，在这一背景下，排水量和载机量都比较小的"人马座"级自然首先成了裁剪对象。1964年，服役刚满十年的"人马座"号便退出了现役。原本英国海军曾计划将所有4艘"人马座"级均改装为类似于两栖攻击舰的所谓"突击队航母"，但最终"人马座"号却在1965年被从这一计划中剔除了。在作为宿舍舰闲置数年后，该舰最终在1972年被解体。

与"人马座"号不同，"海神之子"号和"堡垒"号在50年代末至60年代初接受了"突击队航母"的改装，在作战时能够容纳800名陆战队士兵。但即使如此，"海神之子"号的服役生涯也仅仅被延长了10年左右，至1973年便退出了现役，其间仅在第二次印巴战争时期前往东巴基斯坦救援英国侨民。与此相比，"堡垒"号和"竞技神"号一直服役到了80年代初期，后者由于战斗力较强，因此直到1973年才被改装为突击队航母。到1981年，也就是在"堡垒"号退役的同一年，"竞技神"号又增设了上扬8.5度的滑跃甲板，舰载机也被更换为"海鹞"战斗机（最多可搭载28架）。

不过事实上，按照英国海军的计划，"竞技神"号虽然接受了改装，但还是要在1982年退役，将日不落帝国的大洋完全留给"无敌"级航空母舰统治。不过就在这一年4月，阿根廷占领了自己东海岸外海的英国殖民地马尔维纳斯群岛，英国方面随即做出强硬回击，在当月月底便派出了第317特混舰队前去重新夺回马岛。原本计划退役的"竞技神"号也不得不披挂上阵，搭载着12架"海鹞"战斗机和18架"海王"直升机成为舰队旗舰，与新服役的"无敌"号一同作为核心战斗力前往南太平洋作战。在接下来的一个多月时间里，虽然特混舰队曾多次遭遇阿根廷空军轰炸，但在"海鹞"的保护下，"竞技神"号依旧毫发未伤。而且由于英国海军还曾利用集装箱船为舰队运送补充飞机，"竞技神"号的舰载机数量出人意料地越打越多。到起航数星期后，该舰已经拥有了16架"海鹞"战斗机、10架来自英国空军的"鹞"式战斗机，直升机数量则被减少到了10架。夺回马岛后，英国海军推迟了"竞技神"号的退役时间，并将其一直使用到了1984年4月。1986年，该舰被卖给了印度海军，以取代后者手中老旧不堪的"维克兰"号航母。

舰名	外语原名	舷号	开工时间	下水时间	服役时间	退役时间	备注
人马座	Centaur	R06	1944年5月30日	1947年4月22日	1953年9月1日	1965年	
海神之子	Albion	R07	1944年3月22日	1947年5月16日	1954年5月26日	1973年	
堡垒	Bulawark	R08	1945年5月10日	1948年6月22日	1954年11月4日	1981年4月	
竞技神	Hermes	R12	1944年6月21日	1953年2月16日	1959年11月25日	1984年	原名"象"号，1986年转卖给印度
蒙莫斯	Monmouth		取消建造				
独眼巨人	Polyphemus		取消建造				
高傲	Arrogant		取消建造				
竞技神	Hermes		取消建造				

"人马座"级性能诸元	
标准排水量	23000吨
满载排水量	28000吨
全长	224.6米
全宽	39.6米
吃水	8.7米
舰载机	42架活塞式舰载机（建成时） 26架喷气式舰载机（现代化改装后）
主机总功率	78000轴马力
最高航速	28节
续航力	7000海里/18节
人员编制	1390至1600人（建成时） 2100人（现代化改装后）

所有导弹均被安装在舰体右前方,可搭载9架"海王"直升机。1970年,这套方案被扩大到了18750吨,而其定义也被更改为"全通甲板指挥巡洋舰"。

早在1963年,"鹞"式战斗机便成功在"皇家方舟"号上完成了起降试验,"全通甲板指挥巡洋舰"的设计工作有了一丝曙光。因为这样一来,这种原本只是直升机巡洋舰的战舰便可以通过自己搭载的短距起飞/垂直降落战斗机而部分获得舰队航母的作战能力。同年4月17日,维克斯造船厂终于得到了首艘新舰的合同,并在3个月后开工建造这艘被命名为"无敌"号的直升机巡洋舰。只不过此时这一方案已经再次扩大到了19000吨,所有舰载导弹已被削减至舰首的一组"海镖"防空导弹,但舰载机仍仅为"海王"直升机。直到1975年,在意识到只有搭载固定翼飞机的航母才能对抗苏联海上威胁之后,一直以来因财政紧张而对一切与"航母"二字有关的舰艇都极为敏感的英国政府才终于批准海军可以在新直升机母舰上搭载正在研制的海军型"海鹞"式战斗机,并将战舰升级为轻型航空母舰。

而这样一来,设计人员也不得不再一次对新舰进行修改。由于长度仅170米的飞行甲板无法满足"海鹞"战斗机在最大负载下起飞的要求,设计人员在飞行甲板前段设置了一块上翘7度的滑跃甲板以辅助战斗机起飞。1976年和1978年,二号舰"卓越"号和三号舰"皇家方舟"号也相继开工,在建造三号舰"皇家方舟"号时,滑跃甲板的上扬角度还被增加到了12度。

就在海军满怀期待地建造这三艘自二战后英国首次开工的航母时,英国的经济状况却已经陷入了泥潭。在1980年"无敌"号服役不久后,英国政府便决定将航空母舰数量削减到两艘,并随之在1982年一度与澳大利亚海军达成协议,计划将这艘新锐舰以1.75亿英镑的价格出售给后者,以取代其运气不佳的"墨尔本"号航空母舰,澳大利亚海军甚至已经为该舰准备好了舰名"澳大利亚"号。不过随着1982年4月马岛战争的爆发,"无敌"号的出售合同也被推迟,该舰搭载着8架"海鹞"战斗机以及12架"海王"直升机与"竞技神"号一同前往南太平洋作战,并在整场战争中表现十分活跃。虽然马岛战争最终以英国方面取胜而告终,但这却还是似乎警告着英国人,日不落帝国已经威风不再,如果皇家海军被迫继续削减实力的话,那么像阿根廷人夺取马岛一样的事情便会在世界各地一再重演。所幸澳大利亚人也通情达理,在当年6月1日,也就是马岛战争正式结束20天之前,便告知撒切尔夫人,如果英国政府不再希望出售"无敌"号的话,那么澳大利亚方面是可以解除合同的。整整一个月后,英国国防部最终宣布取消出售"无敌"号的计划。

马岛战争结束后,随着近防系统的研制,依旧在建的"卓越"号和"皇家方舟"号分别增设了3座美国的六管20毫米"密集阵"近防炮。在从马岛返回之后,"无敌"号也在大修中安装了3座"密集阵"近防炮。只不过后来"无敌"号和"卓越"号又以荷兰生产的七管30毫米"守门员"近防炮取代了"密集阵",而"皇家方舟"号建成后便没有再对此进行改装。

在20世纪90年代包括海湾战争以及21世纪初伊拉克战争之内的一系列冲突中,由于"海鹞"战斗机性能较差,在以美国海军和空军占主角的空战行动中,"无敌"级并没有扮演重要角色,在海湾战争中甚至没有一艘直接参战,仅有"皇家方舟"号曾前往亚得里亚海方面执行警戒勤务。而在2003年的伊拉克战争中,也依然仅有"皇家方舟"号参与了行动,舰载机中还曾有两架"海王"在作战行动中相撞坠毁。在20世纪90年代末,三艘"无敌"级相继接受改装,拆除了舰首的"海镖"防空导弹,并利用原先导弹平台的空间延长了飞行甲板长度。2006年,随着"海鹞"战斗机的退役,"无敌"级成了真正的直升机母舰,而它们较小的飞行甲板以及高度较矮的机库也无法容纳F-35战斗机,因此到了2011年时,"无敌"号和"皇家方舟"号便已经退役,仅有二号舰"卓越"号至今依旧在役,并计划一直使用到2014年为止,但"伊丽莎白女王"号最早要到2016年才会投入服役,而这也将使皇家海军在2014年至2016年间面临着将近100年来首次没有航空母舰的窘境。

舰名	外语原名	舷号	开工时间	下水时间	服役时间	退役时间	备注
无敌	Invincible	R05	1973年7月20日	1977年5月8日	1980年7月11日	2005年8月3日	2011年拆毁
卓越	Illustrious	R06	1976年10月7日	1978年12月14日	1982年6月20日	服役中	
皇家方舟	Ark Royal	R07	1978年12月14日	1981年6月2日	1985年11月1日	2011年3月11日	

"无敌"级性能诸元	
轻载排水量	16000吨
满载排水量	22000吨
全长	209米
全宽	36米
吃水	8米
舰载机	22架垂直起降喷气式舰载机
主机总功率	97000轴马力
最高航速	28节
续航力	7000海里/18节
人员编制	1051人

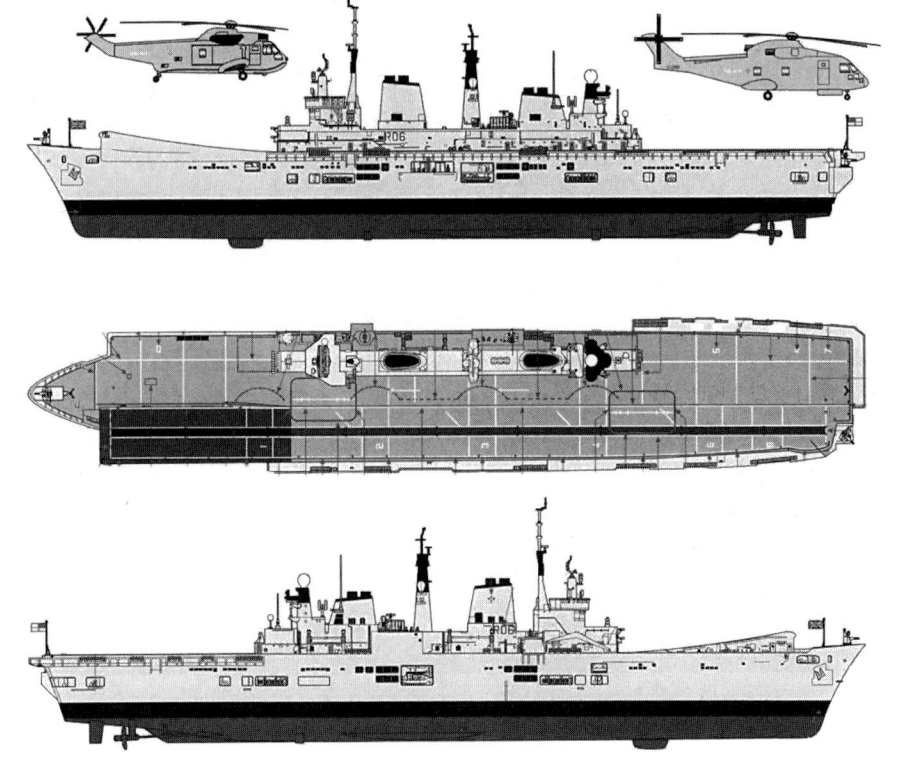

◀ "无敌"级航空母舰三视图。

"贝亚恩"号性能诸元	
标准排水量	22146 吨
全长	182.6 米
全宽	27.1 米
吃水	9.3 米
舰载机	20 架战斗机，12 架俯冲轰炸机（1939 年）
主机总功率	37500 轴马力
最高航速	21.5 节
续航力	7000 海里 /10 节
人员编制	875 人

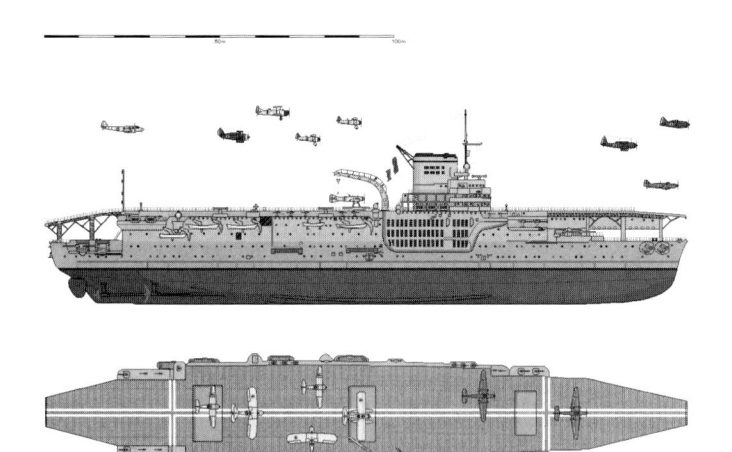

▲ "贝亚恩"号航空母舰两视图。

▲ 1943 年 11 月 18 日正在美国新奥尔良外海准备入港进行检修和改装的"贝亚恩"号。

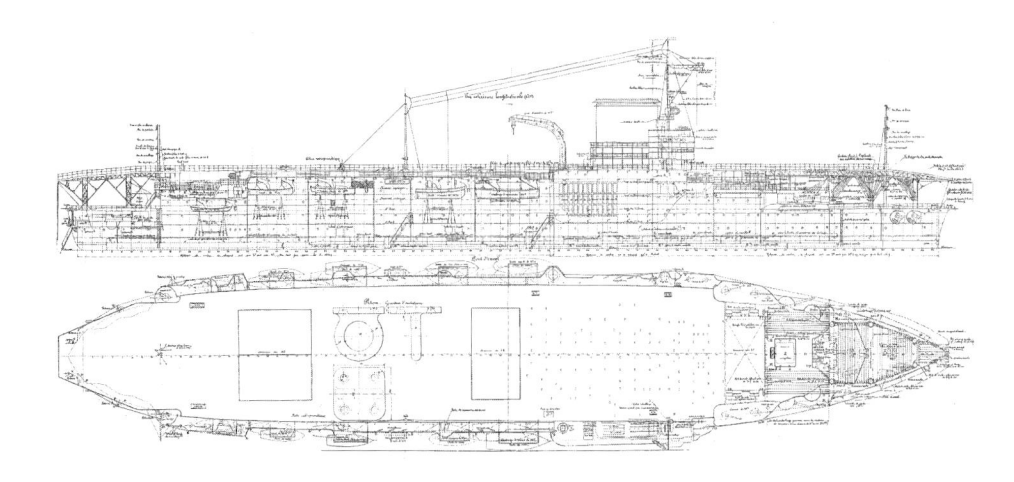

▲ "贝亚恩"号的设计图纸。

▲ 1941年在加勒比海马提尼克停泊期间的"贝亚恩"号航空母舰。

◀ 1938年时的"贝亚恩"号航空母舰,此时该舰已经接受了航空设备上的改装,作业效率有所提升。

▶ 服役早期正在进行飞机起降试验的"贝亚恩"号。

"霞飞"级

当法国海军总参谋部因受到德国开始建造航空母舰的刺激而开始在1936年认真探讨建造新式航空母舰时，将领们仍然非常怀疑航母是否有能力在地中海和英吉利海峡如此接近敌军岸基航空基地的情况下正常行动，因而并不热衷于新航母的建造工作。他们认为只有将航母部署在距离欧洲海岸线400海里以外的北大西洋时，航空母舰才能摆脱岸基飞机牵制，获得行动上的完全自由。不过由于法国海军随后决定将要建造一批航速在29至32节之间的新式高速战列舰，航速只有21节的"贝亚恩"号已经过于老旧了，无法与这些高速战列舰有效地配合行动。再加上法国海军还必须应对德国海军的重建计划，后者从1936年开始已经开始了两艘22000吨级航空母舰的建造工作。法国海军必须建造可以伴随己方新式战列舰和巡洋舰行动的航空母舰。

从1934年中期到1936年末，法国海军技术中心（STCN）至少设计了7套不同的航空母舰方案，分别被命名为PA-9到PA-15。当时法国海军的航母设计工作主要是围绕着两个概念展开的，其中之一是15000吨级航空母舰，可在一层机库中搭载30架飞机。另一套方案排水量达到了两万吨，机库扩大到了两层，其载机量也相应达到了60架左右。而在后期的PA-13到PA-15方案中，为平衡右舷舰岛的重量，其飞行甲板也被设计成了新颖的不对称形式，其左端伸出舰体左舷以外，而右端则连舰体右舷都没有达到。到1937年时，法国海军终于选择了一个折中方案——18000吨级的PA-16方案，并决定建造两艘新式航母，分别命名为"霞飞"号和"班尔维"号。两舰在1938年得到了国库划拨的预算，并交由圣纳泽尔的芬豪船厂建造。按照计划，两艘航母都将在该船厂的一号船台上进行建造，这就意味着二号舰"班尔维"号必须等到"霞飞"号下水后才能开工。

PA-16方案中最具特色的设计就在于其不对称的飞行甲板。一般情况下，航母飞行甲板的中线是与舰体中线大致对齐的，而"霞飞"级的飞行甲板中线则偏左6.83米。这一设计可以用于平衡右舷舰岛的重量并扩大飞行甲板面积。新舰仅设置有两座仅能降低至上层机库甲板的升降机，分别位于飞行甲板两端。前部升降机为T字形，后部升降机则位于飞行甲板末端，呈三面开放状态。如果舰载机进场高度过低，该机就有可能一头撞进三面开放的后部升降机里，给后续飞行作业造成极大困难，严重时甚至会导致全舰战斗力瘫痪。后部升降机后端距舰尾大约20米。而这块空出来的甲板正好能够容纳一架大型水上飞机，可以利用舰体右舷安装的大型起重机吊装上舰。同时这个位置的舰体左右两舷也还分别安装有一具16米的起重机，可以用来吊放小艇或水上飞机。

"霞飞"级拥有两层机库。上层机库容纳全部40架常舰载机。下层机库主要用于为舰载机进行检修，与上层机库之间依靠一座位于机库后部的电动升降机连接。法国海军计划在航母上搭载15架战斗机和25架轰炸机，同时下层机库内也可以搭载一些补用机，不过舰载机型号则因国产机型研发缓慢一直未能确定，最终法国不得不从美国订购了一批F4F"野猫"战斗机和SB2U-2"守护者"轰炸机装备新舰。

两艘新航空母舰中的第一艘"霞飞"号于1938年11月26日在圣纳泽尔的芬豪船厂开工建造。由于该舰的舰体设计方案存在严重问题，不得不一边修改一边建造，工程进行得极为缓慢，而这一问题在法国开始总动员和1939年9月欧战爆发后变得更为严重。至1940年6月法国与德国签署停战协议时，"霞飞"号的工程仅完成了20%左右，即使建造工作可以全速展开，也还需要至少一年时间才能下水。其姐妹舰"班尔维"号由于要等待"霞飞"号下水才能在相同的一号船台上开工，根本没有得到开工的机会。到1940年4月，这一船台的未来档期又被一艘"阿尔萨斯"级战列舰占据了。同一年中，为替换老旧的"贝亚恩"号航母，法国还批准了"霞飞"级第三艘的建造，但在二号舰尚且无法开工的情况下，三号舰自然也就成了幻想。德法停战后，"霞飞"号的建造工作也被迫停止，已经建造出来的部分船体最终也在船台上被解体，很多钢材都被德军运走加强到了大西洋防线的工事中。原先为该舰生产出来的发电机后来被安装到了发电场中。

舰名	外语原名	开工时间	下水时间	服役时间	退役时间	备注
霞飞	Joffre	1938年11月26日	1940年6月9日停工			1942年11月被德军拆解
班尔维	Painlevé	取消建造				
无命名		未开工				

"霞飞"级性能诸元	
标准排水量	18000吨
全长	236米
全宽	24.5米
吃水	6.5米
舰载机	15架战斗机，25架攻击机
主机总功率	125000轴马力
最高航速	33节
续航力	7800海里/20节
人员编制	1251人

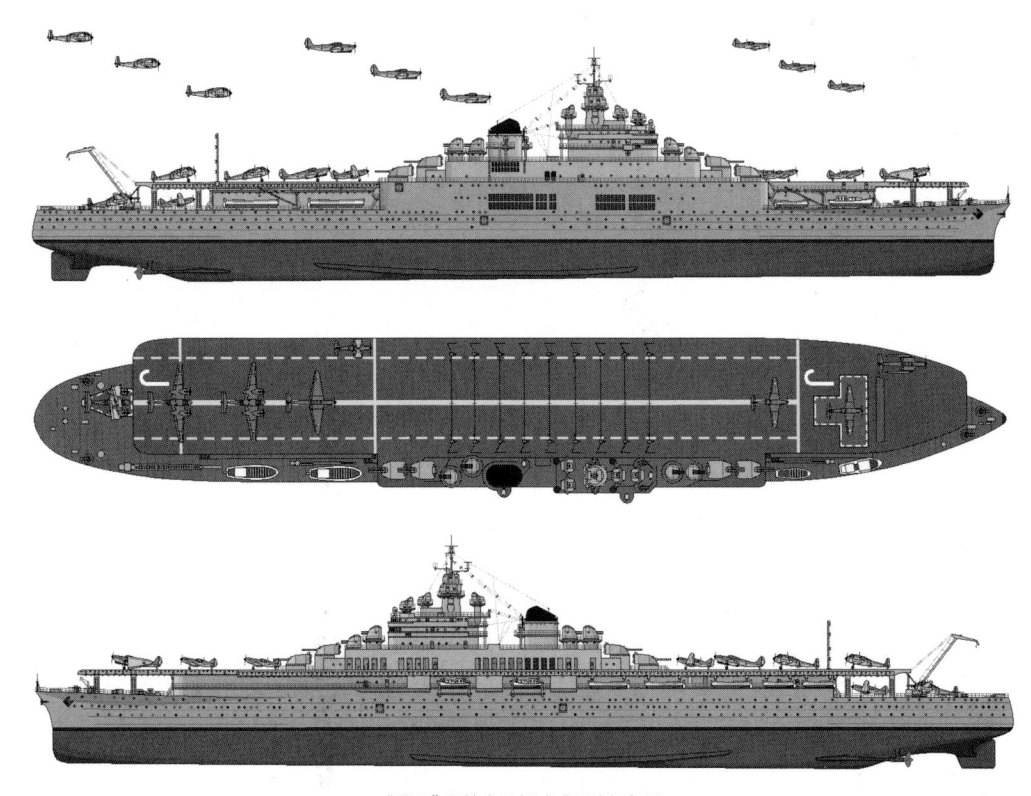

▲ "霞飞"号航空母舰建成后的想象图。

"狄克斯莫德"号（"复仇者"级）

第二次世界大战结束后，由于法国重新开始以战胜国的姿态参与到西方盟军在世界范围内的行动中，其本国在印度支那方面也有着军事行动，急需航空母舰作为其海军力量的核心。当与之相对的是，法国国会却因经济困难而否决海军新建航母的要求。在当时的法国海军中，"贝亚恩"号只能担负飞机运输舰的任务，"霞飞"级又已经在二战时期即被德国人解体，因此只能从盟国方面租借或购买后者在战争结束后不再需要的小型航母。在众多航母之中，法国选择了美国海军曾借给英国的"欺骗者"号。该舰原属于美国海军根据租借法案为英国人建造的"复仇者"级护航航母，由"巴拉那河"号货船改造而来。1945年4月9日，"欺骗者"号被英国人交还给了美国海军，而后者又在当天便将其交给了法国人。而此时"欺骗者"号已经历经了两场大火灾，无法再继续担任作战任务了，只能与"贝亚恩"号一样作为飞机运输舰和巡逻舰。法国海军将"欺骗者"号重新命名为"狄克斯莫德"号。

虽然"狄克斯莫德"号本身并没有太多的战斗价值，但作为一艘飞机运输舰，该舰却也能为法国海军发挥一些能量。自1947年初开始，"狄克斯莫德"号为在越南作战的法国军队运去了38架美制作战飞机，此后还曾于4月派出飞机轰炸了北部湾的越南基地。不过由于其弹射器很快便发生了故障，而护航航母短小的甲板又无法满足满载的轰炸机凭借自身动力起飞的要求，因此在执行了那仅有的一次空袭任务后，"狄克斯莫德"号便回到了法国。直到半年之后才重新向越南运去了一批新的飞机，其间也参与了几次空袭行动。1948年至1950年间，"狄克斯莫德"号还曾两度往返越南，执行飞机运输任务。1952年，随着"阿罗芒什"号以及"拉法叶特"号与"贝劳森林"号三艘轻型航母被租借给法国海军，几乎已是半艘废舰的"狄克斯莫德"号也终于被正式改编为飞机运输舰，依旧来往于美国以及法国各殖民地之间执行飞机运输任务，并曾在1954年参与从越南撤出法国侨民的行动。到1960年之后，该舰便与"贝亚恩"号一样成了土伦的潜艇兵宿舍舰。5年后，由于戴高乐政府与英美交恶，美国海军索回了"狄克斯莫德"号，于次年6月14日由地中海地区的巡洋舰作为靶舰将其击沉。

舰名	外语原名	获得时间	归还时间	备注
狄克斯莫德	Dixmude	1945年4月9日	1966年6月14日	原美国海军"巴拉纳河"号及英国海军"欺骗者"号，1966年6月17日作为靶舰被美军击沉

"狄克斯莫德"号性能诸元	
标准排水量	8200吨
全长	150米
全宽	21.2米
吃水	7.67米
舰载机	20架F4U战斗机（1945年） 7架F6F战斗机，9架SBD俯冲轰炸机（1948年）
主机总功率	8500轴马力
最高航速	16节
续航力	14550海里/10节
人员编制	800人

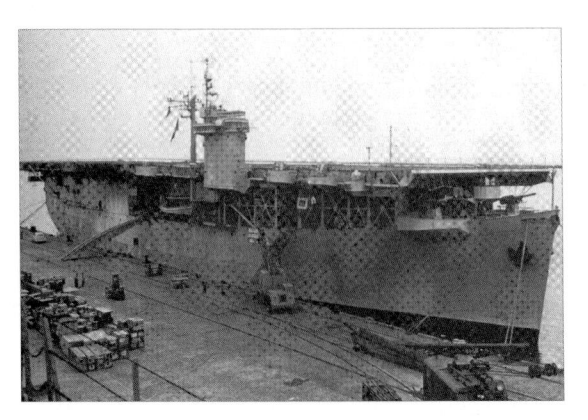

▲ 1950年左右的"狄克斯莫德"号护航航母。

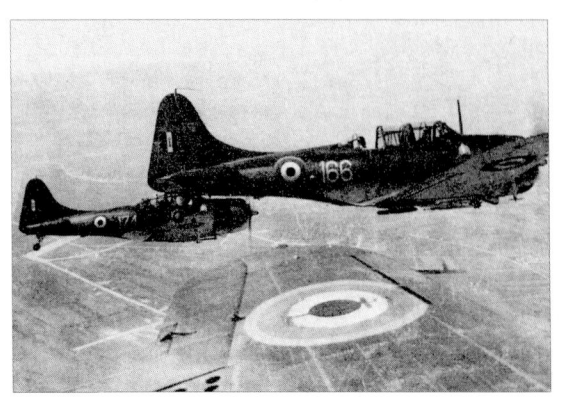

▲ 正在法属印度支那上空飞行的"狄克斯莫德"号所属SBD轰炸机，照片摄于1947年。

"阿罗芒什"号（"巨人"级）

由于"狄克斯莫德"号根本无法作战，自法国重返印度支时起，法国海军在亚洲一直缺乏足够的航空力量。为此，法国人又在1946年从英国租借了"巨人"级航空母舰首舰"巨人"号。该舰虽然在1944年便已经完工，但在二战期间却从未派出舰载机执行战斗任务，而只是作为飞机运输舰和飞机修理舰在英国太平洋舰队服役。1946年8月，"巨人"号被租借给了急需航母的法国海军，后者依照诺曼底海滩上的一个地区名将其重新命名为"阿罗芒什"号，而这里正是1944年6月6日的英军登陆地点。

1948年，"阿罗芒什"号首次前往印度支那，并在那里进行了3个月战斗执勤，是法国海军在当地的主要航空力量。在于1949年返回法国两年后的1951年，法国海军正式买下了这艘航空母舰，并在1953年至1954年间重新将其派往印度支那作战。在1954年回到法国两年后，1956年11月3日该舰才被部署在东地中海方面，在苏伊士危机期间与从美国租来的"拉法叶特"号轻型航母一同派出舰载机空袭了开罗附近的埃及军队。

在整个50年代早期和中期，"阿罗芒什"号的舰载机均为F6F"地狱猫"战斗机、F4U"海盗"战斗机、SBD"无畏"俯冲轰炸机以及SB2C"地狱俯冲者"轰炸机等美制活塞舰载机，在F-4"鬼怪"式等第二代喷气式战斗机即将服役的五十年代末自然已经落后了一个时代。因此在1957年至1958年间，法国海军将"阿罗芒什"号改造成了一艘反潜航母，在该舰左舷增设了外倾4度的斜角甲板，舰载机则更换为法制的Br.1050"贸易风"式反潜巡逻机。除反潜任务外，该舰也担负有一定的训练任务，并为此搭载了专门用于弹射器飞训练的CM.175式喷气教练机。

在1959年最后一次前往印度支那返回后，"阿罗芒什"号以反潜航母的身份服役了将近10年时间。到1968年退出海军序列，被改装成了一艘直升机母舰编入了隶属于陆军统辖的陆战队，平时搭载24架运输/反潜直升机，而这一改编也终结了该舰的航母生涯。1974年1月22日，"阿罗芒什"号从法国陆军退役，1978年在土伦拆毁。

舰名	外语原名	舷号	获得时间	归还时间	备注
阿罗芒什	Arromanches	R95	1946年8月	1974年1月22日	原英国海军"巨人"号航空母舰，1978年解体

"阿罗芒什"号性能诸元	
标准排水量	13600 吨
全长	212 米
全宽	24.4 米
吃水	7.2 米
舰载机	48 架活塞式舰载机
主机总功率	40000 轴马力
最高航速	25 节
续航力	12000 海里/14 节
人员编制	1300 人

◀1953 年正在接收一架 F6F 战斗机降落的"阿罗芒什"号航空母舰。

▲1954 年停泊在法属印度支那海岸的"阿罗芒什"号。

▲"阿罗芒什"号的后部飞行甲板。

"拉法叶特"号与"贝劳森林"号("独立"级)

第二次世界大战结束后,除从英国租借的"阿罗芒什"号以外,在 50 年代初期,法国海军为了应付越南方面的战事,又从美国租借了两艘"独立"级轻型航母。相比"阿罗芒什"号所属的"巨人"级航母,由于"拉法叶特"号和"贝劳森林"号原本由轻巡洋舰改造而来("兰利"号和"贝劳伍德"号,并分别改名为"拉法叶特"号和"贝劳森林"号),因此在适航性方面不及前者。不过对于二战后急需主力舰艇的法国海军而言,他们也并没有太多选择。

1951 年,美国首先将"兰利"号移交给了法国海军,该舰最初则是作为轻巡洋舰"法戈"号开工的。在被改为航母后于 1943 年 8 月服役,参加了美国海军在反攻阶段的大小战役,战争结束后于 1947 年在宾夕法尼亚州退役。依据杜鲁门总统签署的《共同防御援助法案》,美国在 1951 年将该舰租借给了法国。由于"独立"级无论在舰型还是设备上都无法搭载喷气机,因此其在法国海军服役初期所使用的舰载机与二战时也并没有什么两样,航空队依旧由 F6F"地狱猫"式战斗机和 SB2C"地狱俯冲者"式俯冲轰炸机组成。在 1953 年 6 月之前,"拉法叶特"号始终以土伦作为母港,并曾前往越南执行多次战斗任务。法国海军在 1953 年底至 1954 年初对"拉法叶特"号进行了一次现代化改进,此后其活动范围便因局限于北非和中东地区。1956 年初,"拉法叶特"号再次前往越南进行作战,此时其舰载机已被更换为 F4U"海盗"式战斗机和 TBF"复仇者"式鱼雷轰炸机。当年 10 月起,"拉法叶特"号又与"阿罗芒什"号一同配合英国航母特混舰队参与了苏伊士运河危机期间的北约行动。此后该舰便再没有执行太多值得一提的军事行动,只是在 1960 年摩洛哥地震期间参与了救援法国侨民的运输任务和之后撤出阿尔及利亚难民的行动。随着戴高乐上台以及与美国关系的恶化,与"狄克斯莫德"号相同,"拉法叶特"号也被美国召回,并于一年后拆毁。在为法国海军服役的 12 年中,该舰总计航行了 350000 海里,完成了 19805 架次飞机起降。

在将"拉法叶特"号租借给法国海军两年后,另一艘"独立"级"贝劳伍德"号也在 1953 年 12 月 23 日依据《共同防御援助法案》加入法国海军。较为有趣的是,法国海军虽然为该舰更改了名称,但事实上只不过是将英语的"Belleau Wood"改为了同义的法语"Bois Belleau",二者含义均为"贝劳森林"。只是根据习惯译法,国内才将前者译为"贝劳伍德"。不过无论如何,该舰在法国海军中的服役生涯都远不如在美国海军中那样波澜壮阔。在加入法国海军 5 个月后,"贝劳森林"号在 1954 年 4 月前往越南,接替正在那里作战的"阿罗芒什"号,而后者先前正是接替了"贝劳森林"号的姐妹舰"拉法叶特"号。虽然当该舰在 5 月 10 日左右抵达越南时法国人已经输掉了决定性的奠边府战役,但战争还没有结束,"贝劳森林"号的舰载机也不甘寂寞,在航母抵达当地后不久便参与到了接下来的战斗之中。在日内瓦会议上,法国与越南独立同盟会在 1954 年 7 月 21 日签订了合约,自此越南获得独立。而"贝劳森林"号也只能随着法国舰队一同灰溜溜地回到母港土伦。越南独立后,法国的阿尔及利亚殖民地也爆发了独立革命,"贝劳森林"号如同赶场救火一般又赶往了北非。这场战争一直打到 1962 年才告结束,而"贝劳森林"号却在 1960 年便被美国海军索回,当年 10 月 1 日取消船籍,出售拆解。

舰名	外语原名	舷号	获得时间	归还时间	备注
拉法叶特	La Fayette	R96	1951 年 6 月 2 日	1963 年 3 月	原美国海军"兰利"号航空母舰,1964 年解体
贝劳森林	Bois Belleau	R97	1953 年 12 月 23 日	1960 年 12 月 12 日	原美国海军"贝劳伍德"号航空母舰,1960 年解体

兵哗变，一部分士兵像巴黎的学生们一样呼吁戴高乐下台。由于这场哗变，3名水兵在海上丧命，原本计划前往太平洋参与核试验的"克莱蒙梭"号也不得不被召回土伦。

1974年，当印度洋西岸的非洲国家吉布提爆发独立战争时，两艘"克莱蒙梭"级相继赶往那里，并在数年间往返多次。1977年，"福熙"号的两架F-8在前去与空军的F-100战斗机进行格斗训练时发生误认事件，在混乱中与两架也门空军的米格-21战斗机缠斗在了一起，法方飞行员险些开火。幸运的是，双方战斗机最终并没有交火，而这也是法国所有F-8战斗机仅有的"实战"记录。在那之后，1982年至1984年的黎巴嫩内战期间，两艘"克莱蒙梭"级又前往那里为法国维和部队提供了空中掩护。两伊战争期间，"克莱蒙梭"级还掩护过在波斯湾受到交战双方威胁的法国商船。进入90年代后，两舰分别参加了海湾战争和干预南斯拉夫内战的行动。

在冷战结束后，法国海军对于航空母舰的需求数量随之降低，而两艘"克莱蒙梭"级的舰龄又都已经超过了30年。因此在1997年10月1日，"克莱蒙梭"号首先退役，并卖给了印度拆船厂，但因为受到环保组织抵制，该舰直到2009年才被拆毁。而"福熙"号的生涯却还在延续。2000年11月15日，也就是法国海军的新航母"戴高乐"号正式服役半年之前，该舰被卖给了巴西海军，成为了后者的"圣保罗"号航空母舰。

舰名	外语原名	舷号	开工时间	下水时间	服役时间	退役时间	备注
克莱蒙梭	Clemenceau	R98	1955年11月	1957年12月21日	1961年11月22日	1997年10月1日	2009年解体
福熙	Painlevé	R99	1957年11月15日	1960年7月23日	1963年7月15日	2000年11月15日	2000年加入巴西海军

"克莱蒙梭"级性能诸元	
标准排水量	22000吨
满载排水量	32780吨
全长	265米
全宽	51.2米
吃水	8.6米
舰载机	40架喷气式舰载机
主机总功率	126000轴马力
最高航速	32节
续航力	7500海里/18节
人员编制	1338人

第四章 法国 · 163

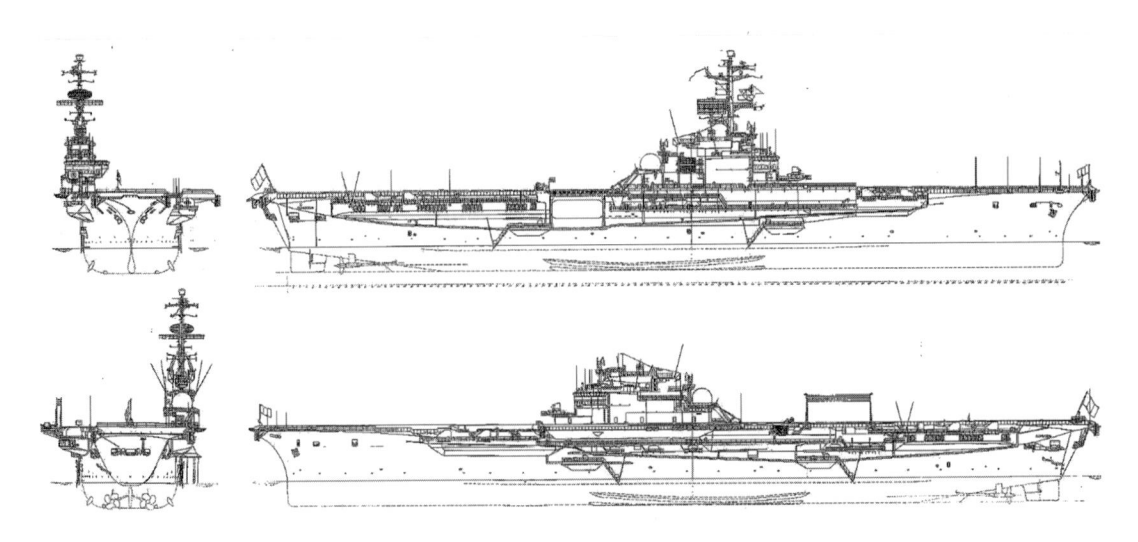

▲"克莱蒙梭"级四视图

▲ 正以较慢航速进港或出港中的"克莱蒙梭"号。

▲ 1997年7月,"克莱蒙梭"号退役三个月前,一架"超军旗"攻击机正准备从舰。

▲ 正由拖船拖往印度拆解途中的"克莱蒙梭"号航空母舰。

◀ 正在地中海地区航行的"克莱蒙梭"号航空母舰,照片可清晰看到该舰的斜角甲板布置情况。

"阵风"M型战斗机是世界上最早投入服役的三代半舰载机之一，在机动性和电子设备方面要强于美国海军当时仍在使用的F-14"熊猫"制空战斗机，虽然在有效载荷和滞空时间方面不如后者，但基本与今日美国海军主力战斗机F/A-18F"超级大黄蜂"相当。只是在攻击机方面，"超军旗"相对较为老旧，无法与F/A-18E相提并论，但依然好于大部分国家使用的老旧或亚音速机型。

2001年10月16日，"戴高乐"号与一艘护卫舰和自己的4架E-2一同成功完成了北约的Link 16数据链接入测试，该数据链可以实时监控自英格兰南部至地中海一线的所有空中活动情况。一个月后，该舰即被派往印度洋参与美国在阿富汗的反恐战争"持久自由"行动。由于在阿富汗的行动几乎完全是航空支援和空袭，因此该舰在"持久自由"行动中所搭载的飞机也仅有两架"阵风"M，而"超军旗"则达到了16架，此外还有一架E-2和数架直升机。次年2月，由于卫星发现帕克蒂亚省首府加德兹附近存在异常活动，"戴高乐"号派出了两架侦察型"超军旗"飞机，确认为塔利班组织的行动。不久后，英国部队便在这一情报指导下进入了该地区清剿恐怖分子。在此之后，该舰的攻击型"超军旗"又与空军的"幻影"2000一同执行了几次轰炸任务，到2002年3月11日法国军队被布什要求退出行动后，"戴高乐"号撤出战区，在阿拉伯海与美国海军一同派出战斗机监视关系紧张的印度和巴基斯坦。

到2007年时，"戴高乐"号已经在海外执勤超过900天，完成了19000多次弹射器飞，因此也被送回船厂进行大规模整修，更换核燃料。同时该舰又再次更换了推进轴，将航速重新提高到了27节。此外，"戴高乐"号在整修中也做好了准备，可以搭载更新型的"阵风"F3型战斗机，同时电子设备也得到了升级，能够直接与间谍卫星取得联络。在为时15个月的整修后，该舰重新从土伦出港，参与到了美军在波斯湾以及阿富汗的行动及演习中。自2011年3月起被调回地中海，于同年参与了北约在利比亚的行动，其间总计派出了1350架次飞机。其后又参与了干涉叙利亚内战的军事行动，并在2017年入坞进行大修，直到2018年5月17日才重新下水。时至今日，"戴高乐"号作为一艘服役仅有17年的新舰以及整个法国海军的旗舰，在英国计划中的"伊丽莎白女王"级服役前依旧是欧洲最具战斗力的航空母舰。法国海军虽然曾计划为"戴高乐"号建造一艘轮换舰，但却因成本过高至今仍没能实现。

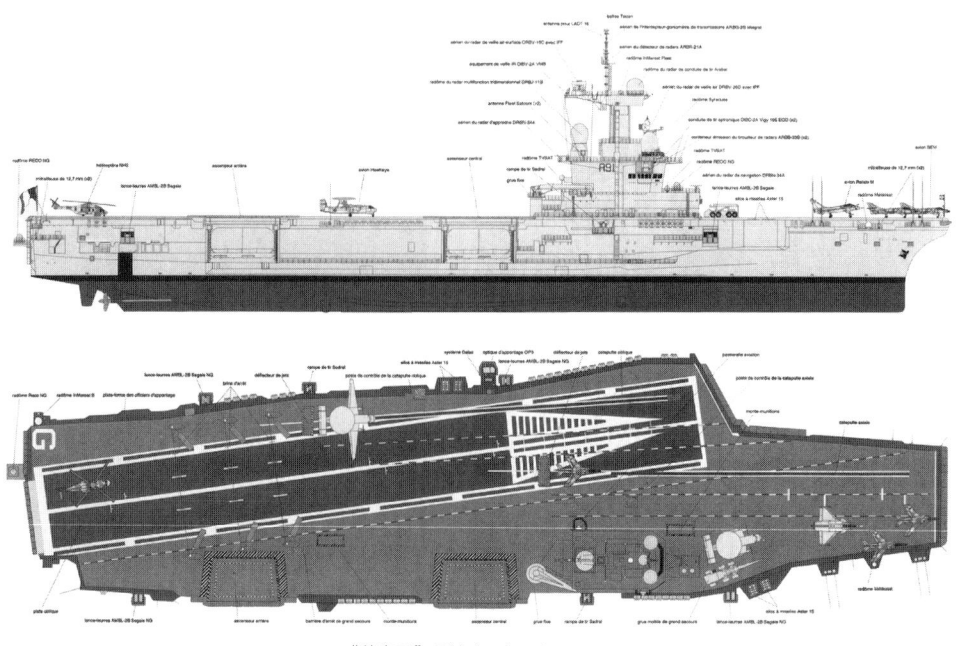

▲ "戴高乐"号航空母舰两视图。

舰名	外语原名	舷号	开工时间	下水时间	服役时间	退役时间	备注
戴高乐	Charles de Gaulle	R91	1989年4月14日	1994年5月7日	2001年5月18日	服役中	原名"黎塞留"号

"戴高乐"号性能诸元	
标准排水量	37085吨
满载排水量	42000吨
全长	261.5米
全宽	64.36米
吃水	9.43米
舰载机	40架"阵风"M型及"超军旗"等喷气式舰载机
主机总功率	不详
最高航速	27节
续航力	无限
人员编制	1950人

▲ 2009年时的"戴高乐"号航空母舰。

▲ 在一次英法美等五国联合军演中与美国"斯坦尼斯"号、"肯尼迪"号航母以及英国"海洋"号两栖攻击舰一同编队航行的"戴高乐"号（领先航母）。

▲ "戴高乐"号所搭载的"阵风"M型舰载战斗机，这也是世界首先投入实际服役的三代半舰载机之一。

▲ 2008年进入干船坞进行检修的"戴高乐"号。

第五章
荷兰

"卡尔·杜尔曼"号（"奈拉纳"级）

作为荷兰在历史上所得到的第一艘航空母舰，初代的"卡尔·杜尔曼"号原为英国海军"奈拉纳"级护航航空母舰"奈拉纳"号。由于荷兰在第二次世界大战期间被德国完全占领，因此当战争结束后荷兰人重建对这个曾经的海上贸易强国至关重要的海军时，只得选择向外国租借战舰。所幸此时英美海军也急于将自己手中数量过剩的船只转交给他国，以削减海军开支。正是在此情况之下，"奈拉纳"号护航航母被转交到了荷兰人手中，后者则将其重新命名为"卡尔·杜尔曼"号。作为一艘老式专为北极航线护航任务建造的护航航母，该舰由商船改造而来，最大航速仅有17节，若非拥有弹射器，根本无法起飞舰载机。在二战进行过程中，"奈拉纳"号曾遭到过德国的Ju-88轰炸机攻击，但并未受伤。

在该舰于1946年英国被转交到荷兰海军后，由于荷兰海军缺乏有经验的舰载机飞行员，实战性能不佳的"卡尔·杜尔曼"号也只能进行一些训练任务。到1948年，对该舰低下性能并不满意的荷兰人又将其交还给了英国，并重新改装回了商船状态，改名"维克托港"号。在1968年之前，"维克托港"号虽然归康纳德航运公司所有，但却是由蓝星港公司租借运营的，后者直到1971年才将其买下，不过同年7月21日，蓝星港公司便将其当作废铁卖给了拆船厂进行拆解。

▲ 1946年的"卡尔·杜尔曼"号航空母舰。

▲ 服役后期的"卡尔·杜尔曼"号航空母舰。

舰名	外语原名	获得时间	退役时间	备注
卡尔·杜尔曼	Karel Doorman I	1946年3月23日	1948年5月28日	前英国航母"奈拉纳"号,返回英国后改为商船运营,后于1972年拆解

"卡尔·杜尔曼"号性能诸元	
满载排水量	17210吨
全长	159.7米
全宽	20.7米
吃水	7.6米
舰载机	18架活塞式舰载机
主机总功率	10700轴马力
最高航速	16节
人员编制	约700人

"卡尔·杜尔曼"号("巨人"级)

由于对初代"杜尔曼"号的性能并不满意,荷兰人在1948年将前者交还给英国人的同时从皇家海军租借了性能远为优越的"巨人"级轻型航母"可敬"号,并继承了"杜尔曼"号的舰名。作为一艘专门建造的轻型航空母舰,二代"杜尔曼"号在性能上无疑要远强于改装自商船的初代舰。因此该舰在荷兰海军中的服役时间也要长很多。而且在1955年至1958年间,荷兰海军还对二代"杜尔曼"号进行了一次大规模现代化改装,在该舰左舷安装了外张8度的斜角甲板,安装了新的升降机以及舰岛,弹射器也被更换为功率更大的蒸汽弹射器,同时相应的航空设备也得到了更新以适应喷气式舰载机。在改装之前,"杜尔曼"号的舰载机均为"剑鱼"式鱼雷机、"海怒"式战斗机以及"海獭"式侦察机等英制活塞舰载机,而改装之后则搭载了同为英国制造的"海鹰"式喷气战斗机,但攻击机仍为活塞式的美国"复仇者"鱼雷机。到1960年后,随着"杜尔曼"号在性能方面逐渐落伍,该舰安装北约标准被改编为一艘反潜航母,主力舰载机也变更为8架美制格鲁曼S-2型巡逻机和6架西科斯基S-58型反潜直升机,此外还保留有8至12架挂载了AIM-9"响尾蛇"格斗导弹的"海鹰"战斗机。

与只能担负训练任务的初代"杜尔曼"号不同,二代舰自入荷兰海军后不久便开始在全球范围内执行勤务了。1950年1月2日,该舰与一艘护卫舰和一艘轻巡洋舰一同起航前往加勒比海的荷属安的列斯群岛,直到同年5月才返回荷兰。4年之后,"杜尔曼"号又赶到加拿大,参加了当年举行的蒙特利尔航展。在1959年再次于北美东海岸巡航后,"杜尔曼"号在1960年赶往新几内亚,当时荷兰政府正在撤离这片殖民地,允许其获得独立。而"杜尔曼"号前往那里的目的则是为了预防印度尼西亚借机入侵新几内亚。为避免与印度尼西亚交好的埃及政府从中作梗,"杜尔曼"号不得不与同行的两艘驱逐舰以及一艘供油舰绕行好望角。当该舰抵达澳大利亚西岸的弗里曼特尔港时,"杜尔曼"号还做了一件不同寻常之事。在海员、飞行员以及地勤人员的通力合作下,该舰并没有使用拖船来辅助靠岸,而是依靠被固定在甲板上的活塞舰载机的螺旋桨动力完成了这一作业。

在荷兰人将 12 架"海鹰"战斗机留在新几内亚以加强当地防空能力同时，印度尼西亚方面也开始认真考虑对新几内亚发动入侵的可能性，甚至还计划利用搭载有 KS-1 型反舰导弹的苏制图-16 轰炸机（即中国轰-6 轰炸机的原型）击沉"杜尔曼"号！不过在美国介入印尼危机后，双方便停止了敌对行动。而"杜尔曼"号则离开南洋造访日本横滨港。日荷双方原计划利用这次机会举行日本江户幕府在 1610 年与荷兰正式建交的 350 周年庆典，但却在印尼方面对日本施加的压力下被迫取消。在 1964 年进行大规模检修后，"杜尔曼"号成了全职反潜航母，所有战斗机和攻击机均被取消。1968 年，"杜尔曼"号的锅炉发生火灾，虽然英国方面将未完工同级舰"利维坦"号的锅炉运到了荷兰，但后者还是认为"杜尔曼"号已经没有继续使用下去的价值，因此并没有对其进行维修，而是将该舰卖给了阿根廷海军，成了"五月二十五日"号航母。

舰名	外语原名	获得时间	退役时间	备注
卡尔·杜尔曼	Karel Doorman II	1948 年 4 月 1 日	1968 年 4 月 29 日	前英国航母"可敬"号，返回英国后转卖给阿根廷海军

"卡尔·杜尔曼"号性能诸元	
满载排水量	19900 吨
全长	212 米
全宽	24 米
吃水	7.09 米
舰载机	24 架活塞式舰载机
主机总功率	40000 轴马力
最高航速	25 节
续航力	12000 海里 /14 节
人员编制	1300 人

◀ 在荷兰海军服役的"卡尔·杜尔曼"号，与身为护航航母的初代"杜尔曼"号不同，该舰为一艘轻型航空母舰，除航速较慢、防护较差以外，战斗力与英国舰队航母相差无几。

▶ 在荷兰海军中服役早期的"卡尔·杜尔曼"号。

◀ 经过现代化改装，安装了新式雷达和斜角甲板的"卡尔·杜尔曼"号。

第六章
德国

航空母舰I号

作为德国历史上第一个航空母舰计划，其最初的概念方案于1915年提出。在当时，德国海军中已经拥有了几艘水上飞机母舰，但这些母舰的航速很慢，无法跟随主力舰队行动，而它们的载机量也很小，在海战中所能起到的作用有限。与此同时，由于航空部队在陆战中已经从单纯的侦察力量逐渐发展为一支作战部队，德国海军也产生了对大载机量、高航速的飞机搭载舰的需求，而这也缔造了被称为"航空母舰I号"的改装计划。

"航母I号"计划以已经下水正处于舾装状态的"奥索尼亚"号邮轮为基础进行改装，该客轮是意大利希特马船运公司于1914年向德国布隆姆-福斯造船厂订购的。由于这艘邮轮使用蒸汽轮机作为主机，航速较快，足以跟得上主力舰艇。1915年，德国海军办公室航空部决定将"奥索尼亚"号改装为航母，其具体的改装图纸绘制工作在1918年完成。

根据改装计划，"航空母舰I号"将采用多层飞行甲板形式，其主飞行甲板长128.5米、宽18.7米，主要用于降落飞机或起飞大型舰载机。第二层飞行甲板位于舰首，长30米、宽10.5米，只能起飞小型舰载机。值得一提的是，若该舰能够建成，那么它将是世界上最早的全通飞行甲板航母之一。在主飞行甲板下方，"航空母舰I号"拥有三层机库，其中两层为82米长，用于搭载常规舰载机，另一层128米长的机库则用于搭载水上飞机。因为该舰从未进入实际工程施工阶段，更未完工实际搭载飞机，因此对其舰载机种类和数量众说纷纭。一种看法是该舰可以搭载10架战斗机以及13架固定翼或者19架折叠翼水上轰炸机。

然而在该舰设计方案完成时，德国所处的局势已经决定了它是无法完成了。由于战争中紧缺的人力与资源需要用于维护已有的公海舰队，并大量建造U艇。此时显然已经无人去过多关心一艘图纸航母的命运了。同年，根据德意志帝国海军办公室关于停建一切大型舰艇以保障U艇建造的决定，该航母计划被放弃。

第一次世界大战结束后，德国国内经济崩溃，物价飞涨，通货膨胀严重，重新获得这艘未建成客轮的意大利希特马船运公司感到在这种情况下继续建造该舰的成本过高，因此于1920年取消订单。该船遂被出售给拆船商并于1922年解体。

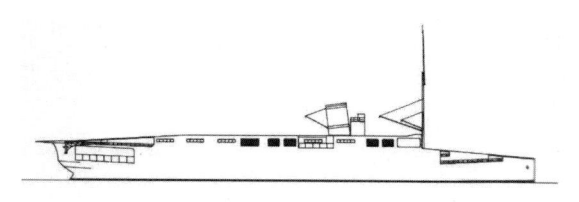

▲ "航空母舰I号"线图。

舰名	外语原名	开工时间	下水时间	服役时间	退役时间	备注
航母 I 号	Flugzeugtrager I	1914 年	1915 年 4 月 15 号			改装工作从未开始。战后被废弃并于 1922 年出售解体

航空母舰 I 号性能诸元	
满载排水量	12585 吨
全长	158 米
全宽	18.8 米
吃水	7.43 米
舰载机	10 架常规起降战斗机，13 架固定翼或者 19 架折叠翼水上飞机
主机总功率	18000 轴马力
最高航速	21 节

"齐柏林伯爵"级

作为一战战败国，《凡尔赛条约》禁止德国拥有航母和军用飞机。1933 年，希特勒上台，德国开始重整军备。德国海军开始认真考虑建造航母的可能并下达了研究性设计的命令，在克服重重困难后，德国技术部门于 1935 年初拿出的方案为排水量 23000 吨、航速 35 节，装备 8 门 150 毫米炮廓炮、10 门 105 毫米高炮，鉴于参考对象英国"光荣"级级航母的情况，该设计案仍然在舰首保留了一层单独的战斗机起飞短甲板。

不久，英德签署了《英德海军协定》，根据该协定，德国海军可以拥有相当于英国海军现役军舰总吨位 35% 的军舰，包括 38500 吨的航母，这意味着德国人可以建造两艘 19250 吨的航母。这一结果甚至超过那些最乐观人士的预想，德国航母忽然之间从幻影般的梦想成为可能实现的目标。

德国人迅速修改了他们的设计案以使其符合 19250 吨的限制。而德国空军也加入了航母具体建造案的设计工作，根据后者的意见，模仿"勇敢"级布置的战斗机起飞短甲板被取消，不过德国人还是严重缺乏具体设计参考。幸运的是，日本海军愿意提供航母建造上的设计合作。1935 年秋，德国海军获准参观了改造中的"赤城"号航母并获得了关于该舰航空部分的大量资料。这次考察对德国航母案起到了至关重要的作用，让设计工作走上了正轨。

最终完成的德国航母正式建造案有三个特点，一是为了达到较高的设计航速而安装的输出功率高达 20 万轴马力的动力系统，这是当时欧洲最强劲的动力系统。二是计划安装多达 16 门 150 毫米舰炮。配备这么多 150 毫米炮除因为在那个时代海军仍将航母看作辅助舰艇外，也因为德国海军不得不考虑航母缺乏护航舰只而单独作战的情况，因此必须配备巡洋舰级别的火炮做好自卫准备。三是较强的生存能力，作为一艘典型的德制大型军舰，德国航母安装有密集的水密隔舱与不亚于轻巡洋舰标准的装甲防护，这给予了它优秀的抗沉性。不过事实上，"齐柏林"号最大的特点并不在于任何技术指标，而在于其舰载机将由空军、而非海军人员指挥驾驶。

1935 年末，建造设计案完成并获得德国海军司令部批准。1935 年 11 月 16 日，德意志造船厂正式接到了"航母 A 号"的建造订单，而日耳曼尼亚造船厂接到了"航母 B 号"的建造订单。不过两个船厂都因为船台被新造军舰占满而无法立刻开始建造工作。因此两艘航母的建造被分别耽搁到了1936年和1938年。1938年12月8日，"航母A号"下水，此时它已经获得了正式舰名——"费迪南·冯·齐柏林伯爵"号，而B号则从未获得正式命名。

到二战爆发时，"齐柏林"号已经建造完成85%，大部分设备都已经可以工作，照此进度发展，1940年末到1941年初即可完工海试。而B号因为建造过程被刻意放慢以吸取"齐柏林"号的经验，所以此时完工度仍然很低，预计要到1940年7月1日才能下水，完工更要等到1941年12月。所以海军于1939年9月19日暂停了B号的建造，次年2月28日，海军放弃B号并将其拆解。

不过，"齐柏林"号有条不紊地继续建造了一段时间后，海军决定优先建造U艇以切断英国的海上交通线，该舰的建造工作遂被推迟。1940年4月29日，德国海军司令雷德尔元帅建议停止该舰的建造，"齐柏林"号的建造工作遂第一次陷入低谷。该舰已经组建大半的舰载机部队及安装好的武器都被转用于它处。之后，为了躲避英军飞机和后来苏军飞机的威胁，"齐柏林"号在拖船的牵引下开始了近两年的东躲西藏之旅。

1941年末，经过近两年的战争，航母在海战中的重要性已经表现得十分清晰，如此形势下，没有一艘航母的德国海军重新考虑完成"齐柏林"号。经元首大本营同意，并且在德国空军也表示愿意提供舰载机的情况下，海军高层在1942年5月13日签署命令续建"齐柏林"号。12月5日，"齐柏林"号被拖回基尔港开始续建。续建方案相比原始设计有所改进，换用更大型的桅杆以便在上面布置航空指挥所，增高烟囱以确保排烟不会干扰航空指挥所的视野，同时将全舰的单装20毫米高炮全部换成四联装以加强防空火力。由于排水量有了大幅增加，为维持应有的稳定性及浮力，水线两侧加装了2.4米宽的防雷突出部，它们既可以用于增加浮力维持稳定性，还可以用于装载额外燃油以扩大续航力，此外还能够提高对鱼雷等水下攻击的防御能力。

而德国空军方面也并未食言，他们重新组建了一支舰载机部队，并开始进行航母起降、海上导航以及对舰攻击的训练。到1942年12月，"齐柏林"号重新开始建造时，空军已经生产了46架Me 109T型舰载战斗机。

但好景不长，因为巴伦支海战中德国海军大型舰艇的糟糕表现，希特勒下令废弃所有大型舰艇，德国海军司令雷德尔元帅也因此辞职，虽然继任者邓尼兹元帅设法保住了一些大型舰艇，但是未建完的"齐

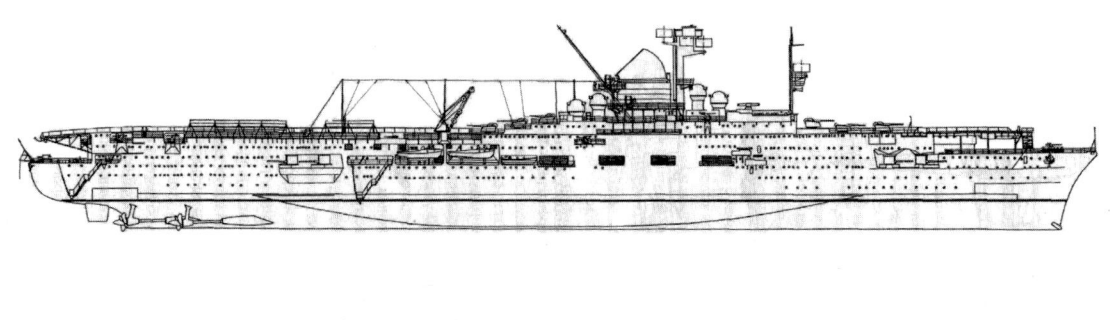

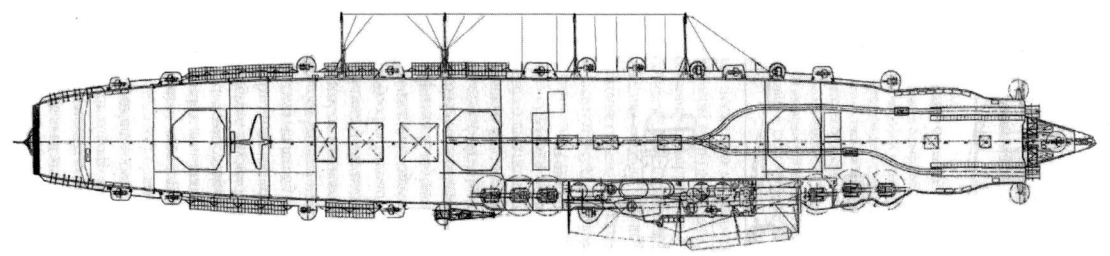

▲ 复建状态的"齐柏林"号线图。

辅助航母计划

除了续建"齐柏林"号和改装"塞德利兹"号的计划外，德国人还考虑将其余战舰和邮轮改装成为辅助航母。两艘"沙恩霍斯特"级战列巡洋舰、"吕佐夫"号装甲舰、"舍尔"号装甲舰、"欧罗巴"号邮轮、"波茨坦"号邮轮以及"格奈森诺"号邮轮（与"沙恩霍斯特"级战列巡洋舰二号舰同名）都被列入改装研讨范围之内。不过很快德国海军便认为将现有大型战舰改造为航母既不现实，性价比也很差，因此改装辅助航母的计划范围变成了3艘邮轮。

1942年5月13日，海军正式在元首大本营会议上提出了将上述3艘邮轮改造成辅助航母的计划并获得希特勒批准。1942年8月26日，海军进一步提议将未完工的"塞德利兹"号重巡洋舰与被搁置在法国洛里昂海军造船厂的未完工法国轻巡洋舰"德·格拉斯"号改装成辅助航母，同样获得希特勒批准。因此最终有5艘辅助航母计划进入实质性阶段。作为航母，5舰均得到了新的名称："欧罗巴"号更名为"航空母舰I号"，"波茨坦"号更名为"易北河"号，"格奈森诺"号被更名为"亚德河"号，"塞德利兹"号被更名为"威悉河"号，"德·格拉斯"号被更名为"航空母舰II号"。其中"威悉河"号作为唯一工程进度较大的辅助航母在前面已经单独列篇做了介绍。

"航空母舰I号"的排水量达到5万吨，是辅助航母计划中最大的一艘舰，无论吨位还是舰型都要比正规航母"齐柏林"级更大，因此该舰的舰载机和自卫武器也是几艘辅助航母计划中最多的，甚至不亚于正规航母"齐柏林"级。但是相对它庞大的排水量来说还是显得并不协调。除此之外，"航空母舰I号"的航速也很快，极速可达32节——在20世纪30年代，"欧罗巴"号曾经赢得过最快横越大西洋的蓝飘带奖。

该舰按照设计只有一个单层机库，长216米、宽30米，仅能搭载42架飞机。除载机量较小以外，"航空母舰I号"的机库设计还存在一个更为致命的问题，由于德国人计划直接在邮轮露天甲板上方修建机库，这样一来全舰重心就会变得过高，最终导致德国人不得不放弃了改装计划。当然，作为一艘5万吨的航母，"航空母舰I号"没有任何装甲防护，载机量只相当于美日1万吨级航母，即便真被改造出来，其战斗力也无法令人满意。

"易北河"号与"亚德河"号的排水量都在2万吨左右，最高航速也只有21节。在改装计划伊始就只打算作为训练航母。由于这两舰的基本性能和尺度十分接近，所以其改装方案基本相同，因而不少资料将它们合称为"易北河"级或者"亚德河"级。按照改装计划，"易北河"号与"亚德河"号将安装单层机库，长148米、宽18米，搭载24架飞机。不仅将安装轻型装甲，在舰内也会重新划分出一定数量的水密隔舱。"亚德河"号在舰体水线下的侧面还填充有大量水泥，舰体侧面外部另外布置了防雷突出部，这些设计的用意是为了降低船的重心并增加浮力，以克服这些邮轮改装成航母后重心过高、稳定性恶劣的通病。不过这些设计未能有效解决问题，"亚德河"号的改装也因此不得不被放弃。先行开始改造的"易北河"号也不得不在工程开始后重新寻求新的设计方案。

至于"航空母舰II号"，该舰的改装计划类似于"塞德利兹"号重巡洋舰，同样继承了原轻巡洋舰的部分技术性能，机库长142米、宽18.6米，能够搭载23架飞机。由于法国造船厂的物资与人力不足，以及由于距离英国过近，随时可能遭到盟军空袭的风险，致使该舰的改装计划始终没能取得实质性进展。

无论改装方案可行与否，所有的辅助航母计划都随着1943年初希特勒废弃一切大型舰艇的命令而告终。此时工程进度最大的"易北河"号也仅仅是拆除了部分上层建筑，之后3艘邮轮作为运兵船或者宿舍船继续服役，除"亚德河"号触雷沉没外，其余两艘邮轮都在战后被战胜国缴获，而被搁置的"德·格拉斯号"号则由法国人按照新时代标准改建成防空巡洋舰并一直服役到1973年。

舰名	外语原名	开工时间	下水时间	服役时间	退役时间	备注
欧罗巴/航母Ⅰ号	Europa/Flugzeugtrager I	不详	1928年8月15日	1930年3月22日作为邮轮完工	1961年	战后被美国接收，1962年解体
波茨坦/易北河	Potsdam/Elbe	1934年	1935年1月16日	1936年6月作为邮轮完工	1976年	战后被英国接收，1976年解体
格奈森诺/亚德河	Gneisenau/Jade	1934年	1935年5月17日	1936年1月作为邮轮完工		1943年5月2日触雷沉没
德·格拉斯/航母Ⅱ号	De Grasse/Flugzeugtrager I	1939年8月28日	1946年11月11日	1956年9月10日作为法国轻巡洋舰完工	1973年	战后被法国改建为新型防空巡洋舰，1974年解体

德国辅助航母性能诸元				
	航母Ⅰ号	"易北河"号	航母Ⅱ号	"亚德河"号
标准排水量	44000吨	17527吨	11400吨	18160吨
全长	291.5米	203米	192.5米	203.5米
水线宽	37米	27米	24.4米	27米
吃水	10.3米	8.85米	5.6米	8.85米
舰载机	24架Me 109T型战斗机，24架Ju 87E型俯冲轰炸机	12架Me 109T型战斗机，12架Ju 87E型俯冲轰炸机	11架Me 109T型战斗机，12架Ju 87E型俯冲轰炸机	12架Me 109T型战斗机，12架Ju 87E型俯冲轰炸机
主机总功率	105000轴马力	26000轴马力	110000轴马力	26000轴马力
最高航速	26.5至27.5节	21节	32节	21节
续航力	10000海里/19节	9000海里/19节	7000海里/19节	9000海里/19节
人员编制	不详	883人	不详	约900人

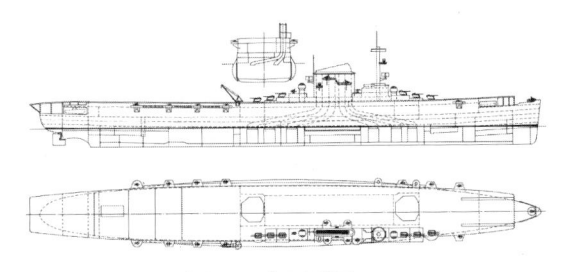

▲ 辅助航空母舰Ⅰ号（"欧罗巴"号）线图。

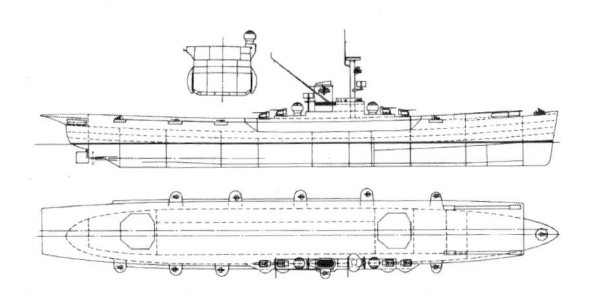

▲ 改造前的"欧罗巴"号邮轮。

◀ "亚德河"级（"波茨坦"号与"格奈森诺"号）线图。

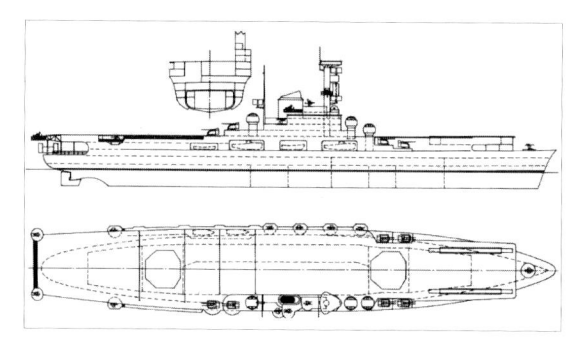

▲ 辅助航空母舰Ⅱ号（"德·格拉斯"号）线图。

▲ 战后作为新式防空巡洋舰建成的"德·格拉斯"号。

▲ "格奈森诺"号邮轮，该舰与被日本海军改造成"神鹰"号轻型航母的"沙恩霍斯特"号邮轮同型。

▲ 沉没中的"格奈森诺"号邮轮。

第七章
阿根廷

"独立"号与"五月二十五日"号("巨人"级)

阿根廷的两艘航空母舰均原属于英国海军的"巨人"级轻型航空母舰。"独立"号原名"勇士"号，于1958年被英国出售给阿根廷海军。虽然该舰在当年7月8日才正式投入服役，但早在6月间便已经开始了正常的航空作业。由于二战时期安装的高射炮在50年代末性能已经略显落后，因此该舰在被交付给阿根廷海军时便已经将高射炮数量削减到了12门。而不久之后，阿根廷海军又自行将其削减到了8门。直到1962年，"独立"号才重新更换了防空火炮，改为一座四联装高炮和9座双联装高炮。在最初投入服役时，该舰配备了一个由美制F4U"海盗"式战斗机、SNJ-5C型教练机以及S-2"搜索者"式巡逻机所组成的航空队。虽然阿根廷海军也拥有F9F"黑豹"式喷气战斗机，但由于"独立"号本身并不适合搭载喷气机，因此只有在这些飞机从美国运往阿根廷的过程中时，"独立"号才暂时搭载过这些飞机。不过在后来的使用中，也有一些练习用的TF-9J型喷气教练机在该舰上进行了训练和实验。随着海军喷气时代的演进，当1969年"五月二十五日"号航空母舰投入服役后，"独立"号便改为预备役，最终于1971年被拆毁。

由于"独立"号在技术上早已落伍，阿根廷海军在1969年又从荷兰购入了另一艘原隶属于英国"巨人"级的航母（原名"可敬"号）。不过与"独立"号不同的是，该舰在荷兰海军服役时已经加装了斜角甲板和蒸汽弹射器，可以搭载喷气式舰载机执行作战任务，而这也大大延长了这艘航母的生命，只是由于该舰在1968年发生了一场火灾，而荷兰海军又不愿意为修复该舰花费一笔巨款，才将其转卖给了阿根廷。在加入阿根廷海军之后，该舰便搭载了阿根廷人原本便已经拥有的F9F"黑豹"和F-9"美洲豹"两种喷气式战斗机，不过后者很快又被在越南战争中表现十分出色的A-4Q"天鹰"式轻型舰载攻击机取代，而舰载机群中也增加了"海王"式直升机担负搜救、反潜任务。1969年9月，英国人还曾将"海鹞"式垂直起降战斗机带到了该舰甲板上，试图向阿根廷海推销这种战斗机，不过最终交易未能实现。

1982年，英阿两国因马尔维纳斯群岛主权问题而爆发了马岛战争。在阿根廷海军最初登陆马岛时，"五月二十五日"号曾利用舰载机对行动进行了支援。而当英国人远渡重洋发动反扑时，该舰始终被部署在马岛以北海域执行防御性任务。由于英国海军此时所使用的轻型航空母舰只能搭载亚音速的"海鹞"战斗机，防御空袭能力并不强，而行踪不定的"五月二十五日"号又随时可能对其发动偷袭。因此英国人还单独指派了核动力攻击型潜艇"斯巴达人"号专门负责搜寻"五月二十五日"号。根据指挥"竞技神"号航母战斗群的桑迪·伍德沃德少将的回忆录,"斯巴达人"号曾在双方正式宣战前找到了"五月二十五日"号,但由于高层命令而没有发起攻击。

当5月1日双方正式交战后,"五月二十五日"号也曾试图派出A-4攻击机前去轰炸英国航母战斗群,只不过当时恶劣的天气情况使阿根廷人不得不放弃了行动。如果这一行动真的成行,这将是自第二次世界大战结束以来首次航母与航母发生的战斗。在此之后,由于阿根廷海军的另一主战舰艇"贝尔格拉诺海军上将"号巡洋舰(原美国海军轻巡洋舰"凤凰城"号)被"征服者"号攻击型潜艇击沉,"五月二十五日"号也撤退到了港口之中,而其搭载的A-4攻击机则转交给陆基基地使用。这些A-4此后在战争中多次空袭英国舰队,甚至取得了击沉"热心"号护卫舰的战绩,自身也有3架被"海鹞"战斗机击落。

马岛战争结束后,"五月二十五日"号在1983年再次接受了改装,使其可以搭载性能更为先进的法制"超军旗"舰载攻击机。不过到了此时,该舰老旧不堪的轮机也已彻底不堪重负,"五月二十五日"号大部分时间里都不得不停泊在港口中。不过即使如此,该舰也还是在财政紧张的阿根廷海军中继续服役了长达15年之久,直到1997年,这艘早已被卖掉了不少零件的半百老舰才终于退出服役,3年后被拖至拆船厂拆毁。

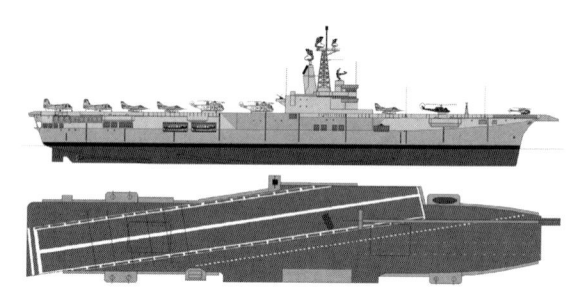

▲"五月二十五日"号航空母舰两视图。

舰名	外语原名	开工时间	下水时间	服役时间	退役时间	备注
独立	Independencia	V-1	1958年7月8日	1930年3月22日作为邮轮完工	1997年	原英国、加拿大海军"勇士"号航空母舰,1971年解体
五月二十五日	Veinticinco de Mayo	V-2	1968年10月15日	1956年9月10日作为法国轻巡洋舰完工	1997年	原英国海军"可敬"号,荷兰海军"卡尔·杜尔曼"号,2000年拆毁

"独立"号和"五月二十五日"号性能诸元		
	"独立"号	"五月二十五日"号
满载排水量	18300吨	19900吨
全长	212米	212米
舰宽	24米	24.4米
吃水	7米	7.5米
舰载机	48架活塞式舰载机	21架喷气式舰载机
主机总功率	40000轴马力	40000轴马力
最高航速	25节	24节
续航力	12000海里/14节	12000海里/14节
人员编制	1075至1300人	1300人

▲ 在阿根廷海军服役时期的"独立"号航空母舰,此时该舰已经开辟了斜角甲板,但并未实际装备喷气舰载机。

▶ 1958 年停泊在阿根廷布宜诺斯艾利斯的"独立"号航空母舰。

▲ 1958 年停泊在阿根廷布宜诺斯艾利斯的"独立"号航空母舰。

▲ 1979 年 6 月 1 日拍摄的"五月二十五日"号航空母舰。

第八章
澳大利亚

"悉尼"号和"墨尔本"号("庄严"级）

"悉尼"号原属英国海军"庄严"级轻型航空母舰，原名"可怖"号。由于没能在二战结束前服役，该舰于1947年被转交给澳大利亚海军，次年完工投入服役。

"悉尼"号是澳大利亚海军历史上第一艘正规航空母舰，而它在服役早期也成为澳大利亚海军的旗舰。在1951年至1952年间，该舰随同"联合国军"一同参与了在朝鲜战争中的行动。1955年，随着经过了现代化改装的姐妹舰"墨尔本"号到来，"悉尼"号被改编为训练舰，至1958年退出现役，原计划的现代化改装工作则被取消。其后因澳大利亚海军缺乏海外兵力投送能力，"悉尼"号被改装成了一艘高速运兵舰，并于1962年重新投入服役，先后参加了马来西亚与印度尼西亚的冲突以及越南战争。1965年至1972年间，该舰总计进行了25次运兵行动。在1973年退役后，虽然各方面均有着将"悉尼"号改装为博物馆的计划，但最终还是在1975年将其卖给了一家韩国拆船厂。

与其前任相同，"墨尔本"号也属于"庄严"级轻型航空母舰。该舰最初由维克斯·阿姆斯特朗船厂作为"庄严"级首舰于1943年4月开工，原名"庄严"号。由于第二次世界大战行将结束，因此该舰在下水后不久便无限期停工。直到1947年澳大利亚海军决定买下这艘航母补充自己的海军航空力量之后，才得以重新以澳大利亚航母"墨尔本"号的名义继续建造。幸运的是，与"悉尼"号不同，澳大利亚海军决定对"墨尔本"号进行大规模改进，以使其能够应付一段时间内的舰载机和航空技术发展。而这一决定也使该舰成了全世界第三艘装有斜角甲板的航母，因为同样的原因，该舰的竣工时间也远远落后于澳大利亚海军同时买下的"悉尼"号，直到1955年才得以投入服役。

由于服役时间较晚，"墨尔本"号并没有得到像"悉尼"号那样的参与朝鲜战争的机会，而只是在越南战争中扮演了支援性角色，从未执行过实际作战任务。虽然如此，"墨尔本"号的生涯却也并不平淡——该舰在服役期间曾发生过多次撞船事故，甚至还在6年间连续撞沉了两艘驱逐舰！第一次撞沉友舰的事故发生在1964年2月10日，当时"墨尔本"号正在澳大利亚东岸的杰维斯湾进行一次检修后的试航工作，由驱逐舰"航海家"号担任其航空引导舰。当晚20时50分左右时，海面已经一片漆黑，两舰在进行一次大角度转向后正在重新调整队形。而"航海家"号在这一系列的机动过程中没有向"墨尔本"号发送警告信号。到"墨尔本"号的舰长终于在一片漆黑中发现对方航迹与自己交叉时，一切规避行动都已经太迟了。20 时 56 分，"墨尔本"号舰首一头撞上了"航海家"号左舷，直接将后者斩成两段，致使其锅炉发生了爆炸，不久后便沉入海底，全舰官兵中有 81 人随舰沉没。"墨尔本"号随后也不得不回到港口整修。

64 个月之后的 1969 年 6 月 3 日，"墨尔本"号在南中国海与美国海军的一次联合演习中再次发生撞船事故。这次事故与上一次如出一辙，同样是在驱逐舰担任夜间航空引导舰时因变换队形导致，只不过悲剧的主角换成了美国海军的"弗兰克·E·埃文斯"号驱逐舰。撞击的结果也如同命中注定一般——"墨尔本"号又一次直接撞断了转向失当的驱逐舰，导致后者沉没，73 名美国海军官兵殉职。笼罩在"墨尔本"号身上的厄运并没有结束，该舰仍然事故频发，连续两次与商船发生轻度碰撞。1972 年，该舰又发生了大火，损管人员费尽九牛二虎之力才将其扑灭。但短短两年后，"墨尔本"号在 1974 年 7 月再次撞船。过了两年，该舰又在悉尼湾撞上了一条日本船。在如此的霉运笼罩之下，虽然该舰在 1977 年前往英国接受了一次大规模现代化改装，战斗力得到极大提升，但却还是接连发生了锅炉爆炸和雷达天线脱落的奇怪事故。澳大利亚全国上下一致认为该舰已经不应该继续服役下去了，以免再给士兵甚至百姓带来什么灾祸。1982 年，该舰终于在一片唏嘘声中退役，3 年后在拆除重要设备后被卖给了中国，成了后者所获得的第一艘航母舰体。在对其进行研究之后，"墨尔本"号最终在广州黄埔船厂被拆解。

▲ 加入澳大利亚海军后的"悉尼"号航空母舰。

舰名	外语原名	舷号	获得时间	退役时间	备注
悉尼	Sydney	R17	1948 年 12 月 16 日	1973 年 11 月 12 日	原英国海军"可怖"号，1975 年解体
墨尔本	Melbourne	R21	1955 年 10 月 28 日	1982 年 5 月 30 日	原英国海军"庄严"号，1985 年解体

"悉尼"号和"墨尔本"号性能诸元		
	"悉尼"号	"墨尔本"号
满载排水量	19950 吨	20000 吨
全长	213 米	213.97 米
舰宽	24 米	24.4 米
吃水	7.6 米	7.62 米
舰载机	38 架活塞式舰载机	27 架喷气式舰载机
主机总功率	40000 轴马力	40000 轴马力
最高航速	24.8 节	24 节
续航力	12000 海里 /14 节	12000 海里 /14 节
人员编制	1350 人	1350 人

"复仇"号性能诸元	
满载排水量	18040 吨
全长	212 米
舰宽	24 米
吃水	7.2 米
舰载机	30 至 40 架活塞式舰载机
主机总功率	40000 轴马力
最高航速	24.5 节
续航力	12000 海里/14 节
人员编制	1076 人

▲ 图为"复仇"号航空母舰。

▲ 在英国海军服役期间的"复仇"号,此时该舰正停泊在马耳他岛。

第九章
日本

"凤翔"号

作为世界上第一艘完工时即为航空母舰身份的舰艇，"凤翔"号事实上并非以航母身份开工的。该舰最初以"第七号特务舰"的名称作为给油舰在1912年12月开工，不过仅仅几天后，日本海军便决定利用"第七号特务舰"的预算和工期来建造航母。在"凤翔"号之前，仅有英国的"竞技神"号在建造时便以航母身份开工，但其建成时间却要晚于"凤翔"号，因此世界第一艘专门建造航母的名头便被日本人抢去。

除给油舰的计划以外，日本海军最初事实上希望将"凤翔"号建造为一艘能够搭载32架水上飞机的水机母舰，形式类似于英国海军利用邮轮改建的"坎帕尼亚"号。直到1920年，日本才依照与"百眼巨人"号类似的形式建造全通甲板航母。在1919年12月16日正式开工后，于两年后的1921年11月13日下水，最终于1922年12月27日竣工。

在舰体方面，"凤翔"号与当时日本海军正在建造的5500吨级轻巡洋舰十分相似，只是日本人在航空母舰上将水线加宽了两米，并延长了轻巡洋舰原有的艏楼甲板，使其覆盖面积达到了舰体的80%以上，这一改动除扩大舰内空间的考虑以外，也是为了在排水量从5500吨增长为7500吨后，即吃水大幅增加的情况下依旧保持足够的干舷高度。而在此之上的即为航母的单层机库，其两侧为开放式，仅有后部拥有隔壁。按照最初计划，日本海军原本希望"凤翔"号的航速能够达到30节左右，但最终还是因排水量和舰内空间的限制而将航速要求大幅降低到了25节。这使"凤翔"号仅需3万轴马力动力即可达到性能指标要求。不过即使如此，该舰也还是安装了8座舰本式吕号小型锅炉（4座重油专烧锅炉、4座煤油混烧锅炉）和两座蒸汽轮机。其锅炉工作温度为138度，蒸汽压力18.3公斤/平方厘米。在1922年11月30日的全速公试中，这套动力系统总动力达到了31117轴马力，推动"凤翔"号跑出了26.66节的航速，比计划的25节高出1.66节。

竣工初期，"凤翔"号舰体长168.25米、宽17.98米、吃水6.17米，标准排水量7470吨，公试排水量则为9494吨。与1917年至1925年间建造的绝大部分日本战舰相同，"凤翔"号也采用了勺型艏，以避免误触水雷，但这一结构却也造成了航母适航性的下降。同时作为早期航空母舰的惯例，"凤翔"号飞行甲板前部也能够向舰首方向的5度下滑角以辅助舰载机起飞，同时飞行甲板前后部分别拥有一座升降机。为确保航母的自卫能力，"凤翔"号还安装了4门与5500吨级轻巡主炮相同的三年式140

毫米舰炮，以及两门76毫米高炮。最初服役时，"凤翔"号在飞行甲板右侧安装了一个结构十分简单的小型舰岛，但即使如此，日本海军却还是因担心舰岛会干扰飞机起降而在1924年将其拆除。由于实际使用效果不佳，在拆除舰桥同时，前部飞行甲板的倾斜部分被重新改建成了与后方整个飞行甲板水平的形式。

作为日本海军第一艘真正意义上的航空母舰，舰载机的首次起飞、降落等荣誉自然就落在了"凤翔"号身上。不过直到"赤城"、"加贺"两艘大型航母完工服役前，"凤翔"号相对较弱的战斗力完全无法满足海军需求，因此该舰事实上只能担负实验和训练任务，而无法承担高强度作战任务。在服役时，该舰主要搭载的是9架十年式舰载战斗机和3至6架一三式舰载攻击机。至1928年，战斗机群被三年式舰战取代，进入30年代后所有舰载机又都被更换为九〇式舰战以及八九式舰攻。到第二次世界大战爆发前，"凤翔"号再次换装了九六舰战以及九六舰攻。而在舰载机更新换代的同时，"凤翔"号也在不停更换不同型号甚至不同形式的拦阻索进行实验。

在1932年，日本在中国展露出了侵略的爪牙，并蓄意制造了第一次上海事变，"凤翔"号也因此得到了实战机会，并于当年2月5日参与了日本海军历史上的第一次航母战斗任务。1935年，在著名的第4舰队事件中，"凤翔"号与第4舰队的大批战舰一同遭遇台风袭击，该舰的前部飞行甲板甚至都为台风击垮。在这次事件中，日本海军发现条约时期建造的一部分战舰强度存在极大隐患，必须进行大规模改装。但即使如此，作为一艘排水量较小的老式航母，"凤翔"号已经是改无可改了，因此日本海军在修复航母的同时也仅仅加固了飞行甲板的支撑柱和机库，拆除了140毫米舰炮，改为安装九六式25毫米高炮。1937年侵华战争爆发后，"凤翔"号再次前往上海沿岸进行作战，并短时间参与了对中国东南沿海的封锁行动。在此之后，随着"苍龙"、"飞龙"两艘拥有较强战斗力的新式航母服役，"凤翔"号不再执行作战任务，仅作为横须贺海军飞行学校的飞行训练舰使用。1940年，在零式战斗机等新型舰载机服役之时，日本海军还对该舰进行了重新评估，并认定"凤翔"号的飞行甲板无法在实战中起降这些新舰载机。太平洋战争爆发时，"凤翔"号仅作为第1战队"长门"、"陆奥"两艘战列舰的航空支援舰与二者一同停泊在吴港。直到1942年6月的中途岛海战中，"凤翔"号才与已经拥有了"大和"号战列舰的第1战队一同起航作为航母机动部队的支援舰，此后直到战争结束，该舰再未参与任何作战行动。1944年，为使"凤翔"号能够搭载新式舰载机，其飞行甲板被加长了12米，宽度也增加了5米，远超出了航母舰体长度，飞行甲板强度也进一步降低，并因此丧失了前往公海行动的能力。战争末期，"凤翔"号在美军动辄数百架次的空袭中奇迹般地仅受轻伤，日本甚至还曾一度希望利用该舰与苏联换取战斗机和燃料，但遭到拒绝。1945年8月15日，日本投降。"凤翔"号也在同年10月被海军除籍，并执行了数次搭载败兵回国的任务。1946年8月，该舰被卖给拆船厂拆解。

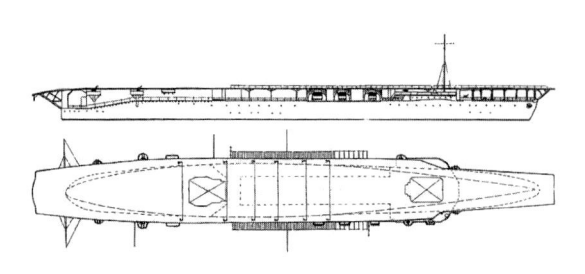

▲1945年时的"凤翔"号线图。

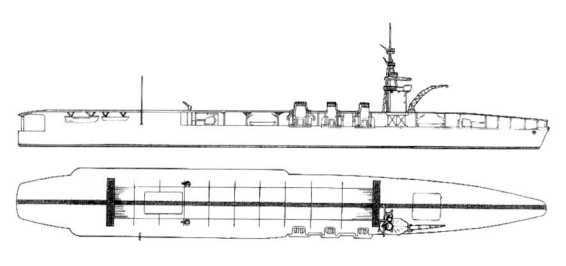

▲建成时的"凤翔"号线图。

舰名	开工时间	下水时间	服役时间	退役时间	备注
凤翔	1919年12月16日	1921年11月13日	1922年12月27日	1945年10月5日	1946年解体

"凤翔"号性能诸元	
标准排水量	7470 吨
全长	168.25 米
舰宽	17.98 米
吃水	6.17 米
舰载机	14 架九六式舰战，10 架九六式舰爆
主机总功率	30000 轴马力
最高航速	25 节
续航力	10000 海里 /14 节
人员编制	550 人

◀1924 年拆除了舰岛后的"凤翔"号。

▼全速试航中的"凤翔"号航空母舰。

"赤城"号与"加贺"号

作为"长门"级战列舰的后续舰以及"金刚"级战列巡洋舰的替换舰，日本海军在1920年决定建造开工建造两艘"加贺"级战列舰以及4艘"天城"级战列巡洋舰。在设计方面，这两级主力舰均安装有5座双联装410毫米主炮以及在当时颇为先进的内倾式主装甲带。所不同的只是二者在防护和航速之间的取舍，"加贺"级仅要求达到26.5节航速，安装15度内倾的280米装甲带，"天城"级则要求达到30节高速，因此在排水量相对更大的情况下也仅能安装254毫米的12度内倾装甲。自1920年开工不到两年后，由于1922年《华盛顿条约》的签订，两级主力舰均被迫在2月停工。不过由于条约同时也规定日本可以将两艘未完工的主力舰改建成航空母舰，因此日本人便选择了航速较快、建造进度也较高的"天城"级首舰"天城"号以及二号舰"赤城"号作为改造对象，而三号舰"爱宕"号、四号舰"高雄"号以及"加贺"级的"加贺"号、"土佐"号则计划拆毁。不过由于"天城"号在1923年9月的关东大地震中受损极为严重，失去了维修价值，而改用"爱宕"号或"高雄"号工程进度极低的舰体又十分昂贵，因此日本海军只得退而求其次地选择了"加贺"号作为补充改造舰。在两级的其余战舰中，"土佐"号最终被当作靶舰击沉，使日本海军得到了对于这种最新装甲布置方式的第一手实测数据。"爱宕"号和"高雄"号则在船台上被直接拆毁。

虽然"赤城"号与"加贺"号并不属于同级舰，但两舰在改装时遵循的却是同样的原则。在飞行甲板方面，设计师藤本喜久雄根据英国"暴怒"级航空母舰的双层飞行甲板而别出心裁地为两舰设计了阶梯状布置的三层飞行甲板，日本人将其称为"三段甲板"。从上至下分别为降落甲板、战斗机起飞甲板以及攻击机起飞甲板，按照藤本设想，这样的设计足以使航母获得同时进行起降作业的能力。两舰均没有设置舰岛，烟囱形式则有所不同："赤城"号将烟囱布置在了舰体右舷，"加贺"号则分别布置在舰体两侧，并一直延伸至舰尾。为避免排烟影响飞机起降，日本人专门将烟囱的开口朝下设置，排烟时以海水冷却废烟使其密度大于空气。

相对而言，藤本的设计虽然新颖，但却存在几个致命问题。首先，两个下层起飞甲板起飞滑跑距离较短，一旦未来舰载机，尤其是攻击机体积放大，到时航空作业便将面临窘境，自机库内部开始滑跑的设想在舰载机大型化之后更是会变得极为危险，因此可以说这一设计是毫无远见的。其次，三段甲板方案虽然拥有两层机库，但由于机库的一部分也要用作飞行甲板，使载机量受到极大限制，而甲板上也不能系留飞机，导致两舰载机量仅为48架（另有12架补用机），小于同吨位的"列克星敦"级。第三，在两舰进行改造的20年代，由于航母舰载机本身并无独立击沉或重创对方大型巡洋舰的能力，航空母舰又被视作前卫侦察力量，与对方巡洋舰遭遇的可能性极大，因此有必要搭载中口径舰炮作为自卫武器，而藤本的方案却只能将这些火炮安装在两舷的炮廓之中，不仅在高海况下完全无法使用，更严重影响了火炮射界。最终较为老成持重的平贺让不得不在中层甲板前端增加了两座200毫米炮塔才算是解决了这一问题，同时按照军令部的要求在两座炮塔中间增设了航海舰桥，但这样一来，中层甲板也失去了飞行甲板的作用，而成了一个单纯的机库。最后，即使抛去以上问题不谈，由于起降飞机所涉及的航空管制、复飞以及气流干扰等种种复杂问题，在能够将起降作业分为两条轴线独立进行的斜角甲板诞生之前，一艘航母无论拥有几层甲板，也根本不可能在一条纵向轴线上同时进行起飞和降落作业。其所能带来优势的事实上是使航母能够于起飞整备的同时进行降落作业，如果中途岛海战中的日本航母能够拥有这种能力，则"4分钟悲剧"似乎是可以避免或者缩小的。

1927年3月25日，"赤城"号在佐世保海军工厂完工，"加贺"号则在1928年3月31日完成全部工事前便投入服役。在服役之时，两艘航空母舰的标准排水量均为26900吨，安装有6门200毫米炮廓炮、两座双联装200毫米炮塔以及6座双联装120毫米高炮，同时舷侧装甲带厚度则统一削减为190毫米。从外形上而言，除"赤城"号长宽比更大和烟囱布置方式的区别以外，最为显著的区别在于二者下层飞行甲板形状不同，"赤城"号的下层飞行甲板前端呈弧形，而"加贺"号则为梯形。1932年，"加贺"号曾参与了第一次上海事变中的空中行动，与"凤翔"号一同派出舰载机作战。

进入30年代后，三段甲板因舰载机大型化以及因此带来的起飞距离延长而变得愈发无用，日本海军也决定对"赤城"、"加贺"两舰进行改装。1934年6月，"加贺"号首先被送入了佐世保海军工厂进行改造，此时距该舰服役仅有短短6年，三段甲板设计的短视可见一斑。第二年，"赤城"号也在佐世保开始改造。在整个改造中，最为重要的改造内容即为取消三段甲板，将第二、第三两层飞行甲板完全从前部封死，改为单纯的机库，同时上层飞行甲板则一直被延长到了舰首附近，原先的两座200毫米炮塔也被拆除，大幅增加了航空作业面积。由于机库面积的扩大，在舰载机尺寸持续增大的情况下，"加贺"和"赤城"两舰的载机量还是分别增加到了72架（补用机18架）和66架（补用机25架）。在"加贺"号上，日本海军拆除了炮塔之后又增加了4门200毫米炮廓炮，不过其用意也许只是为了平衡舰体首尾两端的重量而已。除此以外，"加贺"号的航速也从27.5节增加到了28.3节，虽然在日本所有大型航母中仍是最慢的一艘，但却足以应付大多数作战情况了。由于预算的限制，两舰并没有像战列舰和轻巡洋舰一样在改装时将120毫米炮换为新的八九式127毫米炮。值得注意的是，由于日本海军此时认为同一航空战队的两艘航空母舰应安装位置相反的舰桥，以便为飞行员在复飞、起飞、降落等作业中提供导向并避免事故，因此"赤城"号在改装时将舰桥安装在了左舷中央，而"加贺"号则位于右舷靠前一些的位置，以躲避烟道。

太平洋战争爆发时，"赤城"、"加贺"两艘航空母舰被编为第1航空战队，是整个日本海军中最为核心的航空打击力量，其中"赤城"号还同时担任着南云忠一的第1航空舰队旗舰，并以此身份参与了偷袭珍珠港、南洋攻略、印度洋攻略等一系列任务，成为了当时全世界战功最为显赫的航空母舰。"加贺"号则在前往印度洋之前因触礁受伤而错过了印度洋海战，也错过了与第1航空舰队一同击沉"竞技神"号航空母舰的机会。1942年6月4日，在中途岛海战中，由于南云忠一的优柔寡断，航母机动部队遭到美军第16和第17两个特混舰队派出的"无畏"式舰载俯冲轰炸机突袭，"赤城"号被两枚450公斤炸弹命中，"加贺"号被4枚225公斤炸弹命中。爆炸和大火引燃了甲板和机库中堆积的鱼雷、炸弹以及整备中的攻击队，导致航母立刻失去了战斗力，同时火势也失去了控制。最终，"加贺"号在当晚自行沉没，而"赤城"号则在将南云忠一转移到"长良"号轻巡洋舰后的第二天凌晨由驱逐舰"岚"、"野分"、"舞风"、"萩风"各发射一枚鱼雷击沉。海战中"赤城"号有263人阵亡，"加贺"号则损失了包括舰长冈田次作在内的800余人。

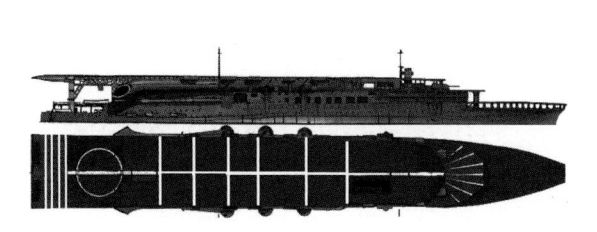

▲ 三段甲板时期的"加贺"号航空母舰。

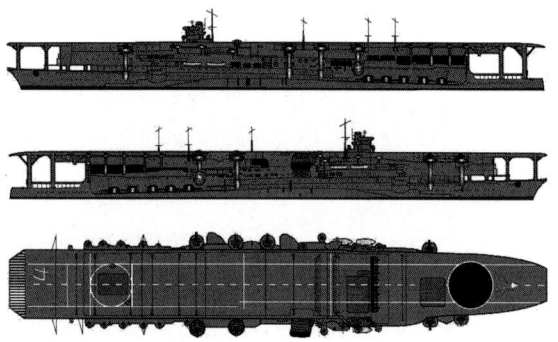

▲ 大改装后的"加贺"号线图。

舰名	开工时间	改造时间	下水时间	服役时间	退役时间	备注
赤城	1920年12月16日	1923年1月12日	1925年4月22日	1927年3月25日		1942年6月4日于中途岛海战中战沉
加贺	1920年7月19日	1924年9月2日	1921年11月17日（战列舰）	1928年3月31日		1942年6月4日于中途岛海战中战沉

"赤城"号、"加贺"号性能诸元		
	"赤城"号	"加贺"号
标准排水量	26900吨（建成时） 36500吨（大规模改装后）	26900吨（建成时） 38200吨（大规模改装后）
全长	261.2米（建成时） 260.67米（大规模改装后）	247.65米（建成时） 248.6米（大规模改装后）
全宽	29米（建成时） 31.32米（大规模改装后）	29.6米（建成时） 32.5米（大规模改装后）
吃水	8.1米（建成时） 8.71米（大规模改装后）	7.9米（建成时） 9.5米（大规模改装后）
舰载机	60架活塞式舰载机（建成时） 84架活塞式舰载机（大规模改装后）	60架活塞式舰载机（建成时） 96架活塞式舰载机（大规模改装后）
主机总功率	131000轴马力（建成时） 133000轴马力（大规模改装后）	91000轴马力（建成时） 127400轴马力（大规模改装后）
最高航速	31节	27.5节（建成时） 28.3节（大规模改装后）
续航力	8000海里/14节（建成时） 7680海里/18节（大规模改装后）	8000海里/14节（建成时） 10000海里/16节（大规模改装后）
人员编制	1297人（建成时） 1630人（大规模改装后）	1269人（建成时） 1708人（大规模改装后）

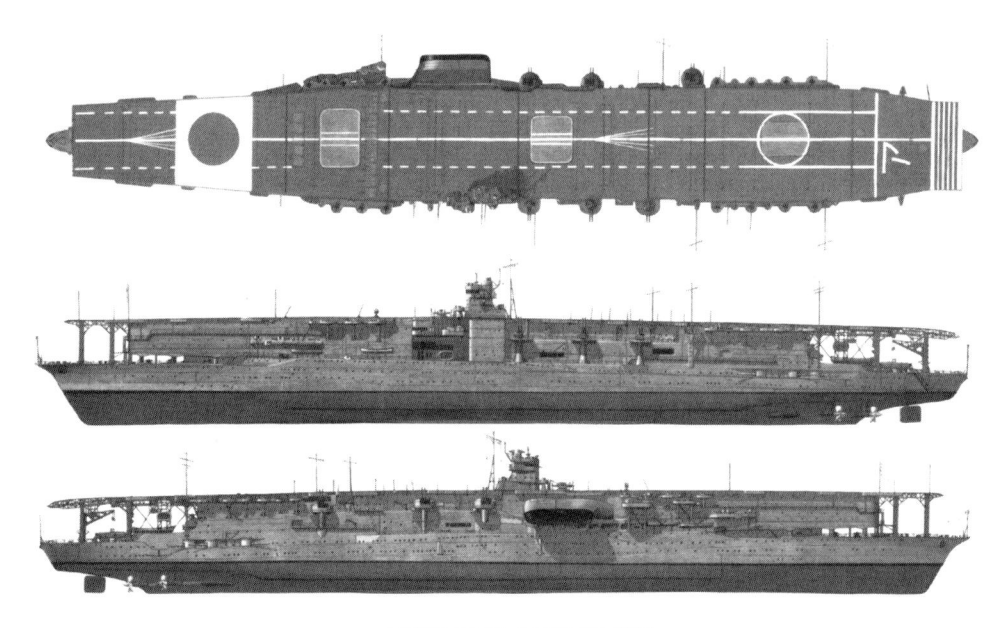

▲ 大规模改装后的"赤城"号三视图。

▲ 1929年拍摄的"赤城"号航空母舰，可见其第二层飞行甲板上已经安装了双联装200毫米炮塔。

▲ 全力公试中的"赤城"号航空母舰，此时该舰尚未安装双联装200毫米炮塔。

▲ 与"长门"号战列舰一同停泊中的"赤城"号（上），可见其长度要比"长门"号更大一些。

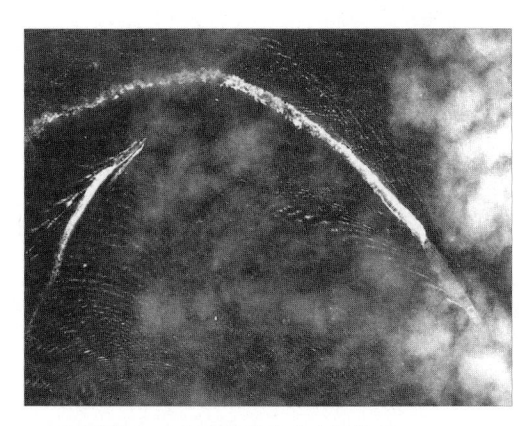

▲ 中途岛海战中正在规避美军轰炸的"赤城"号。

▲ 大规模现代化改装完成后的"赤城"号航空母舰。

▶ 1937 年正在进行全甲板起飞演练的"加贺"号。

▼ 1928 年的"加贺"号航空母舰,可见其舰尾的巨大烟道。

▲ 大规模改装完成后的"加贺"号,照片摄于 1936 年。

"龙骧"号

《华盛顿条约》时期，对于任何国家而言，如何规避条约都是一个十分敏感而又有价值的课题。在航空母舰方面，日本海军虽然拥有了"凤翔"号、"赤城"号以及"加贺"号三艘航母来势均力敌地对抗美国"兰利"号、"列克星敦"号以及"萨拉托加"号，但由于条约对于10000吨以下，搭载主炮口径在152毫米以下的战舰并未做总吨位规定，日本海军在20年代末便开始考虑建造一种标准排水量不足10000吨的小型航母，以此来进一步加强海军航空兵实力并弥补自身在主力舰方面6：10的劣势。不过在那之前，日本海军还是决定首先建造一艘8000吨级的水机母舰来替换年迈的"若宫"号水机母舰。不过到了1928年，这一计划和相关预算均被改用于一艘9800吨级标准排水量的小型非条约航空母舰，即"龙骧"号。与美国海军建造"突击者"号时所持的试探性观点相同，日本海军也同样认为，如果多艘小型航母能够完全相当于少量大型航母，那么太平洋的未来便可能会被生存性更好的小型航母占据。假如这种航母更是能绕开条约限制，那真是再好不过了。

在这一思想指导下，负责军舰设计的舰政本部以"古鹰"级一等巡洋舰的舰体为基础展开了轻型航母设计。在原先的"古鹰"级的甲板之上，设计人员仅计划安装一层机库和一块较短的飞行甲板。日本海军最初要求该型航空母舰应能够搭载24架舰载机和达到30节高速，对于一艘不到万吨的航母而言，即使载机量的要求仅有"赤城"号的一半，却也还是困难重重。为满足海军要求，"龙骧"号也不得不大幅减轻舰体结构等水线以下的重量，原先"古鹰"级所拥有的76毫米装甲带也被完全取消。不过到此时为止，如果该舰能够按照这一设计完工，其稳定性似乎仍处在可以接受的范围之内。

但到了1930年4月，就在"龙骧"号下水之前一年，日本却与美国、英国签订了《伦敦海军条约》。该条约不仅对主力舰的建造禁令延长了5年，而且对于10000吨级以下的巡洋舰、航母等舰只进行了极为严格的规划，同时还规定万吨以下的航母也将被列入航母总吨位之间。这样一来，"龙骧"号这种不足万吨的小航母存在意义便受到了极大挑战，其较小的载机量无疑将成为浪费吨位的典型。日本海军也只得一不做二不休，要求为航母再安装一层机库，使载机量达到48架，几乎与"赤城"号相当！藤本喜久雄如以往一样接受了海军要求，草草地将航母机库改为两层，同时在舰体两侧增加防雷隔舱以增加浮力，尽可能补偿排水量增大带来的吃水增加。这样一来，虽然航母的排水量增加到了万吨以上，但纸面战斗力却"翻倍"了。

也许其中的隐患要数藤本心中最为明了，而这一切也在1933年5月9日"龙骧"号服役后完全暴露了出来。由于舰体结构板材重量削减过于严重，航母本身的强度不足；仅有158米长的飞行甲板无法提供足够数量的单次出击架次，制约了实际战斗力；在此之上，最为重要的却还是头重脚轻的稳定性问题——与藤本主持设计的几乎所有战舰相同，"龙骧"号头重脚轻，无论横向稳定性还是纵向稳定性都非常差，过小的干舷高度则更是对此雪上加霜。

在1934年藤本设计的"友鹤"号水雷艇因头重脚轻而倾覆后，处于"高危群体"中的"龙骧"号自然也很快便被送进船厂进行了改装，在舰底增加压舱水，并拆除了原先装备的双联装八九式127毫米高炮。这些改装虽然使"龙骧"号稳定性有所改善，但对于舰体强度的提升却很小。也正因为如此，在一年后的第4舰队事件中，"龙骧"号飞行甲板前端直接被海浪压倒，机库后壁也被摧垮，险些导致航母倾覆。事件后的第二年，"龙骧"号再次被送进船厂，加强舰体结构。两次改装过后，由于重量和吃水的增加，航母的航速下降到了28节，同时为弥补干舷高度的损失，"龙骧"号还在第二次改装时增加了舰首高度。但即使如此，该舰无论是性能还是可靠性都还是无法满足海军的要求，其整个设计和概念可以说是完全失败了。

虽然"龙骧"号本身只是失败之作，但作为条约时期的四艘日本航母之一，该舰也在1937年参与了侵华战争。太平洋战争前，该舰被编入第4航空战队，在1942年6月与改装航母"隼鹰"号在南云机动部所有既搭载舰炮又搭载大批飞机的中型舰艇计划，老老实实地选择了 15900 吨的中型航空母舰方案，并最终成就了极为出色的"苍龙"级航空母舰。

在舰体方面，"苍龙"级采用了平贺让设计的万吨级巡洋舰舰体，并在此基础上予以放大，长度加长了 20 米左右，宽度也增加了 1.5 米左右。这种舰体拥有着超过 10∶1 的长宽比，可以使航母较为容易地达到高航速，较高的干舷也提供了远比"龙骧"号更好的航海能力。同时由于"苍龙"级并没有安装像重巡洋舰一样的防雷突出部，而且动力系统也从采用 100 度锅炉的"妙高"级、"高雄"级 13 万轴马力提升至采用 325 度超高温锅炉的"最上"级 152000 轴马力，给航空母舰带来了前所未有的动力（"妙高"级的动力系统即为从"赤城"号所属的"天城"级战列巡洋舰发展而来），最终使"苍龙"号达到了 34.5 节极速，试航时更是跑出了 34.9 节的高速。与当时日本海军的作战思想相配合，"苍龙"级的续航力被设置在 8000 海里/18 节标准上。实际情况下则要比设计值略小，为 7680 海里/18 节。

作为一艘在当时而言较为现代化的航空母舰，"苍龙"级的航空作业系统也可以说是去除了先前四艘航空母舰的所有不良特征，既没有采用早期航母的下滑式飞行甲板，也没有安装三段甲板，更不会像"龙骧"号那样显得短小局促。在 217 米长的飞行甲板上，设计师为"苍龙"级安装了三座升降机，这也是日美两国 30 年代航母的标准配置。在飞行甲板右侧，"苍龙"号安装了一座比"赤城"号更大一些的舰桥，其后方则为向下倾斜的烟囱。机库方面，"苍龙"级拥有两层机库，在零战、九七舰攻、九九舰爆等舰载机服役后可搭载 57 架舰载机，但通常只搭载 54 架，即 18 架战斗机、18 架俯冲轰炸机以及 18 架鱼雷机的组合。在排水量仅有"赤城"号改装后一半的情况下，达到了后者 85% 的战斗力水平。

1934 年 11 月 20 日，"苍龙"号在吴海军工厂开工，1935 年 12 月下水。由于日本海军在此时已经决定退出《华盛顿条约》体系，因此在 1936 年 7 月 8 日又开工了一艘同级舰"飞龙"号。由于 1935 年第 4 舰队事件所带来的教训，"飞龙"号在舰体强度和航海性能方面又进行了再一次改进设计，增加了一部分板材的厚度，并抬高了舰首干舷，因此在排水量方面也有所提升。同时为了符合日本海军同战队航母舰桥位置相反的原则，"飞龙"号的舰桥也从右舷中前部移到了左舷中央。虽然排水量有所增加，但"飞龙"号的续航力却还是能达到与"苍龙"相当的 7670 海里/18 节。该舰在 1939 年 7 月 5 日投入服役。

在"飞龙"号服役之前，"苍龙"号曾短期前往中国战场参与行动。而在"飞龙"号服役后，两舰被编为第 2 航空战队。太平洋战争爆发前，在能干的山口多闻少将的带领下，第 2 航空战队成了日本海军中最为精锐的航空部队之一。1941 年 12 月 8 日偷袭珍珠港的行动中，两舰战功赫赫。而山口多闻在获悉珍珠港基地设施损伤轻微后甚至还提出进行第二次打击的建议，但被舰队司令长官南云忠一驳回。不过与第 1 航空舰队的其余四艘航母直接返回日本不同，"飞龙"号和"苍龙"号以及第 8 战队的两艘"利根"级重巡洋舰在回程途中还被南云派去支援威克岛方面的登陆作战，而在那里，两舰也是马到成功，顺利帮助第 4 舰队攻克了之前击败了日军登陆的美国陆战队。进入 1942 年，第 2 航空战队的两艘"苍龙"级随第 1 航空舰队一同南征，空袭澳大利亚沿岸后在 4 月进入印度洋。并于 4 月 5 日以"苍龙"号舰爆队长江草隆繁带领 53 架九九舰爆击沉了"多塞特郡"号和"康沃尔"号两艘英国重巡洋舰，4 天后又击沉了"竞技神"号航空母舰。

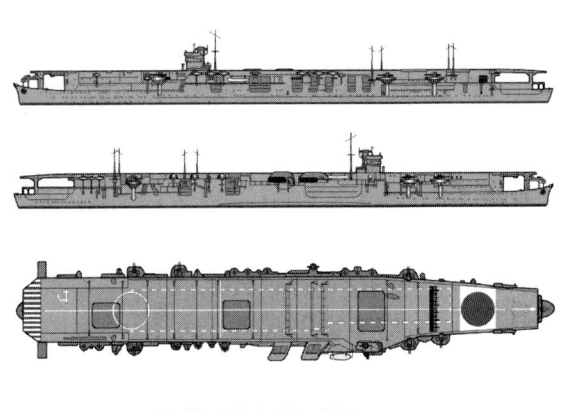

▲"苍龙"号航空母舰三视图。

6月4日，第2航空战队与第1航空战队一同参与了中途岛海战。"苍龙"号与"赤城"、"加贺"两舰同时遭到空袭，并被3枚450公斤炸弹命中，至当晚沉没。"飞龙"号则因位置靠北而躲过一劫，并在山口多闻指挥下连续发动两次空袭，重创了"约克城"号航母，导致后者在被潜艇再次命中鱼雷后沉没。不过在此之后"飞龙"号飞行队也损失惨重，仅剩6架零战、5架九九舰爆以及4架九七舰攻。但就在山口多闻于黄昏时分重新将所有飞机整备完毕，准备对"企业"号、"大黄蜂"号进行最后空袭时，来自"企业"号的24架"无畏"俯冲轰炸机攻击了"飞龙"号，4枚炸弹全部命中后甲板，像早上的3艘航母一样被引发了甲板飞机殉爆。次日凌晨，"卷云"号驱逐舰发射鱼雷击沉了"飞龙"号。山口多闻及舰长加来止男随舰自沉，全舰总计阵亡416人。早先沉没的"苍龙"号则有718人阵亡，其中包括选择与航母共生死的舰长柳本柳作。

舰名	开工时间	下水时间	服役时间	退役时间	备注
苍龙	1934年11月20日	1935年12月23日	1937年12月29日		1942年6月4日于中途岛海战中战沉
飞龙	1936年7月8日	1937年11月16日	1939年7月5日		1942年6月4日于中途岛海战中战沉

"苍龙"级性能诸元		
	"苍龙"号	"飞龙"号
标准排水量	15900吨	17300吨
全长	227.5米	227.35米
全宽	21.3米	22.32米
吃水	7.62米	7.74米
舰载机	18架零战，18架九六舰攻，18架九九舰爆+16架补用机（1941年12月）	18架零战，18架九六舰攻，18架九九舰爆+16架补用机（1941年12月）
主机总功率	152000轴马力	153000轴马力
最高航速	34.5节	34.5节
续航力	7680海里/18节	7680海里/18节
人员编制	1100人	1100人

▲ 试航中的"苍龙"号航空母舰。

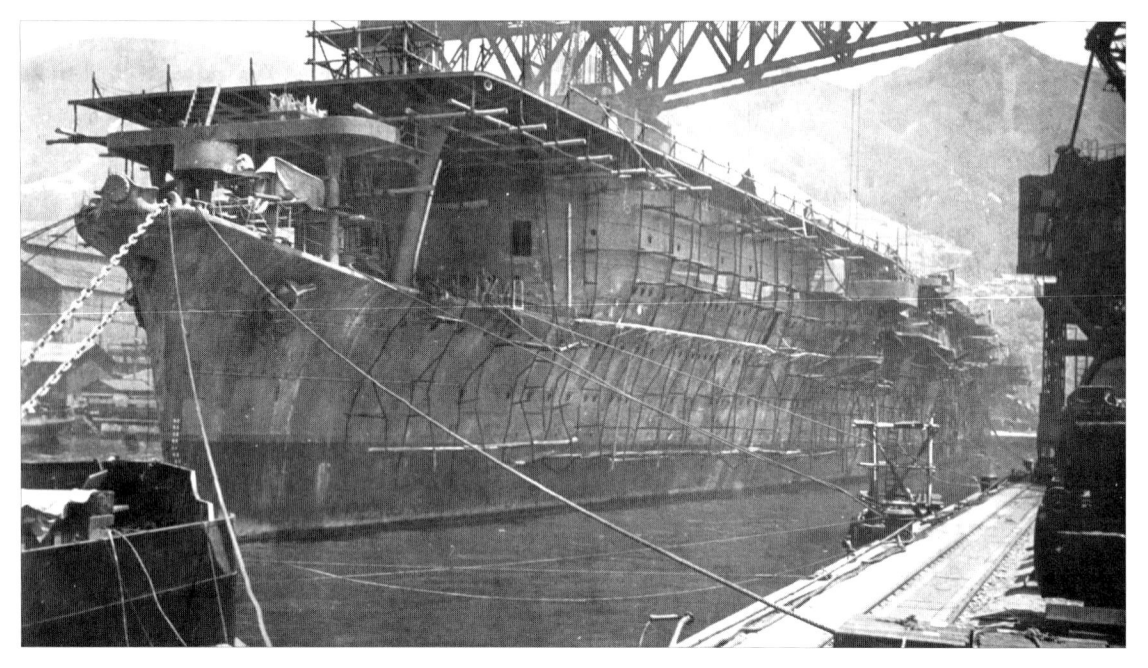

▲ 正在吴海军工厂中进行建造的"苍龙"号航空母舰。

▼ 中途岛海战中正在规避空袭的"苍龙"号。

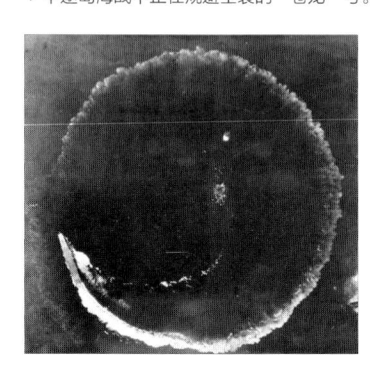

▲ 1939年完工后等待服役的"飞龙"号航空母舰,可见其舰艏干舷要比"苍龙"号更高一些。

▶ 被命中4枚炸弹后,燃起大火的"飞龙"号。

"翔鹤"级

在彻底解除了条约枷锁之后，日本海军对于新型航空母舰的设计不再受排水量限制。在建造两艘64000吨的超级战列舰"大和"级同时，海军也决定在"丸三"造舰计划中建造两艘全新的大型快速航空母舰，使己方未来在战争中实际可用的舰队航母增加到6艘，形成3个强大的航空战队。如果未来的海战依然按照舰队决战思想展开，那么3个战队便将分别与老式战列舰、重巡洋舰以及"大和"级战列舰分别编组配合作战。

由于不再被条约限制，新的"翔鹤"级航空母舰虽然仍是以"苍龙"级为基础进行设计的，但标准排水量一跃达到了25675吨，以便完全满足日本海军对高速航母的一切要求。与先前受条约限制的"苍龙"级相比，"翔鹤"级舰体长度增加到了257.5米，飞行甲板则增加到了242.2米长、29米宽，使单次出击架次能够与"赤城"号相当，要比"苍龙"级更大。除此以外，为满足海军对于新航母防护能力的要求，设计人员将主装甲带厚度增加了一倍以上，从"苍龙"级的45毫米增加到了105毫米，同时机库下方的水平装甲也加厚到了84毫米。而在动力系统方面，"翔鹤"级并没有进行大幅改进，只是在"苍龙"级的动力系统方面小规模升级，使其总功率达到16万轴马力，在航母排水量增加近10000吨的情况下维持着34节的航速，续航力则更是增加到了9700海里/18节的极高水平。

而在至关重要的载机量方面，"翔鹤"级也从"苍龙"级的57架一跃提升到了72架，另外还可搭载14架补用机。值得一提的是，日本海军在设计"翔鹤"级时已经认清，自己原先坚持的同战队航母舰桥分居左右的原则是完全无用的，有时甚至还会使飞行员产生迷惑从而发生危险。因此在"翔鹤"级上取消了这一设计，两艘航母均将舰桥安装在了右舷。

1937年12月12日，"翔鹤"号开工。第二年5月25日，二号舰"瑞鹤"号开工。在进入1940年后，由于太平洋上空战云密布，日本海军也加快了两舰的工程进度，至偷袭珍珠港的Z计划最终敲定后，这两艘航空母舰更是被提升到了所有造舰计划中的最高级别。最终两舰在1941年8月和9月相继竣工，并编为第5航空战队，由原忠一少将担任战队司令官。但由于Z计划在11月26日便将正式启动，日本海军已经没有时间重新为两舰训练新的精锐飞行员，只得将航空学校中的一批教官编组为两舰的航空队，而这对于日本海军战时的后续飞行员培养工作也造成了一定打击。

不过无论如何，新锐的第5航空战队最终还是得以如期参加偷袭珍珠港行动，并在任务结束后与第1航空战队一同返回日本，其后两舰又随南云舰队横扫了南洋和印度洋。1942年5月8日，在掩护运输船队登陆莫尔兹比港期间，第5航空战队的两艘"翔鹤"级航空母舰与美国海军第17特混舰队的"约克城"号以及"列克星敦"号爆发人类历史上第一场航母互攻的海战。在战斗中虽然日本方面损失了轻型航母"祥凤"号，但却击沉了"列克星敦"号，击伤"约克城"号，不过自身的"翔鹤"号也被3枚225攻击炸弹命中，成了开战以来日本首艘受伤的正规航母。由于"翔鹤"号遭到重创，"瑞鹤"号舰载机损失也比较严重，第5航空战队没能参加中途岛海战。倘若两舰在6月4日能够出现于中途岛西北方向上，那么南云手中的打击力量便将提升50%，必要时还可将两舰的舰载机作为预备队使用，应付"4分钟悲剧"之类的紧急情况。相比之下，美国人的"约克城"号却在从珊瑚海返回珍珠港后仅进行了3天维修便出港北上，虽然自身也在中途岛战沉，但却击沉了"苍龙"号航空母舰。

中途岛海战后，日本海军重新改组航空舰队，将原第1航空舰队解散，在原有指挥人员的领导下重组为第3舰队。原第5航空战队也取代战沉的"赤城"、"加贺"成为第1航空战队，并大量收编1航战原有飞行员，同时辅以"龙骧"号作为支援力量编入第3舰队（不久后还增加了以2艘"飞鹰"级编成的第2航空战队）。除此以外，原先在行政上属于"借调"的两艘"金刚"级高速战列舰"比睿"号、"雾岛"号被编为第11战队，与"利根"、"筑摩"两艘重巡洋舰所属的第8战队一同被正式编入第3舰队。同时为给航母护航，日本海军还将由"长良"号轻巡洋舰担任旗舰的第10战队编入第3舰队，其麾下拥有第7、第10、第17三个驱逐队的11艘驱逐舰。

1942年8月24日，第3舰队首次在第二次所罗门海战中亮相，这一战中虽然"龙骧"号被对方击沉，但2艘"翔鹤"级却能够全身而退，同时还重创了"企业"号。10月26日，在南太平洋海战中，1航战在"瑞凤"号轻型航母支援下再次参战。又像珊瑚海海战一样，"翔鹤"号被4枚炸弹命中，"瑞鹤"号则损失了大批飞机，整个战队不得不退出战场。不过日军以此为代价击沉了"大黄蜂"号航空母舰。在此后一年半的时间里，为休养生息，日军的航空母舰没有再行出击。但可悲的是，由于南方前线的节节败退，其舰载机飞行队一再被调往南洋，损失惨重，使休整航母部队的意义完全丧失了。

1944年6月，随着美军在马里亚纳群岛展开攻势行动，此时已经经过再次重组，拥有了多达9艘航空母舰的第1航空舰队在小泽治三郎中将率领下终于倾巢出动。在6月19日，小泽卓越地利用美国舰载机作战半径较小的弱点对美国人进行打击，一度使美军处于完全被动的地位。但由于双方在飞机数量和飞行员素质的绝对差距，日本没能给在斯普鲁恩斯领导下表现笨拙的美军造成任何实质性打击，反而损失了371架飞机，舰载航空队又一次全军覆没。而在当天，小泽自己也被美军潜艇发现了，"翔鹤"号被"棘鳍"发射的4枚鱼雷击沉，1263人阵亡。由于同时"大凤"号航空母舰也被潜艇击沉，再加上舰载机损失殆尽，小泽在第二天清晨决定撤退。直到此时才终于获悉日本舰队位置的斯普鲁恩斯勉强发动追击，最终才在黄昏时分冒着舰载机无法返航的巨大风险发起空袭，但也仅击沉了已经没有舰载机的"飞鹰"号一艘航母，反而是己方的大批舰载机因燃油耗尽降落在了海面上，损失数字比前一天日军空袭时还要更大，因此不可谓不愚蠢。

在马里亚纳海战失利后，日军航母部队已经彻底失去了战斗力。因此当美国人在10月17日登上莱特岛时，日本人在"捷一号"作战中只能将包括"瑞鹤"号在内的航母用作诱饵，引诱美国人放松对登陆场的防御，之后再以战列舰对运输船队施加打击。10月25日，美国人又一次跳进了圈套，只不过主角从斯普鲁恩斯换成了哈尔西。在恩加诺角海战中，"瑞鹤"号被铺天盖地的美国舰载机轰炸，最终在身中7枚鱼雷和9枚炸弹后沉没，全舰843人阵亡，其中包括舰长贝冢武男。

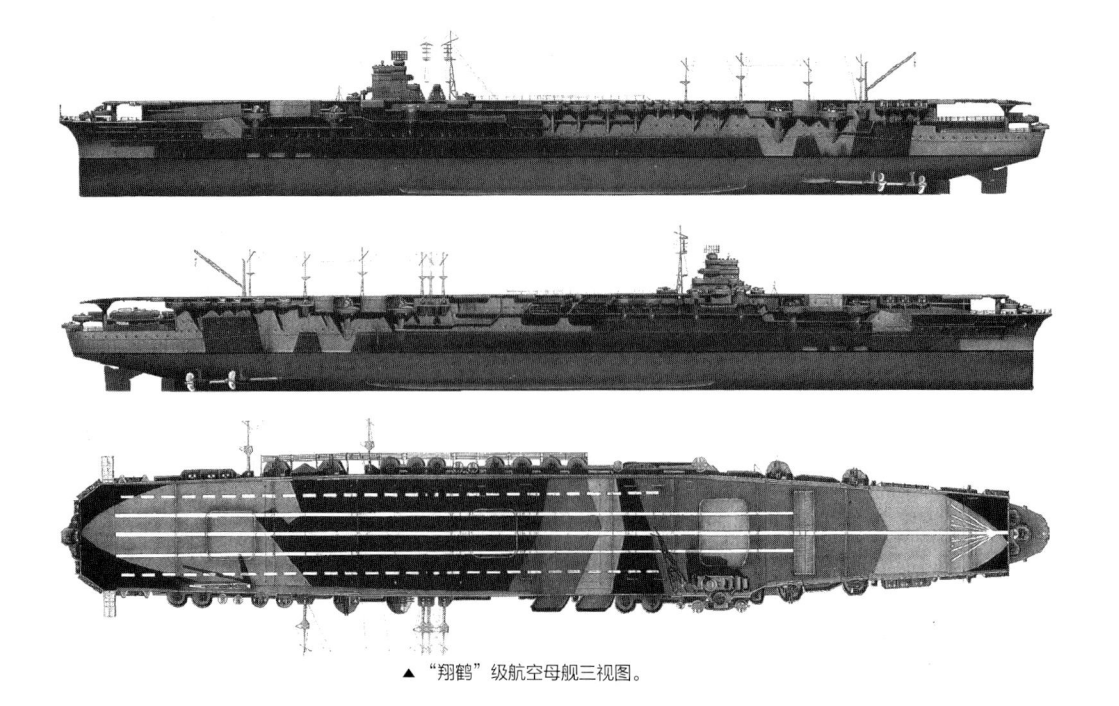

▲ "翔鹤"级航空母舰三视图。

舰名	开工时间	下水时间	服役时间	退役时间	备注
翔鹤	1937年12月12日	1939年6月1日	1941年8月8日		1944年6月19日于马里亚纳海战中战沉
瑞鹤	1938年5月25日	1939年11月27日	1941年9月25日		1944年10月25日于恩加诺角海战中战沉

"翔鹤"级性能诸元	
标准排水量	25675吨
全长	257.5米
舰宽	29米
吃水	8.87米
舰载机	20架零战，32架九九舰爆，32架九七舰攻
主机总功率	160000轴马力
最高航速	34.2节
续航力	9700海里/14节
人员编制	1660人

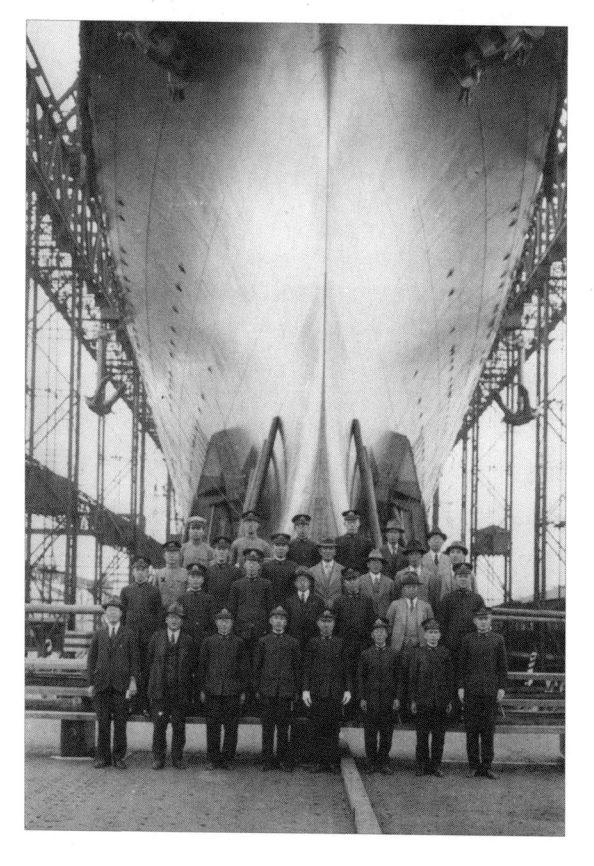

▲ 新完工时的"翔鹤"号航空母舰。

◀ 下水前"翔鹤"号主要设计人员在船台上与航空母舰的合影。

▼ 珊瑚海海战中躲避"列克星敦"号舰载机空袭的"翔鹤"号。

▲ 第二次所罗门海战中正准备起飞的"翔鹤"号攻击队。

▲ 恩加诺角海战中正遭到美军空袭的"瑞鹤"号航空母舰。

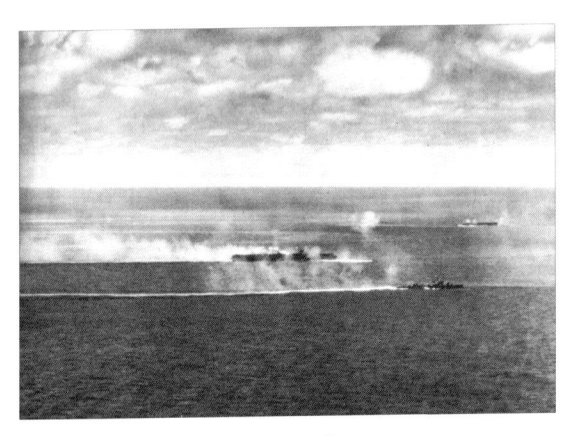

▲ 恩加诺海战中正在规避空隙的"瑞鹤"号。

▲ 所有舰员均已登上甲板，准备弃舰的"瑞鹤"号航空母舰。

"祥凤"级

除鼓励民间船厂按照海军标准建造航母预备舰以外，在日本退出《华盛顿条约》之前，海军自己也在想尽办法建造一些在战时可以改造成航母，而在平时又不会占据军舰总吨位的舰艇，而给油舰、水上飞机母舰和潜艇供应舰（日本人将后者称为潜水母舰）便是最好的选择。为了这一目的，"剑崎"、"高崎"两艘高速给油舰在1934年至1935年间相继开工。在1936年日本宣布退出条约体系之后，两舰的设计方案被改成了潜水母舰。不过在那之后，由于"丸三"、"丸四"计划占据了海军大部分人力和物力资源，潜水母舰的工程也变得时断时续。直到1939年1月15日，首舰"剑崎"号方告完工。而在那之后，随着太平洋战争的逐渐临近，海军决定直接将"高崎"号改造为航空母舰，并将其命名为"瑞凤"号。

在改装过程中，由于之前装备柴油机的舰艇表现不佳，"瑞凤"号直接换装了4座舰本式锅炉和两组蒸汽轮机的传统动力系统，总计可输出52000轴马力动力，使航速能够达到28节，同时续航力也能够达到7800海里/18节的高水平。在改装完成后，"瑞凤"号全长205.5米，宽18.2米，标准排水量则为11262吨。其中飞行甲板长180米、宽23米，相比"苍龙"级要小了很多，因此"瑞凤"号为节省空间，并没有安装舰岛。而即使如此，该舰的战斗力也会因飞行甲板较小，无法提供足够的单次出击架次而大打折扣。在飞行甲板前后，"瑞凤"号还分别安装有一座升降机，其中前部升降机尺寸较大，后部升降机尺寸较小。通常情况下，"瑞凤"号应配备

18架零战和9架舰攻,另拥有3架零战补用机。与"苍龙"级中型航母相比,这一载机量仅能相当于后者一次出击的飞机数量。在防空武器方面,"瑞凤"号还安装了4座双联装八九式127毫米炮以及4座双联装九六式25毫米炮。

进入1941年1月,刚刚以潜水母舰身份竣工一年的"剑崎"号被重新送进了船厂,依照"瑞凤"号的设计进行改造,同时舰名更改为"祥凤"号,最终在1942年1月26日太平洋战争爆发一个半月后竣工。在日本海军中,由于"剑崎"号在序列上为一号舰,因此两艘航母也被称为"祥凤"级,欧美海军则因"瑞凤"号作为航母竣工较早,而将其称为"瑞凤"级。

竣工不到4个月后,"祥凤"号便作为MO攻略部队的一员负责为进攻莫尔兹比港的运输船队提供近距离掩护。1942年5月7日,"祥凤"号被美国第17特混舰队的"约克城"号、"列克星敦"号所起飞的攻击队攻击,身中13枚炸弹和7枚鱼雷,按照美国飞行员的形容,"祥凤"号就如同"桶里的鸭子"一样任人宰割,很快便沉入了海底。与"祥凤"号相比,"瑞凤"号的海战生涯要长很多,该舰首先在中途岛海战中伴随着近藤信竹的攻略部队一同掩护运输船队,其后又参加了10月26日的南太平洋海战,只是在该舰抵达战场前,便被美军的俯冲轰炸机命中一枚炸弹,不得不返回本土。1944年6月,"瑞凤"号又作为第3航空战队一员与"千岁"号、"千代田"号两艘改装航母一同参加了马里亚纳海战。至当年10月25日,"瑞凤"号才以诱饵的身份在恩加诺角海战中被美军空袭命中两枚炸弹和两枚鱼雷,失去战斗力,后又遭到美国海军巡洋舰炮击沉没,全舰战死215人。

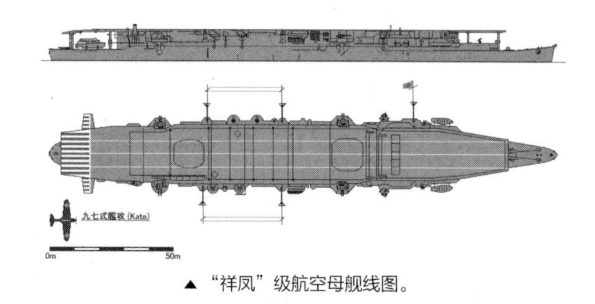

▲ "祥凤"级航空母舰线图。

舰名	开工时间	下水时间	服役时间	改造时间	退役时间	备注
祥凤	1934年12月3日	1935年6月1日	1939年1月15日	1941年1月		原潜水母舰"剑崎"号,1942年5月7日于珊瑚海海战中战沉
瑞凤	1935年6月20日	1936年6月19日	1940年1月			原潜水母舰"高崎"号,1944年10月25日于恩加诺角海战中战沉

"祥凤"级性能诸元	
标准排水量	11200吨
全长	205.5米
舰宽	18米
吃水	6.64米
舰载机	28架零战,9架九七式舰攻("瑞凤"号1944年)
主机总功率	52000轴马力
最高航速	28节
续航力	7800海里/14节
人员编制	785人

▲ 停泊中的"祥凤"号航空母舰。

▲ "祥凤"号的前身——"剑崎"号潜水母舰。

▲ 珊瑚海海战中遭到美军空袭起火的"祥凤"号。

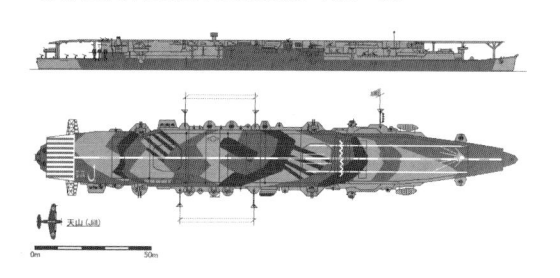

▲ 恩加诺海战中遭到空袭的"瑞凤"号。

◀ "瑞凤"号航空母舰线图。

"飞鹰"级

在通过"丸三"、"丸四"计划增强舰队实力的同时，日本海军在1937年4月宣布，如果民间造船厂愿意按照海军标准建造邮轮、货轮或者油轮的，都可以得到政府拨发的补助金。按照日本海军的计划，这些舰体达到军用标准的船只，在战时可以轻松改造成特设舰甚至航空母舰。时值日本即将举办1940年奥运会之前，日本邮船会社在1937年与海军商议，决定建造两艘27000吨的巨型邮轮，两舰的舰体将完全依照航母标准建造，因此造价大部分也由海军担负。1939年3月，首舰"橿原丸"号在1939年3月开工，8个月后二号舰"出云丸"也在川崎开工。

为使两舰能够轻松改造为航空母舰，日本海军的设计师也参与了邮轮的设计，并为其设置了邮轮不会采用的双层底，同时舰体横向和纵向均设置有防水隔壁（通常情况下邮轮仅设置横向隔壁，不会设置中央防水纵壁）。两舰的上层建筑也经过了特别安排，未来改装时不必拆除上层建筑即可在其内部安装升降机和机库。除此以外，"橿原丸"号和"出云丸"号的主甲板在强度上被大幅强化，各层甲板之间的高度也被加大。如果说上述设计还只是将海军标准应用在民船上而已，那么两舰自建造伊始便拥有的航空燃料库以及飞剪艏便完全可以说明其实际建造目的了。不过虽然海军为这两艘邮轮花费了巨资，但日本邮船会社还是在航速方面上与海军意见相左。为了节省燃料，会社方面希望将航速限定在24节，海军则出于飞机起降作业所需而要求两舰必须拥有25.5节航速。最后双方都做出妥协，会社同意将邮轮最高航速提高至25.5节，海军则同意会社在使用两舰时始终将主机出力限制在80%以下。"橿原丸"号和"出云丸"号虽然在设计时便以未来改装成航母为目的，但毕竟还是邮轮，因此其长宽比要比日本海军先前建造的航空母舰都要更小一些（只有"加贺"号除外），其全长为219米，宽度则达到了26.7米，长宽比仅有8.2∶1，这无疑也是限制航速的元凶之一。在标准排水量状态下，两舰排水量为24150吨。

1940年6月，由于美国海军开始建造"埃塞克斯"级舰队航空母舰，日本海军也决定在"橿原丸"号和"出云丸"号作为邮轮完工前便开始航母改造工程，并分别将两舰命名为"隼鹰"号和"飞鹰"号，其中"隼鹰"号虽然无论作为邮轮还是航母都更早开工、完工，但海军却将两舰称为"飞鹰"级。在原有的邮轮船体中，海军安装了两层153米长的机库。在零战诞生之前，海军计划为"飞鹰"级配备12架九六舰战（外加3架补用机）、18架九九舰爆（外加两架补用机）以及18架九七舰攻（外加5架补用机）。1940年之后，九六舰战被零战取代，搭载数量不变。不过在中途岛海战中，"隼鹰"号仅搭载了20余架飞机便前往阿留申群岛参与佯攻行动。而在那之后，由于中途岛海战的教训，日本人决定增加航母的战斗机搭载量，因此"飞鹰"级的标准舰载机配置也改成了21架零战、12架舰爆和9架舰攻。

虽然"飞鹰"级作为改装航母的战斗力并不足以过分称道，但值得一提的是，两舰也是日本海军最先采用烟囱与舰桥融合设计的航空母舰，其安装在舰桥后部的烟囱有着26度外倾以避免烟雾影响飞行作业。不过日本人之所以在"飞鹰"级上采用这一设计，却只是为后续的"大凤"级装甲航空母舰进行技术验证。

1942年5月3日，"隼鹰"号首先竣工，并在之后与"龙骧"号一同作为第4航空战队空袭了阿留申群岛。两个月后的7月31日，"飞鹰"号竣工。由于此时距离中途岛惨败仅不到两个月，联合舰队仍处在重建航空舰队的过程中，因此"飞鹰"级虽然航速相对缓慢，但还是被编成第2航空战队，成了仅次于"翔鹤"级的主力航母。不过由于飞行队的训练问题，新的第2航空舰队并没有参加8月底的第二次所罗门海战。而在前往南洋参与10月26日的南太平洋海战的过程中，"飞鹰"号又发生了主机故障，不得不在将部分舰载机转交给"隼鹰"号之后返回本土。即使如此，在勇猛的角田觉治带领下，"隼鹰"号在仅有两艘驱逐舰护航的情况下近乎疯狂地在海战中直接向美国特混舰队方向全速行驶，同时不断派出舰载机空袭对方，最终协助1航战击沉"大黄蜂"号，取得了初战胜利。

南太平洋海战结束后，由于舰载机飞行员损失过

舰名	开工时间	下水时间	服役时间	改造时间	航母服役时间	退役时间	备注
千岁	1934年11月26日	1936年1月29日	1938年7月25日	1942年11月28日	1943年9月15日		原水机母舰，1944年10月25日于恩加诺角海战中战沉
千代田	1936年12月14日	1937年11月19日	1938年12月15日	1943年2月1日	1943年12月21日		原水机母舰，1944年10月25日于恩加诺角海战中战沉

"千岁"级性能诸元	
标准排水量	11190吨
全长	192.5米
舰宽	21.5米
吃水	7.51米
舰载机	21架零战，9架九七式舰攻
主机总功率	56800轴马力
最高航速	29节
续航力	11810海里/18节
人员编制	967人

◀ 改装前水机母舰状态的"千岁"号。

▶ 改装后的"千代田"号航空母舰。

"大凤"级

在"丸三"计划中列入两艘"翔鹤"级航空母舰之后，日本海军在"丸四"计划中又列入了一艘以"翔鹤"级为基础设计的大型装甲航母，即"大凤"号。在此之前，日本建造的所有航空母舰飞行甲板均为木质结构，"大凤"号将采用装甲甲板，部署于所有其余航空母舰前方，作为其余舰载机的飞行中继站，以确保本方大部分航空母舰处于对方打击范围以外，同时自身的重装甲则可以保证保护本舰不会在对方轰炸之下迅速失去战斗力。最初日本海军计划为飞行甲板中央铺设60毫米装甲，以抵抗自700米高度投下的500公斤炸弹，确保在航母遭到空袭后至少保持继续起飞战斗机的能力。但在经过一系列实验后，舰政本部认定60毫米装甲并不足以满足这一性能要求，因而将装甲水平提高到了75毫米均质钢装甲加20毫米结构钢的水平。但为了将排水量控制在3万吨以内，其装甲铺设范围相应被缩短到了飞行甲板一半的长度。这样一来，即使航空母舰遭到对方空袭，飞行甲板也可以保证拥有大约130米的长度可以使用，虽然无法再像先前那样保有100%的战斗力，但依旧可以降落飞机，并起飞战斗机或极少量攻击机继续作战。

从设计角度而言，"大凤"级事实上只是增加了装甲保护的"翔鹤"级改进型，其舰型以及舰体结构与后者十分相似。所不同的只是，"大凤"号采用了封闭式舰首，以增强飞行甲板前端对抗暴风时的强度（该舰也是日本海军中唯一一艘采用封闭式舰首的航母）。由于甲板装甲以及增强相关位置舰体强度所带来的重量，"大凤"号的排水量上升到了29300吨，而这又带来了舰体吃水的增加和干舷降低，使日本海军之前一直沿用且使用较为顺利的横向下倾斜烟囱无法使用，只得改为将烟囱安装在舰桥后部。由于在之前的"飞鹰"级上已经对这种布局进行了实验，因此"大凤"号在建造和使用时也并未遭遇任何困难。在动力系统方面，"大凤"号采用了与"翔鹤"级完全相同的锅炉与轮机，因此总动力也同为16万轴马力。只不过由于排水量的增加，其最大航速下降到了33.3节。

虽然"大凤"号事实上采用了与"翔鹤"级同样的机库设计，但由于其计划搭载的舰载机均为"烈风"舰战、"流星"舰攻以及"彩云"舰侦等体积远比零战、九七舰攻更大的飞机，因此其包括补用机在内的计划载机量仅有61架。不过在后来的马里亚纳海战中，由于上述新型舰载机还没有一种真正投入服役，因此"大凤"号所搭载的仍是零战、"彗星"舰爆、"天山"舰攻等舰载机，其实际搭载量也达到了80余架的水平，最大载机量更是可以达到63架常用机加21架补用机，并不输于"翔鹤"级。除舰载机搭载量处于日本航母的顶级水平以外，"大凤"号更是采用了6座日本海军中性能最为优秀的双联装九八式60倍径100毫米高炮，三联装25毫米高炮的数量也达到了22座。因此从整体性能角度而言，"大凤"号无疑是日本海军中最为优秀的航空母舰。

但即使拥有了这样优秀的航空母舰，日薄西山的日本海军也还是无力回天了。"大凤"号在1944年3月7日服役后，立刻成了第1航空战队和第1航空舰队的双料旗舰。在经过了三个半月的紧急训练后，"大凤"号与第1航空舰队一同参加了1944年6月19日至20日的马里亚纳海战。但就在刚刚派出了所有攻击队之后，该舰却遭到了美国"大青花鱼"号潜艇攻击，虽然飞行员小松笑雄驾驶着一架"彗星"舰爆舍身撞毁了一枚鱼雷，但航母还是被另一枚鱼雷命中。虽然这枚鱼雷本身并没有给航母造成太大损伤，仅导致航空汽油箱发生泄漏。但由于损管不力，大量油气聚集在了被鱼雷震坏了的前部升降机附近，最后因遇明火而发生剧烈爆炸，就连95毫米厚的飞行甲板都被炸得开了花。仅仅3个小时之后，"大凤"号便带着1650名舰员沉入了海底。

除"大凤"号本舰以外，在"丸五"计划中，日本海军还曾列入了一艘"改大凤"级航空母舰。在1942年中途岛海战惨败之后，更是将这一数字提高到了5艘。除舰体长度增加、排水量提升以外，"改大凤"级最主要的改进集中于水下防护能力和航空整备设备的合理优化。不过为了尽快补充正规航母数量，日本海军最终还是决定优先以"飞龙"号为基础设计的"云龙"级航空母舰，因而"改大凤"级并没有任何一艘开工。

舰名	开工时间	下水时间	服役时间	退役时间	备注
大凤	1941年7月10日	1943年4月7日	1944年3月7日		1944年6月19日于马里亚纳海战中战沉
5021号舰	取消建造				
5022号舰	取消建造				
5023号舰	取消建造				
5024号舰	取消建造				
5025号舰	取消建造				

"大凤"级性能诸元		
	"大凤"号	"改大凤"型
标准排水量	29300吨	30360吨
全长	260.6米	261.5米
全宽	27.7米	28米
吃水	9.59米	9.6米
舰载机	24架"烈风"式舰战，24架"流星"式舰攻，4架"彩云"式舰侦（计划）19架零战，20架"彗星"式舰爆，14架"天山"舰攻，1架九九式舰爆（1944年）	24架"烈风"式舰战，24架"流星"式舰攻，4架"彩云"式舰侦
主机总功率	160000轴马力	160000轴马力
最高航速	33.3节	33.3节
续航力	10000海里/18节	10000海里/18节
人员编制	1751人	1800人

▲ 停泊在锚地中为马里亚纳海战进行最后训练的"大凤"号。

▲ 马里亚纳海战中的"大凤"号航母绘图。

▲▼ "大凤"号航空母舰五视图。

"大鹰"级

与"飞鹰"级相同,"大鹰"级航空母舰最初也是日本海军在太平洋战争爆发前依靠民间船只资助手段建成的一批民用航母预备舰。与"飞鹰"级的改造基础"橿原丸"级相同,"新田丸"级也属于日本邮船会社所属,不过与"橿原丸"级邮轮相比,"大鹰"级的原型"新田丸"级邮轮无论在体型还是在航速上都不及前者,排水量仅有17000吨左右。其作为航母预备舰最大的缺点在于航速过低,其装备的4座锅炉和两组蒸汽轮机仅能提供25200轴马力动力,邮轮也仅能达到21节,这直接限制了其改造为航空母舰之后的战斗力。

"新田丸"级前两舰"新田丸"号以及"八幡丸"号分别在1940年3月和7月完工,三号舰"春日丸"号则在1940年1月才开工。不过这却阴错阳差地使"春日丸"号成为三舰中最先被改造成航母的一艘。1941年5月1日,刚刚在前一年9月作为邮轮下水的"春日丸"号便被送进了佐世保海军工厂进行改装。为加快改装进度,海军在对"春日丸"号进行改造时并没有更换其轮机,也基本没有对舰体内部进行任何改装,只是简单地拆除了露天甲板以上的所有上层建筑,增设了一层机库和飞行甲板,以及升降机等航空作业设备。由于工程相对简单,而舰体又是自作为邮轮建造伊始便已经做好了成为军舰的准备,因此"春日丸"号的改装进度很快,至1941年9月便已经完工服役,并被命名为"大鹰"号,成为同级航母的首舰。而另外两舰的改装工作直到1942年才开始进行,"八幡丸"号在1942年1月于吴海军工厂开始改装,5月底完工,更名为"云鹰"号。"新田丸"号则在"八幡丸"号工程完毕后开始改造,同年11月底完工,命名为"冲鹰"号。相对而言三舰的改造工程都十分迅速。

相比拥有210米飞行甲板的"飞鹰"级,"大鹰"级飞行甲板仅有162米长,大体上仅比"大凤"号铺设有装甲的飞行甲板长度长了30米左右。要知道，"大凤"号设想中仅打算利用这段甲板在航母损坏后起飞战斗机或降落飞机，而"大鹰"级却要利用稍长一些的甲板起飞全部种类的舰载机！也正因为甲板过短，"大鹰"级无法起飞需要较长滑跑距离的九九舰爆，全部舰载机仅为9架零战和15架九七舰攻，再加上舰战、舰攻各一架补用机。与最早完工的"大鹰"号、"云鹰"号相比，最后完工的"冲鹰"号因前两舰使用时暴露出的不足而进行了一定改进，将飞行甲板延长了10米，同时高炮也由4门十年式120毫米炮换成了8门八九式127毫米炮。

在建成完工后，由于"大鹰"级舰型较小，且航速极为缓慢，因此虽然在日本海军中名为轻型航母，但却只能执行相当于美国护航航母的任务，即训练飞行员、运输飞机、保护运输船队等低强度任务。1942年9月28日，"大鹰"号在服役整整1年零23天时收到了美国人送上的一份"周年贺礼"，被潜艇"鳟鱼"号发射的一枚鱼雷命中。由于本舰水下防御能力很差，这枚鱼雷险些直接葬送了"大鹰"号。而在完成维修工作之后，"大鹰"号依然如同鱼饵一般吸引着对方潜艇的攻击。1943年4月9日和9月24日，该舰分别遭到"金枪鱼"号和"海鲈鱼"号袭击，前者鱼雷引信失效，使"大鹰"号逃过一劫，后者则将其直接送回了本土船厂。

不仅是"大鹰"号，同级的另外两舰也同样是美国潜艇口中的香饵，而这三艘本应作为反潜利器的航母最终也都为潜艇击沉。1943年12月4日，"冲鹰"号首先被"旗鱼"号的一枚鱼雷击沉，全舰约1250人阵亡。1944年8月18日，"大鹰"号在护送船队前往马尼拉时于吕宋岛北方被"红石鱼"号发射的鱼雷引爆了航空燃料库而沉没，747人阵亡。"云鹰"号则在整整一个月后的9月17日被"石首鱼"号击沉于东沙群岛东南方向，由于该舰沉没较慢，因此也仅有200人阵亡。

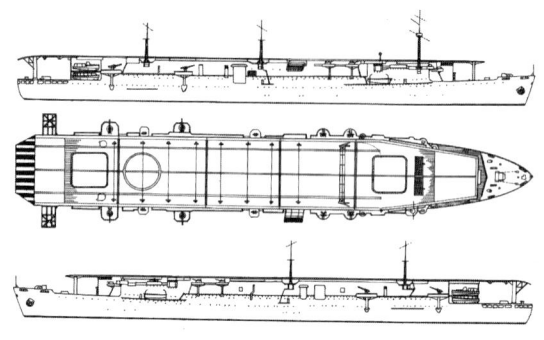

▲ "大鹰"级航空母舰线图。

▲ 绘画中的"大鹰"号航空母舰。

舰名	开工时间	下水时间	完工时间	改造时间	航母服役时间	退役时间	备注
大鹰	1940年1月6日	1940年9月19日		1941年5月1日	1941年9月5日		原邮轮"春日丸"号，1944年8月18日被美军潜艇击沉
云鹰	1938年12月14日	1939年10月31日	1940年7月31日	1942年1月	1942年5月31日		原邮轮"八幡丸"号，1944年9月17日被美军潜艇击沉
冲鹰	1939年5月9日	1939年5月20日	1940年3月23日	1942年5月27日	1942年11月25日		原邮轮"新田丸"号，1943年12月4日被美军潜艇击沉

"大鹰"级性能诸元	
标准排水量	17830 吨
全长	180.24 米
舰宽	22.5 米
吃水	8.0 米
舰载机	10 架零战，16 架九七舰攻
主机总功率	25200 轴马力
最高航速	21 节
续航力	8500 海里 /18 节
人员编制	747 人

▲ 图为"冲鹰"号航空母舰。

"龙凤"号

"龙凤"号原为日本海军在 1933 年 4 月开工建造的潜水母舰"大鲸"号。与一年后开工的"剑崎"、"高崎"相同，"大鲸"号在设计时也充分考虑到了在未来改造为航空母舰的可能。虽然该舰在 1934 年 3 月 31 日便竣工完成，但由于"友鹤"事件和第 4 舰队事件的接连发生，"大鲸"号也因采用焊接和藤本时期为减轻舰体重量而不惜代价削减结构板材厚度而带来的强度不足返厂改装。除此以外，该舰采用的日本国产柴油机可靠性极差，时常出现故障。

太平洋战争爆发半个月后，"大鲸"号开始在横须贺海军工厂展开航母改造工程，舰名也更改为"龙

15至20米左右,但如果"海鹰"号也以同样的比例来建造飞行甲板,其长度便将缩短到145至150米,完全无法应付正常飞行勤务了。为此日本海军不得不将其飞行甲板延伸到了几乎与舰体相当的长度,才勉强达到160米。与大部分原先使用柴油机的航母预备舰相同,"海鹰"号在改装过程中也将原先仅能将邮轮推动到21.5节的两座柴油机拆除,换装了52000轴马力的蒸汽轮机动力系统。不过由于"海鹰"号长宽比很小,仅有8:1左右,导致其航速不及排水量和动力相当,但长宽比超过10:1的"龙凤"号,航速仅能达到23节左右。

与大部分需要更换轮机的改装航母相同,"海鹰"号改装工期在一年左右,最终于1943年11月13日完工。作为航空母舰,"海鹰"号标准排水量为13600吨。最多可搭载18架零战和6架九七舰攻,没有补用机,是日本所有改装航母中除特TL型护航航母以外载机量最小的一艘。在自卫防空火力方面,"海鹰"号安装了4座双联装八九式127毫米高炮和8座三联装九六式25毫米高炮。1944年7月,该舰还另外增设了25门25毫米炮以及8枚深弹,至同年年底安装了28联装120毫米喷进炮(火箭防空弹)。

虽然该舰更换了主机,但仅有23节的航速还是导致本舰无法承担任何机动作战任务,只能像护航航母一样在后方运输飞机或护卫运输船队。在服役后不久,"海鹰"号便开始在本土和南洋之间奔波。1944年2月10日,"海鹰"号在运送第551航空队前往特鲁克时遭到美国"大鲹鱼"号潜艇攻击,所幸鱼雷没有命中。同年12月31日,"海鹰"号在从中国海南岛返回日本时再一次遭到美国潜艇袭击,而鱼雷也又一次失的。在该舰于1945年1月13日返回本土后,随着整个南洋都已成为美国人的天下,"海鹰"号失去了再次出海作战的机会,转而成了吴港的一艘训练舰,几个月后又转移到江田岛成了"樱花"自杀机训练时攻击的靶舰。日本投降之前,"海鹰"号在7月24日从吴港转移时搁浅,4天后遭到英国"胜利"号航空母舰空袭,坐沉在了海滩上。日本投降后,"海鹰"号于1946年被解体。

舰名	开工时间	下水时间	完工时间	改造时间	航母服役时间	退役时间	备注
海鹰	1938年2月5日	1938年12月9日	1939年5月31日	1942年12月20日	1943年11月13日		原邮轮"阿根廷丸"号,1945年7月24日坐沉,1946年解体

"海鹰"号性能诸元	
标准排水量	15400吨
全长	166.55米
舰宽	21.9米
吃水	8.25米
舰载机	18架零战,6架九七舰攻
主机总功率	52000轴马力
最高航速	23节
续航力	7000海里/18节
人员编制	587人

▲ "海鹰"号航空母舰线图。

▲ "海鹰"号航空母舰，其飞行甲板前部设置有一个可升降的雷达天线，是该舰的最大特征之一。

"神鹰"号

在日本海军所有由商船改装的航空母舰中，"神鹰"号要算是最为独特的。因为该舰既非由海军补助建造的航母预备舰，也并非任何类型的日本船只，其最初身份是德国不来梅的北德意志——劳埃德公司所属邮轮"沙恩霍斯特"号。在1939年8月底，第二次世界大战爆发前，该舰正在神户港逗留。根据原计划，"沙恩霍斯特"号原打算返回德国，但由于不久后德国与英国互相宣战，这艘德国邮轮便失去了在英国海军重重封锁下返回本土的可能性，只得长期在神户闲置。1942年6月中途岛海战之后，日本海军在损失4艘主力航母后陷入恐慌，饥不择食地将"沙恩霍斯特"号也列入了航母改造序列之一，并为此专门与德国大使交涉，取得了该舰的所有权。1942年9月21日，"沙恩霍斯特"号被送入吴海军工厂开始航母改造，15个月后改装工作完成，本舰也被改称为"神鹰"号。

在布局上，"神鹰"号与同为邮轮改造而来的"大鹰"级、"海鹰"号等舰极为相似，只是由于其舰型更大，因此无论是长度还是宽度都要更大一些，标准排水量也达到了17500吨。得益于此，"神鹰"号拥有了长达180米的飞行甲板，舰载机也达到了18架零战（3架补用机）、9架九七舰攻（3架补用机）的水平，可以说在航空作业能力方面是日本所有商船改装航母中除"飞鹰"级以外最好的。不过由于"神鹰"号舰体宽度达到了25米，舰长却不超过200米，不足8∶1的长宽比还是在航速方面拖了很大的后腿。虽然"沙恩霍斯特"号作为邮轮时拥有45000轴马力的动力，可达到24节航速，但由于该舰采用的德式柴油/蒸汽混合系统对日本海军而言并不习惯，日本国内也无法为其提供相关配件，因此使用起来故障率很高，最终不得不更换为总功率仅有26000轴马力的两座舰本式蒸汽轮机以及相应的日本锅炉，航速也随之下降到了21节。比较值得一提的是，"神鹰"号在整个改装过程中曾使用了不少拆卸自"大和"级4号舰的钢材。

在更换了全部动力系统后，"神鹰"号终于在 1944 年 3 月投入到了勤务之中。在最初的几个月中，"神鹰"号主要在本土水域进行训练和巡逻工作。直到当年 7 月才与"大鹰"号、"海鹰"号一同护送ヒ-69 船队前往菲律宾。在这 3 艘航母中，由于"神鹰"号飞行甲板较为宽大，因此事实上仅此一舰是担负着为船队提供航空掩护的任务，另外两艘航母则因甲板上排满了需要运送的飞机而根本无法进行航空作业。在继续执行了几次护航任务后，"神鹰"号在 1944 年 11 月 14 日迎来了自己的最后一个任务。那一天，"神鹰"号带领着一个船队从本土起航，而一周之前该舰刚刚得到了 14 架九七舰攻。

11 月 17 日，"神鹰"号遭到"锹鱼"号潜艇袭击，总计被多达 4 枚鱼雷命中，半个小时之内便沉入了海底，全舰 1160 名船员中仅有 60 人幸存。

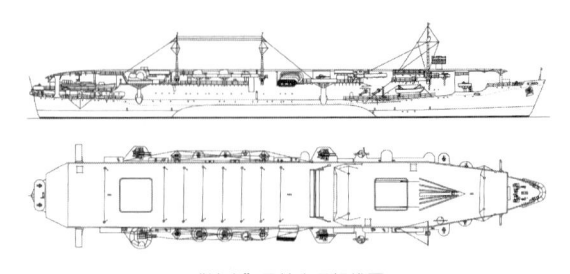

▲"神鹰"号航空母舰线图。

舰名	开工时间	下水时间	完工时间	改造时间	航母服役时间	退役时间	备注
神鹰	1934 年 12 月 14 日	1935 年 4 月 30 日	1939 年 5 月 31 日	1942 年 9 月 21 日	1943 年 12 月 15 日		原德国邮轮"沙恩霍斯特"号，1944 年 11 月 17 日被美军潜艇击沉

"神鹰"号性能诸元	
标准排水量	17500 吨
全长	198.34 米
舰宽	25.75 米
吃水	8.18 米
舰载机	21 架零战，12 架九七舰攻
主机总功率	26000 轴马力
最高航速	21 节
续航力	8000 海里 /18 节
人员编制	834 人

▲1935 年拍摄的德国"沙恩霍斯特"号邮轮。

▲"神鹰"号航空母舰的照片。

"云龙"级

在1940年,日本海军总计拥有4艘舰队航空母舰,而美国海军则有6艘,但由于日本此时已经有两艘"翔鹤"级即将在第二年服役,同期美国海军则将仅有一艘"大黄蜂"号服役,再加上美国又必须在两洋同时部署航空母舰。可以说,到1941年时,日本海军在海军机动航空力量占据一定优势。但就在同年,日本获悉美国海军开工了3艘"埃塞克斯"级航空母舰,而同时在自己的造舰计划中,直到1941年日本才会开工一艘"大凤"号航母。这样一来,到1943年首批3艘"埃塞克斯"级服役时,在双方不爆发战争的情况下,日美舰队航母比例将一下子变成6∶11,一旦美国人将大部分航母都集中在太平洋方向上,那么日本人便将面临极大困难了。更为重要的是,直到此时,日美双方大体上都仍是以主力舰舰队决战思想来制定作战计划的,而由于日本在主力舰方面已经有着6∶10的落后,甚至还为此建造了空前绝后的超级战列舰"大和"、"武藏",因此他们无论如何也不愿在航空母舰方面也大幅落后于美国人了。因此,日本人很快便在1940年制定的临战造舰计划"丸急"计划中增加了一艘以"飞龙"号为基础设计的中型航空母舰,并将其命名为"云龙"号。在此之后,日本海军又在计划自1942年开始实施的"丸五"计划中列入了两艘同型舰,分别为"天城"号和"葛城"号。

与"飞龙"号相比,"云龙"号在外观上有三点区别:一是其舰桥被重新移到了与"苍龙"号相仿的右舷中前部;二则是升降机由3座减少到了一前一后的两座,但为了应付新型舰载机,尺寸有所扩大;最后,"云龙"号还放弃了"飞龙"号采用的单舵布局,重新使用了"苍龙"号的双舵布置。在设计之初,以上三点也是"云龙"号与"飞龙"号仅有的区别。但在"云龙"号于1942年8月1日开工之前,中途岛海战的失利却给了日本人重重一棒,而海战中航母防空火力不足,以及飞机殉爆导致火灾的惨状也使设计人员意识到了先前航母的不足之处。根据海战经验,设计师增加了"云龙"号的高炮数量,并计划为其安装28联装的120毫米喷进炮。原先全部集中在右舷的通风管也被改为左右两舷分别布置,以免在一个舷侧遭到重创后下层舱室丧失换气能力。此外,舰内所有舱壁也改用专门的防火涂料粉刷。而在建造数量方面,此时日本海军在损失4艘舰队航母后几乎完全陷入了混乱,一下子在"改五"造舰计划中列入了两艘新的"云龙"级航母"阿苏"号、"笠置"号以及10艘"改云龙"级航空母舰。但事实上,"改五"计划中的航空母舰没有一艘能够完工,所有"云龙"级也仅有在1942年8月至12月开工的"云龙"号、"天城"号以及"葛城"号完工。1943年才相继开工的"笠置"号、"阿苏"号以及"生驹"号均在战争后期终止建造,其余11艘则根本没有开工。

虽然"云龙"级有着与"飞龙"号几乎相同的机库布局,但由于该舰计划中将要搭载"烈风"舰战、"流星"舰攻以及"彩云"舰侦等飞机体积要比"飞龙"号所搭载的飞机更大,因此其载机量也下降到了18架"烈风"(两架补用机)、27架"流星"以及6架"彩云"的水平,总计为53架。按照计划,"云龙"级所使用的轮机也与"飞龙"号完全相同,同为输出功率15万2000轴马力的"最上"级重巡洋舰主机,计划航速也与"飞龙"号一样为34节。但作为日本海军眼中的战时速造型航母,"云龙"级在大批舰体细节上都一律从简,到"葛城"号和"阿苏"号安装主机时,由于重巡洋舰级别的锅炉和主机产能不足,两舰只得安装了"阳炎"级驱逐舰的52000轴马力动力系统,而这也是很多日本商船改装航母所使用的动力系统,只不过为了保证航速,"葛城"号和"阿苏"号分别安装了两套该系统,使其锅炉总数达到8座,蒸汽轮机数量增加到4座,总功率自然也加倍至10万4000轴马力,推动两艘航母达到了32节航速,足以满足作战需求。

1944年8月6日和10日,"云龙"号和"天城"号相继完工,但由于需要时间进行舰员训练,并配备舰载机以及飞行员,因此两舰并没有参加莱特湾海战。因原先由"大凤"号、"翔鹤"号以及"瑞鹤"号组成的第1航空战队在马里亚纳海战中损失殆尽,仅剩的"瑞鹤"一舰也被转调第3航空战队,"云龙"

舰名	开工时间	下水时间	服役时间	退役时间	备注
云龙	1942年8月1日	1943年9月25日	1944年8月6日		1944年12月19日被美军潜艇击沉
葛城	1942年12月8日	1944年1月19日	1944年10月15日	1945年10月20日	1946年解体
笠置	1943年4月14日	1944年10月19日	1945年4月1日工程中止		1946年解体
阿苏	1943年6月8日	1944年11月1日	1944年11月9日工程中止		1945年7月18日作为"樱花"特攻击靶舰击毁
生驹	1943年6月8日	1944年11月17日工程中止后下水	1944年11月9日工程中止		1946年解体
鞍马	取消建造				
5002号舰	取消建造				
5005号舰	取消建造				
5009号舰	取消建造				
5010号舰	取消建造				
5011号舰	取消建造				
5012号舰	取消建造				
5013号舰	取消建造				
5014号舰	取消建造				
5015号舰	取消建造				

"云龙"级性能诸元	
标准排水量	17150吨
全长	227.35米
舰宽	22.0米
吃水	7.86米
舰载机	15架零战，30架"彗星"式舰爆，20架"天山"式舰攻
主机总功率	152000轴马力（"葛城"、"阿苏"为104000轴马力）
最高航速	34节（"葛城"、"阿苏"为32节）
续航力	8000海里/18节
人员编制	1556人

号和"天城"号便组成了新的第1航空战队。不过当两舰真正形成战斗力之时,日本海军已经在莱特湾海战中输掉了最后的希望,两舰只能作为大型高速运输舰,来往于本土与苦战中的菲律宾。1944年12月19日,"云龙"号在运送20架"樱花"自杀飞机前往菲律宾时遭到美国"红鱼"号潜艇袭击,被命中了两枚鱼雷。虽然日本海军在建造"云龙"级过程中曾专门照顾到了飞机或弹药殉爆的危险,但这一次"云龙"号机库内的"樱花"自杀机却还是因火箭发动机燃料被引燃而发生了剧烈爆炸,"云龙"号也很快便沉入了海底,全舰1240人全部阵亡。

在"云龙"号沉没前两个月,"葛城"号也终于在10月15日完工。不过就在那之后,"阿苏"号和"生驹"号由于已经不可能在日本输掉战争前完工而停工,"笠置"号的施工也在苟延残喘了几个月后于1945年4月1日停工。在这三艘航母中,"阿苏"号和"笠置"号已经在1944年10月下水,"生驹"号后来也为了清理船台而在停工后下水,其中"阿苏"号还被当作"樱花"机训练时的靶舰使用。剩下的4艘"云龙"级航母或舰体在战争末期均遭到了美军轰炸。"天城"号倾覆沉没在了海滩上,"葛城"号遭到重创。第二次世界大战结束后,4舰均在1946年解体,其中仅有"葛城"号曾被短暂修复,当作运输舰自南洋孤岛上接回日本败兵。

▲"云龙"级航空母舰两视图。

◀试航中的"葛城"号航空母舰,由于该舰搭载的主机功率较小,其航速也要比"云龙"号较慢一些。

◀试航中的"云龙"号航空母舰。

◀"天城"号航空母舰。

▲ 遭美机空袭后倾覆的"天城"号航空母舰。

▲ 战后停泊在佐世保港的"笠置"号航空母舰。

▲ 战后打捞起来准备拆解的"阿苏"号航空母舰。

▶ 战后由美军拍摄的"生驹"号,其甲板上安装了临时烟囱。

"信浓"号

作为"大和"级战列舰的第三号舰,"信浓"号于1940年6月在横须贺海军工厂铺下了第一根龙骨,按照计划,该舰将在尚未得到命名的与"大和"级四号舰在1945年左右投入服役,与先前的"大和"、"武藏"两舰组成第1战队,成为世界上最强的战列舰部队。但到了1941年中,随着太平洋战争的临近,日本海军将造船工业的工作重点集中在了一批舰队急需的中小型舰艇以及航空母舰方面,"信浓"号的建造工作随之放缓。在12月8日太平洋战争打响当天,日后将以传奇战舰之名载入史册的"大和"号正式投入试航,而"信浓"号的命运却恰恰相反——其工程被无限期暂停了。直到1942年6月中途岛海战失败后,日本海军才在对航母的渴求中想起了"信浓"号的庞大舰体,并开始筹划以此为基础改造出一艘巨型重甲航空母舰。与最初设计"大凤"号航空母舰时的思路相仿,舰政本部在利用"信浓"号舰体展开设计时,也希望该舰能够担任突前航空母舰的角色,其任务便在于延长其余航母舰载机的打击半径,而对自身派出攻击队的要求并不高。

在这一思想的指导下,设计人员仅为"信浓"号设置了一层机库,而计划搭载的舰载机也将以战斗机为主。机库内部只能容纳18架"烈风"战斗机(外加两架补用机)和18架"流星"攻击机,而长达257米、宽达40米的飞行甲板上则将系留另外18架"烈风"战斗机以及9架"彩云"侦察机。与"大凤"号相比,"信浓"号对于飞行甲板的保护更为厚重。前者仅有大约130米的部分铺设了75毫米装甲(拥有20毫米厚的背板),而"信浓"号却在长达210米的部分都铺设了75毫米装甲,背板厚度也提升到了34毫米,足以防御俯冲轰炸机投下的500公斤炸弹。在舷侧方面,"信浓"号毫无疑问地放弃了战列舰方案中厚达410毫米的装甲带,而将防御标准降低到了只需抵御重巡洋舰炮弹的水平,与重巡洋舰相当。不过,与日本重巡洋舰厚度在100毫米(动力舱)至140毫米(弹药库)的装甲带相比,"信浓"号也不得不为防止重心过高而将装甲带加厚到了200毫米,这对于防御203毫米炮弹而言是远远过剩的。

此外,作为中途岛海战以及之后数艘航母因弹药或燃料殉暴沉没的教训,"信浓"号还在重油舱和航空燃料舱外部填充了水泥。动力系统方面,"信浓"号完全保留了"大和"级配备的12座100度锅炉以及4组蒸汽轮机的配置,拥有152000轴马力动力。事实上,日本海军在建造"最上"级时仅凭8座325度超高温锅炉便达到了同样的蒸汽效率,但舰政本部为了确保这些超级战列舰动力系统的可靠性,还是选择了日本海军已经使用了将近20年的100度锅炉,不免在排水量上造成了一定浪费,不过这并非"信浓"一舰的问题,而是所有"大和"级均存在的情况。最终,"信浓"级在标准排水量方面达到了62000吨之多,至20世纪60年代之前都是世界上最大的航空母舰,而且也是防护能力最强的。

1943年2月,"信浓"号在横须贺海军工厂开始了改装工作。由于战事紧张,该舰虽然排水量巨大且需要敷设厚重装甲,但工程进度与邮轮改造舰相比却并不算太慢,到1944年11月19日便已经宣告大体完工。只不过战时工程的质量要远不如和平时期,因此"信浓"号虽然拥有着极为厚重的装甲,但内部舰况却并不可靠。甚至因为交货期延迟,该舰服役时还有很多水密门没有安装,而这也毫无疑问地为后来该舰的悲剧埋下了伏笔。

在"信浓"号完工后,为与联合舰队大部分残余舰艇汇合,"信浓"号在"雪风"号等3艘驱逐舰护卫下于11月28日从横须贺起航前往吴港。但不久之后,美国"射水鱼"号潜艇便发现了"信浓"号。"信浓"号的舰长阿部俊雄大作在通过雷达电波探测器得知有对方潜艇跟随自己时,由于担心遭遇美国潜艇群而改为采取了Z字形运动,而这却正好给了潜艇追上自己的机会。次日凌晨3时15分左右,"信浓"号终于遭到"射水鱼"号攻击,后者发射的6枚鱼雷中有4枚命中了航母右舷。根据"武藏"号在锡布延海战中身中20枚鱼雷依然只是缓缓沉没的经验,"信浓"号被4枚鱼雷命中似乎并不会带来灭顶之灾。但阿部俊雄此时却又犯下了第二个错误,他没有为控制进水而下令减速,反而命令航母继续前进。根本没有经过系统训练的水兵们在汹涌进水的状态前不知所措,舰内水密门不全的情况则为"信浓"号钉下了最后一枚棺材钉。3 个小时后,航母已经严重横倾,无可救药了。29 日上午 10 时 30 分,阿部俊雄最终下令弃舰,至 11 时,"信浓"号已经完全沉没。包括阿部俊雄本人在内,1435 人阵亡。在竣工仅仅 10 天后,这艘当时世界上最大的航空母舰便被击沉,成了史上最为短命的航母。

▲ "信浓"号航空母舰两视图。

舰名	开工时间	改造时间	下水时间	航母服役时间	退役时间	备注
信浓	1940 年 5 月	1943 年 2 月	1944 年 10 月	1944 年 11 月 19 日		原"大和"级战列舰,1944 年 11 月 29 日被美军潜艇击沉

"信浓"号性能诸元	
标准排水量	62000 吨
全长	256 米
舰宽	40 米
吃水	10.31 米
舰载机	38 架"烈风"式舰战,18 架"流星"式舰攻,9 架"彩云"式舰侦
主机总功率	152000 轴马力
最高航速	27 节
续航力	10000 海里 /18 节
人员编制	2400 人

▲ "信浓"号航空母舰所遗留下的唯一一张照片。

◀"信浓"号航空母舰绘图。

▼由福井静夫绘制的"信浓"号外观推测图。

"伊吹"号

在太平洋战争爆发前，日本海军总计建造了18艘重巡洋舰。在1940年11月制定的"丸急"计划中列入了两艘12200吨级的新型重巡洋舰，并分别在计划中被列为300号舰和301号舰。由于新的重巡洋舰建造工作将十分紧急，因此决定直接利用"铃谷"、"熊野"两艘"最上"级重巡洋舰（与"最上"级前两舰"最上"号、"三隈"号在动力系统方面略有不同）的方案进行建造。

1942年4月24日，首舰"伊吹"号在吴海军工厂开工，而其后的301号舰也于6月1日在三菱长崎船厂开工。但就在"伊吹"号开工之后的一个半月之内，连续爆发了珊瑚海海战和中途岛海战，日本海军在两场海战中损失了5艘航空母舰，两艘"伊吹"级的建造工作也于6月30日停止，刚刚开工不到一个月的301号舰被迅速解体以便腾出船台建造"天城"号航空母舰。而"伊吹"号则比较幸运，日本海军允许将该舰舰体完工，其后再下水腾空船台。1943年5月21日，"伊吹"号在开工13个月后下水，在进行了两个月左右的舾装后，工程在7月停止，其整个舰体也被拖到了吴港以外。在7月到8月间，军令部为"伊吹"号进行了数次会议，讨论将其改建为高速给油舰或者轻型航空母舰的可能性。原先由于"伊吹"号的舰体较小，计划中要搭载的新式舰载机很难在"伊吹"号上起飞，因此并不适合改造成航空母舰，不过由于后期经过讨论决定在"伊吹"号上首开先例安装弹射器，使这些新式飞机也可以从较小的飞行甲板上起飞。而同时军令部也由于航母的缺乏坚持要求舰政本部将"伊吹"号尽量改造成航母。最终在1943年8月25日，"伊吹"号被决定改造成轻型航空母舰。

"伊吹"号航空母舰标准排水量12000吨，最大航速29节，续航力8000海里/18节。由于担心重心提高过多，在两舷安装了新的防雷突出部。但即使如此，该舰也还是只能在最上甲板以上安装一层机库，计划搭载15架"烈风"舰战和12架"流星"舰攻。因为军令部对最大航速的要求降低到了29节，因此也可以将原先的4座主机拆除两座，使最大功率降低到了72000轴马力，而腾出来的空间则用于布置增加续航力的重油燃料库和航空燃料库，并在后者周围填充水泥以减少殉爆可能。由于之前的改造轻型航母设置在舰首最上甲板上的小型罗经舰桥并不实用，"伊吹"号也改用了正规航母所采用的右舷舰岛式舰桥，相对其余轻型航母大幅提高了航海和航空指挥能力。

但原计划安装的弹射器研制进度十分缓慢，已经不可能在"伊吹"号完工前投入使用，因此权宜之计就只能是加长飞行甲板长度。最终整个飞行甲板被设计为205米长、最大宽度为23米，在前部和后部各设置一座大型升降机，同时在飞行甲板两侧的

特 1TL 型

舰名	开工时间	下水时间	服役时间	退役时间	备注
岛根丸	1944年6月8日	1944年12月19日	1945年2月9日		1945年7月24日被英军空袭坐沉，1946年解体
大泷山丸	1944年	1945年1月	工程中止		1945年8月25日触雷沉没

特 2TL 型

舰名	开工时间	改造时间	下水时间	航母服役时间	退役时间	备注
山汐丸	1944年1月27日	1944年9月11日	1944年11月14日	1945年1月27日		原特2TL型油轮，1945年2月17日被美军击沉，1946年解体
千种丸	1944年1月27日	1944年9月11日	1944年12月2日	工程中止		1946年解体

特 TL 型护航航母性能诸元

	特 1TL 型	特 2TL 型
标准排水量	10021 吨	10605 吨
全长	160.5 米	148 米
水线宽	22.8 米	20.4 米
吃水	9.0 米	9.0 米
舰载机	12架九三式教练机	10架三式联络机
主机总功率	8500 轴马力	4500 轴马力
最高航速	18.5 节	15 节
续航力	5600 海里	9000 海里/13节
人员编制	600 至 800 人	600 至 800 人

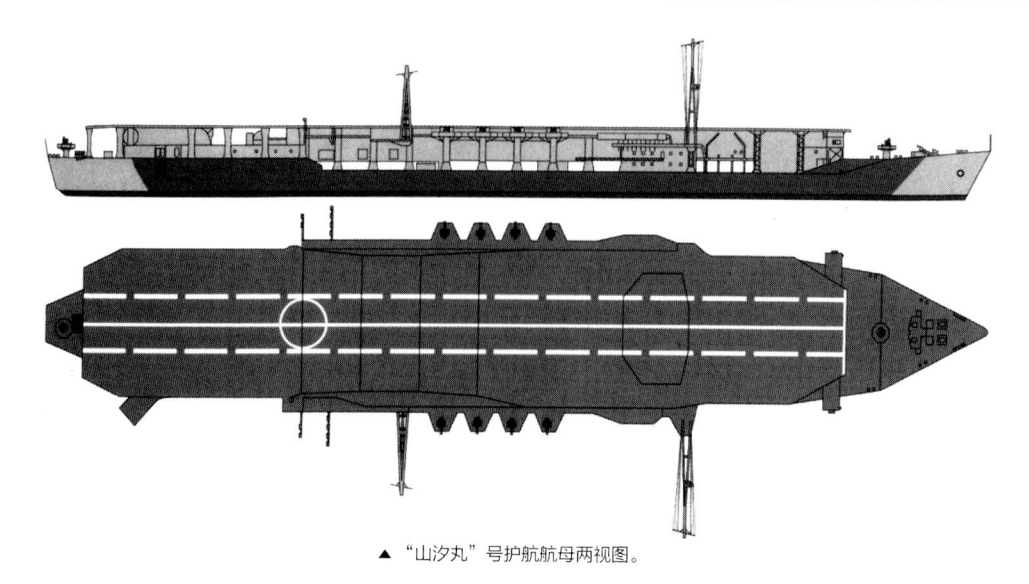

▲ "山汐丸"号护航航母两视图。

陆军航母

在日本军事史上，陆军与海军之间的冲突几乎不亚于双方与各自假想敌苏联、美国之间的对抗。除争抢对日本政权的把持以及预算以外，陆军手中甚至还拥有着一支巨大的运输船队，至太平洋战争爆发前总吨位甚至要比海军更多。而在1932年第一次上海事变后，日本陆军责怪海军对其支援不利，决定自行建造可以掩护登陆战的航空舰艇，并将这种舰艇称为"特种船"。1933年，日本陆军首先建造了一艘名为"神州丸"的"特种船"。该舰可以搭载12架九一式战斗机或九七式轻型轰炸机，但由于该舰并没有飞行甲板，只能利用弹射器起飞飞机，飞机起飞后也自然无法降落回母舰上。值得注意的是，该舰同时还可以搭载50艘登陆艇，因此可算是世界上最早的两栖攻击舰。事实上，虽然陆军建造作战舰艇的行为毫无疑问有着越权的嫌疑，但海军也乐得看到自己不必再为如何调拨轻型航母配合陆军行动而发愁。因此在陆军因缺乏相关经验而设计停滞时，海军舰政本部甚至协助了设计工作的推进。1940年9月，陆军又开始了另一艘"特种船"的改造工作。

与"神州丸"号不同，"秋津丸"号拥有全通式飞行甲板，这在没有两栖攻击舰或直升机母舰概念的时代无疑要算是航空母舰的象征。不过无论与海军的任何航空母舰相比，"秋津丸"号仅有123米长的飞行甲板都显得十分笨拙。虽然该舰被设计用来执行登陆掩护任务，但事实上却仅能搭载13架陆军的九七式战斗机，仅能提供极为有限的对地支援能力。更为重要的是，虽然该舰安装了飞行甲板，却依然不能供飞机降落，因此航空战能力十分有限。不过与此同时，"秋津丸"底舱中却可以搭载多达27艘"大发"式登陆艇，在所有日本船只中登陆能力名列前茅。值得一提的是，由于"秋津丸"属于陆军编制，因此舰上搭载的武器也均为陆军制式，在舰载平台上使用时效率并不高。

1942年1月，"秋津丸"号竣工服役，很快便于当月投入到了对南洋的攻略行动之中，在完成一系列攻击战之后，由于日本逐渐转为守势，"秋津丸"号也成为一艘飞机运输舰，为各地的陆军航空队输送飞机。进入1944年，随着美国潜艇几乎已经完全扼杀了日本海上交通线，"秋津丸"号在4月至7月间被改造成了护航航母，开始搭载陆军巡逻机执行反潜任务，并增设了拦阻索以供飞机降落。不过与日本海军那些被潜艇击沉的反潜舰艇一样，"秋津丸"号也没能逃过日军反潜能力低下造成的厄运，该舰在1944年11月14日搭载援兵前往菲律宾途中被美国"皇后鱼"号击沉。

在"秋津丸"号被改造成护航航母之后，日本海军还曾经建造一艘新的特种船"熊野丸"号继续担负登陆支援任务。在设计原则上，该舰与"秋津丸"并无太多不同之处。不过由于该舰完全由舰政本部操刀设计，因此布局更加合理。按照计划，该舰将只搭载巡逻机，只有在运输飞机时才会搭载35架陆军的"疾风"战斗机。此外，登陆舰艇容量则提升至13艘"大发"和12艘"特大发"。同时该舰最多可搭载1659名陆军士兵。

1945年3月，"熊野丸"竣工。但此时太平洋战局已经完全呈现一边倒局面，该舰也不再有任务可以执行，只能在日本各地东躲西藏，所幸并未遭到美军大规模空袭。日本投降后，该舰巨大的人员运输能力反而帮助其将各地败兵运回国内的任务。最终该舰在1947年至1948年解体。同型二号舰"时津丸"号则在1945年3月中止建造，战后以民船身份完工。

▲ "神州丸"号，该舰虽然作为飞机搭载舰行动，但是却并没有安装飞行甲板。

舰名	开工时间	下水时间	服役时间	退役时间	备注
神州丸	1933年4月8日	1934年3月14日	1934年11月15日		1945年1月3日遭美军航母空袭后被潜艇击沉
秋津丸	1940年9月17日	1941年9月24日	1942年1月30日		1944年11月15日被美军潜艇击沉
熊野丸	1944年9月15日	1945年1月28日	1945年3月31日	1947年	1847年拆解
时津丸	不详	不详	1945年3月工程中止		战后以民船身份完工

日本陆军特种船性能诸元			
	"神州丸"号	"秋津丸"号	"熊野丸"型
总吨位	7100吨	9433吨	9502吨
全长	144米	152.12米	152米
水线宽	22米	19.5米	19.6米
吃水	4.2米	7.86米	7.0米
舰载机	6架九一式战斗机，6架九七式轻轰炸机	13架九七式战斗机	8架三式联络机
主机总功率	7500轴马力	13000轴马力	10000轴马力
最高航速	20.4节	21节	19节
续航力	不详	不详	6000海里/17节
人员编制	2000人（含陆战人员）	不详	不详

第十章
意大利

"苍鹰"号

第一次世界大战之后，像很多国家一样，意大利海军也开始探寻在海军舰艇上搭载飞机的价值，并将商船"墨西拿"号改装成了水机母舰"朱塞佩·米拉利亚"号。该舰拥有两座弹射器，可搭载在当时为数颇多的20架水上飞机。不过在整个20至30年代，意大利海军内部对如何发展海航力量还争论不休，一部分高级将领认为未来的海战必将为飞机所统治，因此发展以航空母舰为核心的航空舰队势在必行。但另一部分将领则在各大造船厂支持下反对这一计划，其原因不仅在于意大利海军的战场地中海十分狭窄，岸基航空兵足以覆盖大部分战区，同时更因为实力较为薄弱的造船工业难以在短期内承接太多大型战舰工程，因此他们坚持没有必要浪费有限的预算和船台去建造华而不实的航母。直到意大利与法国之间的关系逐渐紧张起来之后，随着20世纪30年代后者相继开工了"敦刻尔克"级战列巡洋舰以及"黎塞留"级战列舰，意大利独裁者墨索里尼才开始敦促海军建立一支中等规模的海军来与其对抗。而到了1936年，海军扩张方案被具体化为一个规模庞大的"突破舰队"，其中不仅包括比"维内托"级更为强大的新式战列舰，同时也包括3艘22000吨的航母。虽然后来航母的数量被削减到了两艘，吨位也降低到了15000吨，但却还是没能逃过1940年6月意大利加入二战而遭到取消的厄运。

对意大利海军而言，新建航母的计划取消并不代表其对航母的需求也随之消失。因此在加入战争不久后，墨索里尼便下令将航速21节的3万吨邮轮"罗马"号改建为一艘辅助航母，计划在拆除其上层建筑后加装小型机库和全通式甲板。但在英国海军成功利用航空母舰夜袭塔兰托港后，墨索里尼在1941年1月更改了命令，宣布要将"罗马"号改装成舰队航母。要求改装后的"罗马"号必须拥有搭载全套舰载机（由掌握着全部飞机指挥权的空军提供），并在航速上能够与"维内托"级等新式高速战列舰以及重巡洋舰协同作战。马塔潘角海战中英国舰载机重创"维内托"号后，意大利海军和空军终于在1941年6月21日正式通过了改装计划，同时改装后航母也将被重新命名为"苍鹰"号。

对意大利工程人员而言，即使是改造一艘航空母舰也并非易事。弹射器、升降机、拦阻索以及舰载机都需要时间来研发，相比之下，船体的改造难度并不算大。不过由于改装工程需要替换航母的所有动力系统，因此工程的规模也很大，同时舰体的长度也必须延长以容纳体积更大的轮机。除此以外，设计师们还在舰体两侧增设了防雷隔舱，以增加航母的稳定性、浮力以及鱼雷防护能力，并由水泥填充其内部隔壁。在动力方面，意大利海军决定直接为"苍鹰"号安装两套被取消建造的"罗马统帅"级大型侦察舰（也被归类为轻巡洋舰）动力系统。总计4组轮机可为航母提供151000轴马力动力，使航母达到30节高速。对于航母的飞行甲板，意大利人选择了一块211.6米长、25.2米宽的半装甲甲板，覆盖着动力舱、弹药库和汽油舱的部分安装有76毫米装甲，其余部分则为非装甲甲板。作为欧洲航母十分常见的形式，其后段也有着向下弯曲的部分。较为独特的是，意大利人将两座升降机分别布置在了飞行甲板的中部和前部，这样一来在飞机降落时两座升降机均可以将飞机送入机库。只是在准备飞机起飞时，这样的布局会降低甲板作业效率。而在飞行甲板右侧，意大利人也毫不例外的设置了舰岛和烟囱。相对大部分欧洲航母，该舰的防空火力强大得吓人，总计拥有8门135毫米炮、12门65毫米炮以及多达132门20毫米炮。在选择舰载机时，德国人曾经将几架为"齐柏林"号航母设计的Ju-87俯冲轰炸机舰载型送到了意大利进行测试，但后者最终还是决定采用自己的Re.2001"公羊"战斗机舰载改型作为通用的战斗轰炸机，并计划在"苍鹰"号上搭载51架，其中41架置于机库中，另外10架则系留在甲板上。后来随着Re.2001又推出了可以折叠机翼的改进型，"苍鹰"号的计划载机量也相应提升到了61架。

在紧锣密鼓的改装施工下，到1943年8月，"苍鹰"号已经成功完成了弹射器和轮机实验，到当月月底，其工程进度已经达到了90%，预期于数个月内便可投入作战。一旦该舰改造完成，其战斗力与一艘正规航母不相上下，更强于世界所有其余改造航母。不过到了9月8日，看到战局逐渐不利于自己的意大利人却主动与盟军议和，而德国人则在不久之后占领了"苍鹰"号的改造地热那亚，将航母交给了墨索里尼在意大利北部建立的傀儡政府。由于担心德国人将航母建造完成，盟军在1944年6月16日对该舰进行了空袭并导致"苍鹰"号受伤。次年4月19日意大利人又自行派出蛙人攻击航母，使其坐沉在了港口中。4天后盟军进抵热那亚，俘获了航母。

第二次世界大战后，意大利人在1946年将该舰打捞起来，试图将其修复并完成建造。但盟军最终还是在1947年禁止意大利建造航母，"苍鹰"号也在1951年至1952年间被拆毁。

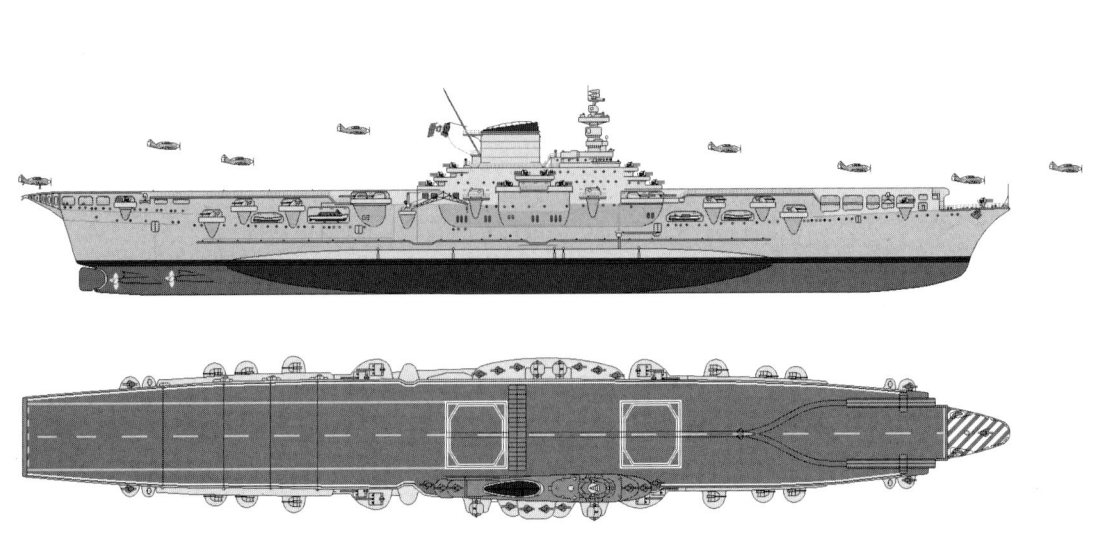

▲ "苍鹰"号完成想象图。

舰名	外语原名	下水时间	完工时间	改造时间	航母服役时间	退役时间	备注
米勒斯·吉拿斯	Minas Gerais	1956年12月14日	1926年9月（邮轮）	1941年11月	未完工	2001年10月16日	原英国海军"复仇"号航空母舰，2002年解体

"苍鹰"号性能诸元	
标准排水量	23500吨
全长	235.5米
舰宽	30米
吃水	7.3米
舰载机	51架Re.2001"公羊"战斗轰炸机
主机总功率	151000轴马力
最高航速	30节
续航力	5500海里/18节
人员编制	1420人

◀1951年摄于拉斯佩齐亚的"苍鹰"号航空母舰，此时该舰早已被彻底废弃，次年便送入拆船厂拆解。

"鹞鹰"号

早在"苍鹰"号的改造工程之前，意大利海军在1936年便曾因"突破舰队"计划中的舰队航母无法按时建造而计划将"罗马"号邮轮的姐妹舰"奥古斯都"号改造为辅助航母。但由于此时墨索里尼以及意大利海军对于航空母舰的建造并不十分重视，而意大利所有的造船厂又早已被4艘"维内托"级战列舰以及一干侦察舰、驱逐舰等项目占满，因此该计划也被搁置了下来。直到墨索里尼下令将"罗马"号改造为舰队航空母舰后，"奥古斯都"号的改装项目才被重新提起。该舰舰体虽然与"罗马"号同级，但改装计划依然沿用辅助航母方案。其舰名最初曾被定为"隼"号，但最终还是被改为"鹞鹰"号。

按照1936年制定的改装计划，船厂将首先拆除"奥古斯都"号的上层建筑和柴油机，安装两座蒸汽轮机，使航速提高至26节，足以伴随现代化改装

舰名	外语原名	舷号	开工时间	下水时间	服役时间	退役时间	备注
加里波第	Giuseppe Garibaldi	551	1981年3月26日	1983年6月11日	1985年9月30日	服役中	

"加里波第"号性能诸元	
标准排水量	10100 吨
满载排水量	13850 吨
全长	180.2 米
舰宽	33.4 米
吃水	8.2 米
舰载机	16 架 AV-8B 垂直起降战斗机
主机总功率	82000 轴马力
最高航速	30 节
续航力	7000 海里/20 节
人员编制	830 人

▲ 2004 年在大西洋上与一艘土耳其护卫舰一同航行中的"加里波第"号。

▲ 与"杜鲁门"号一同在大西洋上航行的"加里波第"号，照片摄于 2004 年 7 月。

▶"加里波第"号搭载的一架教练型 TAV-8B 垂直起降战斗机。

▼ 2011 年 7 月 19 日在利比亚沿海执行任务后返回塔兰托港的"加里波第"号，其舰员在甲板上拼成的 OUP 代表本次行动代号"联合保护者行动"（Operation Unified Protector）。

"加富尔"号

由于"加里波第"号仅有10100吨排水量，其战斗力自然并不能使意大利海军感到完全满意。而随着美国自21世纪起逐渐因财政原因而开始削弱自己在欧洲所部属的军事力量，意大利也决心建造新的轻型航空母舰来维持自己在地中海方向的利益和威慑力。与先前的"加里波第"号相比，新的航空母舰拥有两大特点：第一，新航空母舰的排水量超过了两万吨，是"加里波第"号的两倍以上。第二，新航母除能够搭载垂直起降战斗机和直升机以外，其2800平方米的机库还可以作为货舱搭载24辆"公羊"主战坦克或50辆步兵战车或100辆吉普车，可作为两栖攻击舰使用。其舰尾专门为此安装的升降机起重重量也达到了70吨，而不像飞机升降机那样仅有30吨起重重量。此外，新舰还能够搭载AW101型运输直升机以及325名陆战队士兵。

2001年7与17日，被命名为"加富尔"号的新航母在莱万特开工建造。与法国海军建造的"戴高乐"号攻击型航母相比，"加富尔"号虽然在舰型和战斗力上远不如前者，但在建造效率上却要更高一些。

在建造时，该舰采用了模块化建造方法，其70米长的船头与舰体主要部分被分为两个模块分别建造，最后才在莱万特组装起来。其造价约为17500亿里拉。到2004年7月20日，该舰已经下水开始舾装。2006年12月便进入了试航阶段。2008年3月28日，该舰投入服役并成为意大利海军旗舰。到2009年6月，"加富尔"号完全形成了战斗力。由于塔兰托的船坞无法容纳这艘航母，因此"加富尔"号并不能像其余意大利海军舰艇那样在塔兰托进行维护，而只能在拉斯佩齐亚附近的穆吉亚诺入坞。2010年，该舰曾前往海地参与地震后救灾行动，2011年又参加了干预利比亚内战的行动。

"加富尔"号的排水量达到了27900吨，是"加里波第"号的将近3倍。而在2008年进行了一次改进后，"加富尔"号在全副武装的情况下满载排水量更是超过了30000吨。按照计划，意大利海军将首先为"加富尔"号装备16架AV-8B战斗机，而在未来还将采购22架F-35B型垂直起降战斗机。而"加富尔"号也将在2016年进行改造，使其可以在机库中搭载10架F-35B，并在甲板上系留6架，使其

舰名	外语原名	舷号	开工时间	下水时间	服役时间	退役时间	备注
加富尔	Cavour	550	2001年7月17日	2004年7月20日	2008年3月27日	服役中	

"加富尔"号性能诸元	
标准排水量	27100吨
满载排水量	30000吨
全长	244米
舰宽	39米
吃水	8.7米
舰载机	16至20架AV-8B垂直起降战斗机
主机总功率	88000轴马力
最高航速	28节
续航力	7000海里/16节
人员编制	794人+325名陆战队

舰载机性能大幅提升至四代机水平（不过由于F-35B战斗机的报价大幅提升，最终方案的采购数量可能无法达到22架）。除舰载机以外，"加富尔"号还安装了两座单装76毫米舰炮、3门25毫米近防炮以及4组八联装"紫苑"防空导弹。在搭载着与"加里波第"号相近的4组燃气轮机的情况下，"加富尔"号拥有着88000轴马力的动力，最大航速在28节以上。

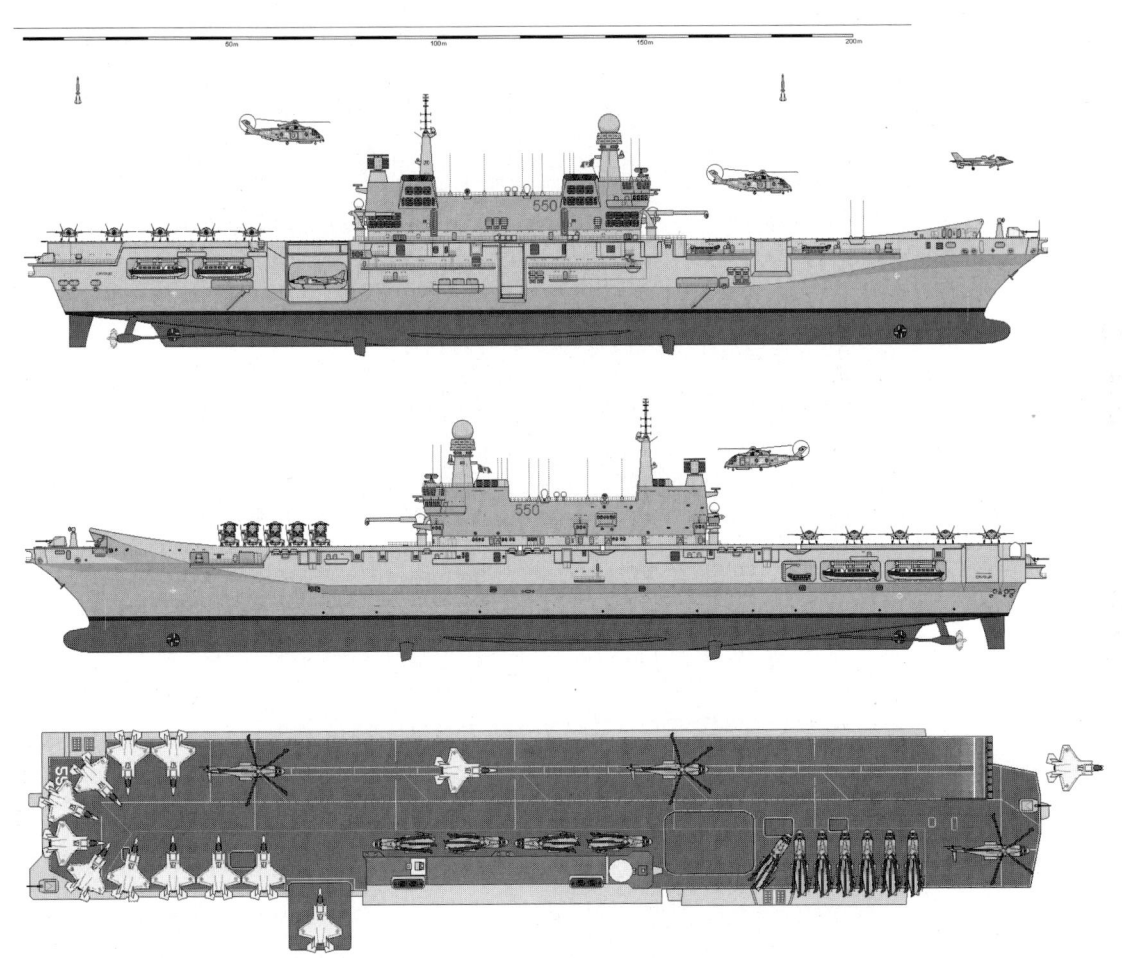

▲ "加富尔"号航空母舰三视图。

▲ 在那不勒斯参加意大利海军节庆祝的"加富尔"号航空母舰。

▲ 一架正从"加富尔"号滑跃甲板上起飞的AV-8B战斗机。

▲ 正停泊在奇维塔韦基亚的"加富尔"号。

▲ 自"加富尔"号滑跃甲板上拍摄的该舰飞行甲板,此时该舰正值公民开放日期间。

第十一章
巴西

"米勒斯·吉拿斯"号（"巨人"级）

"米勒斯·吉拿斯"号即前述的英国/澳大利亚航母"复仇"号，属英国海军"巨人"级轻型航空母舰。在巴西1955年的总统竞选中，米勒斯·吉拿斯州州长儒塞利诺·库比契克为拉拢海军作为其竞选筹码，因而向后者许诺只要自己能够成为总统，便会为海军购置一艘航空母舰。在其成为总统之后，却又改口说他是为了避免海军对政府不满酿成兵变才不顾"巨大的开销和军事上的无用"而为海军购买了这艘三手航母。1956年12月14日，巴西与英国正式签订了这笔价值900万美金的合同。自次年6月至1960年5月，"复仇"号被送到了新西兰，进行大规模改装。其中最明显的变化即为飞行甲板左侧加装了外倾8.5度的斜角甲板。为此该舰还在右舷舰桥下方增建了一块新的舰体结构，整个舰桥也被重建，以平衡斜角甲板给左舷增加的重量。此外，该舰还换装了起重能力更强的升降机、更重型的拦阻索以及功率更大的蒸汽弹射器。在完成改装后，航母所能应付的飞机起飞重量也上升到了9.1吨。与航母本身相比，巴西人为改装所付出的资金更多，达到了2700万美元，足足是航母本身的3倍！

1960年12月6日，改装后的航空母舰被正式交付给了巴西海军，并以库比契克总统的故乡被重新命名为"米勒斯·吉拿斯"号。由于经过了漫长的改装过程，"米勒斯·吉拿斯"号虽然贵为南美国家所购买的第一艘航母，但在服役时间上却落后于阿根廷的"独立"号屈居第二。好景不长，在空军的作梗之下，布兰科总统在1965年宣布禁止海军使用固定翼飞机，而这就使"米勒斯·吉拿斯"号即使只担负着反潜任务，也还是不得不配属两个互不相干的航空队——海军飞行员驾驶直升机，而空军飞行员则驾驶S-2型反潜巡逻机。1976年至1981年间，为与巴西海军最新式的护卫舰"尼泰罗伊"级配合作战，"米勒斯·吉拿斯"号又接受了一次较大规模的改进，这一次改装的着重点主要集中在电子设备的更新方面，以使"米勒斯·吉拿斯"号能够接入舰队数据链。1987年，该舰的弹射器在一次演习中发生故障，此后一段时间内并没有修复。因此在次年的演习中，"米勒斯·吉拿斯"号只能扮演两栖攻击舰的角色，利用直升机将陆战队送上滩头。

1991年7月至1993年10月间，该舰再次进行了改造，对动力系统进行了全面整修，重新更新了全套电子设备，并配备了法制的"西北风"式短程舰对空导弹。1996年，"米勒斯·吉拿斯"号安装了阿根廷"五月二十五日"号航空母舰退役后留下的蒸汽弹射器,恢复了起降固定翼喷气机的能力。而巴西军方对这项工作也十分热心,一年后便从阿根廷租借了一架A-4Q攻击机进行测试。试验成功后又斥资7000万美金从科威特购买了20架A-4KU型攻击机和3架TA-4KU型教练机。在交付巴西后,这23架被称为AF-1型战斗机的A-4组成了第1截击/攻击中队(巴西海军计划用机动性很好的A-4代替轻型战斗机,并为其装备了AIM-9"响尾蛇"格斗导弹。美国海军在Top Gun学院中也使用A-4来扮演轻型米格机),而这也是巴西海军重新组建固定翼飞机部队后首支完成建制的部队。

不过就在"米勒斯·吉拿斯"号刚刚准备开始担负真正的航空勤务之时,这艘二战末建造的航母却已经垂垂老矣。因此巴西海军开始考虑再如法炮制,寻找一艘更先进的二手航母取代"米勒斯·吉拿斯"号,其结果便是2001年购入的"圣保罗"号。在那之后,"米勒斯·吉拿斯"号很快便在2001年10月16日作为最后一艘二战航母退出现役,此时其舰龄已经达到了56年,3年后卖给拆船厂拆解。

舰名	外语原名	获得时间	退役时间	备注
米勒斯·吉拿斯	Minas Gerais	1956年12月14日	2001年10月16日	原英国海军"复仇"号航空母舰,2002年解体

"米勒斯·吉拿斯"号性能诸元	
标准排水量	15890吨
满载排水量	19890吨
全长	212米
舰宽	24米
吃水	7.5米
舰载机	21架喷气式舰载机
主机总功率	40000轴马力
最高航速	25节
续航力	12000海里/14节
人员编制	1300人

▲ 1984年时在巴西沿海航行中的"米勒斯·吉拿斯"号。

▲ 正准备利用弹射器起飞一架S-2反潜巡逻机的"米勒斯·吉拿斯"。

▲ 1984年时在巴西沿海航行中的"米勒斯·吉拿斯"号,其后甲板上所停放着的均为S-2反潜巡逻机。

▶ 一架"海王"直升机正从"米勒斯·吉拿斯"号上放飞过。

"圣保罗"号("克莱蒙梭"级)

"圣保罗"号原为法国海军的"克莱蒙梭"级航空母舰"福煦"号。为替换舰龄过大的"米勒斯·吉拿斯"号,巴西海军在2001年以1200万美元的低价购入了该舰,并将其更名为"圣保罗"号。原先为"米勒斯·吉拿斯"号组建的第1截击/攻击中队以及老航母上所有的舰载直升机、巡逻机也随之改为隶属于新舰。在巴西海军买下"福煦"号时,该舰仍在为法国海军服役。对于航母而言,这样的交易几乎是前所未闻的。2000年11月15日,该舰正式从法国海军中退役,当天便加入了巴西海军序列。

在"圣保罗"号服役的最初几年里,该舰在巴西和国外海域均参与了数次演习行动。较为有趣的是,在"五月二十五日"号退役后,阿根廷海军为保持飞行员在航母上作战的能力,每年都会派出"超军旗"攻击机和S-2巡逻机到"圣保罗"号上进行一次演练。2005年至2010年间,巴西海军对"圣保罗"号进行了大规模改装,其工程主要集中于动力系统和电子设备的现代化改造。巴西人还计划花费1.4亿美金由巴西航空工业公司对12架AF-1型战斗机进行改造,换装新式航电和雷达系统,使用的空对空导弹也将被换装为法制的新式导弹。此外有消息称,巴西海军已经在2010年从乌拉圭和澳大利亚买到了一些格鲁曼C-1型舰载运输机的机体,并将其依照S-2巡逻机的标准改装为反潜机(C-1本身便是由S-2型改装而来),此外其中两架还将被改造为舰载加油机,另有3架被改装为预警机。"圣保罗"号今日搭载的直升机则为6架外销版的SH-60"海鹰"直升机。与"米勒斯·吉拿斯"号相比,"圣保罗"号航母所装备的舰载机虽然仍是一些各国淘汰而来的老旧机型,但却已经具备了一艘航母所需的完整机群配备。

"圣保罗"号主要担负着飞行员的训练和考核任务。2017年2月,巴西海军正式宣布放弃了对该舰进行现代化改装的计划,准备在三年内弃用该舰。

舰名	外语原名	舷号	获得时间	退役时间	备注
圣保罗	San Paulo	A12	2000年11月15日	服役中	原法国海军"福煦"号航空母舰

"圣保罗"号性能诸元	
标准排水量	24200 吨
满载排水量	32800 吨
全长	265 米
全宽	51.2 米
吃水	8.6 米
舰载机	39 架喷气式舰载机
主机总功率	126000 轴马力
最高航速	32 节
续航力	7500 海里/18 节
人员编制	1338 人

在巴西海军服役期间的"圣保罗"号航空母舰,可见其舷号 A12。

▲ 随巴西舰队一同在外海远洋中的"圣保罗"号,其甲板上只停放着5架"海王"直升机和一架AF-1战斗机。

▲ 一架正从"圣保罗"号上起飞的AF-1战斗机,该机在担任攻击机同时,在巴西海军中也承担着一定的防空任务。

▲ 一架正在"圣保罗"号上降落的AF-1战斗机。

▶ 与美国的"里根"号航空母舰一同航行中的"圣保罗"号。

用根据老式 AV-8A 型战斗机生产的 AV-8S，而直接选择了美国陆战队使用的 AV-8B+ 型，在火控系统方面要远比老型号更为先进。除 AIM-9 "响尾蛇" 格斗导弹外，AV-8B+ 型战斗机甚至还可以携带连 F-14D 型都无法使用的 AIM-120 先进中距导弹。而在对地攻击时该机也可以携带 AGM-88 反辐射导弹和 AGM-65 "小斗犬" 导弹。不过由于 "阿斯图里亚斯亲王" 号舰型仍然相对较小，只得使用 SH-3 直升机所改装的预警机，同时常规型的 SH-3 "海王" 直升机则作为搜救和反潜直升机使用。"阿斯图里亚斯亲王" 号总计可搭载 29 架舰载机，其中 17 架存放于 2390 平方米的机库中，12 架系留在甲板上。

1979 年 10 月 8 日，"阿斯图里亚斯亲王" 号作为西班牙历史上第一艘自建航空母舰开工，直到 9 年后的 1988 年 5 月 30 日，该舰才正式加入西班牙海军。如果再加上航母动工两年前便已开始的钢铁加工步骤，"阿斯图里亚斯亲王" 号总共花费了 11 年才建造完成，对于一艘仅有 16000 吨的航母而言，这一数字无疑要算是破了记录。在漫长的建造过程中，胡安·卡洛斯一世的王后索菲娅作为一位资助人起到了不小的推动作用，而 "阿斯图里亚斯亲王" 号的舰名则来自于西班牙王储。不过在事实上，该舰真正的资助者却是美国国会，在该舰 2.75 亿美元的造价中，有 1.5 亿来自于美国援助。

在服役整整一年后，"阿斯图里亚斯亲王" 号于 1989 年 5 月 28 日在巴塞罗那被胡安·卡洛斯亲自选为海军旗舰，而这一天则正是 1588 年西班牙 "无敌舰队" 覆灭 301 周年的纪念日。尽管 "阿斯图里亚斯亲王" 号承载着西班牙海军的恢宏历史，但直到今天，该舰仍没有参加到任何真正的作战行动中，而只是在北约的一系列演习中作为配角，伴随着美国航母庞大的身躯一同现身于大西洋。进入 21 世纪第二个 10 年，随着西班牙经济濒临崩溃，海军经费也遭到大幅削减。2012 年 5 月，西班牙海军甚至传出谣言称他们已经开始认真考虑将 "阿斯图里亚斯亲王" 号降格为预备役舰艇，仅保留 2010 年建成的 "胡安·卡洛斯" 号一艘航空母舰。同年 11 月，这一消息正式得到了确认，"阿斯图里亚斯亲王" 号将在 2013 年退出现役，西班牙海军旗舰职责则转交 "胡安·卡洛斯" 号。

▲ 1992 年北约联合军演中的 "阿斯图里亚斯亲王" 号航空母舰。

舰名	外语原名	开工时间	下水时间	服役时间	退役时间	备注
阿斯图里亚亲王	Príncipe de Asturias	1979年10月8日	1982年5月22日	1988年5月30日	2013年2月6日	

"阿斯图里亚亲王"号性能诸元	
标准排水量	15912吨
全长	195.9米
全宽	24.3米
吃水	9.4米
舰载机	29架AV-8B垂直起降战斗机
主机总功率	46400轴马力
最高航速	26节
续航力	6500海里/20节
人员编制	830人

▲ 正在"阿斯图里亚亲王"号上进行降落作业的一架西班牙海军AV-8B战斗机。

▲ 1991年10月7日,与英国"无敌"号航空母舰、美国"福莱斯特"号航空母舰、"黄蜂"号两栖攻击舰(由远至近)一同航行的"阿斯图里亚亲王"号航空母舰。

▲ 在两艘护卫舰伴随下航行在大西洋的"阿斯图里亚亲王"号,此时其前甲板停放有AV-8B战斗机,后甲板则主要停放着直升机。

▶ 退役前与西班牙新型航空母舰"胡安·卡洛斯一世"号一同航行的"阿斯图里亚亲王"号。

"胡安·卡洛斯"号

对西班牙海军而言，"阿斯图里亚斯亲王"号虽然在搭载飞机作战的性能上足以满足他们的需求，但相对而言该舰所能承担的作战任务也比较单一，仅能使用舰载机执行反潜和有限的防空、支援任务，而对于21世纪海军所更需要的兵力快速投放任务更是爱莫能助。这最终也促使西班牙海军决定建造一艘用途更为广泛的新舰，即"胡安·卡洛斯"号。与意大利海军的"加富尔"号相同，新舰除搭载短距/垂直起降战斗机执行"阿斯图里亚斯亲王"号原有的航空任务以外，还拥有一部分两栖攻击舰的能力，能够搭载陆战队或陆军部队，迅速将其投放到海外战场，并由战舰本身直接提供航空掩护。

由于新舰被赋予了更多的任务要求，其排水量自然也要比"阿斯图里亚斯亲王"号更大，达到了27000吨。在舰载机的搭载方面，"胡安·卡洛斯"号有着十分独特的设计。在执行两栖攻击任务时，该舰将近在甲板上搭载8架AV-8B型战斗机（未来可能换装F-35B型战斗机）和4架CH-47"支奴干"运输直升机，并留有可供V-22"鱼鹰"运输机使用的起降位置。舰内空间则完全用于搭载地面部队及其所需的装备、车辆，全舰最多可装载多达46辆"豹"2主战坦克和1200名士兵，同时还可搭载相应的轻型车辆，舰尾最下层的湿甲板上还能够搭载4艘LCM-1E型登陆艇或一艘气垫登陆艇，可直接由舰尾舱门驶出。而在"胡安·卡洛斯"号以航母身份执行任务或所需运输的地面部队较少时，飞行甲板下方的轻型车辆舱便可作为机库使用，使载机量增加至30架。除其航母/两栖攻击舰的双重身份以外，"胡安·卡洛斯"号还是西班牙海军中第一艘使用了柴油-电气混合动力系统的战舰。只不过这套动力系统的功率并不怎么强劲，仅能推动"胡安·卡洛斯"号达到21节的最高航速。

2003年9月，西班牙国会正式通过了"胡安·卡洛斯"号的建造计划，而建造工作则于两年后的2005年5月开始。虽然该舰的排水量要远大于"阿斯图里亚斯亲王"号航空母舰，但由于采用了模块化建造方式，其工程进度远不像"阿斯图里亚斯亲王"号那样拖沓，到2008年3月10日"胡安·卡洛斯"号便已经下水，两年半后的2010年9月30日投入服役。按照最初计划，"胡安·卡洛斯"号的建造费用应为3.6亿欧元（4.67亿美元），但由于经济危机所带来的通货膨胀，最终造价达到了4.62亿欧元（约合6亿美元）。在"阿斯图里亚斯亲王"号确定于2013年退役后，"胡安·卡洛斯"号将成为西班牙海军的新旗舰。

除西班牙海军以外，澳大利亚和俄罗斯也对"胡安·卡洛斯"号较好兼顾了航母和两栖攻击舰需求的设计十分感兴趣，其中前者已经决定向西班牙订购两艘同级舰，作为自己的直升机登陆舰。不过西班牙方面仅负责包括飞行甲板在内的船体建造，其余工作则将由澳大利亚人在2016年左右自行完成。俄罗斯人在2009年虽然也曾对"胡安·卡洛斯"号表示出了不小的兴趣，但最终还是选择了购买法国的"西北风"级两栖攻击舰。

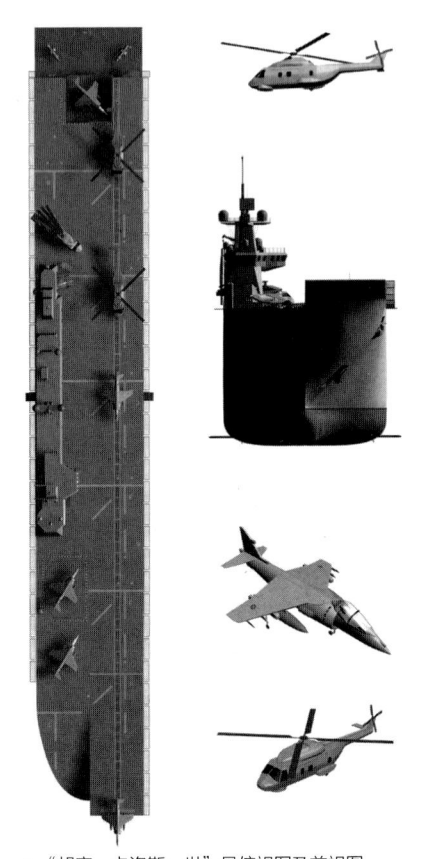

▲ "胡安·卡洛斯一世"号俯视图及前视图。

舰名	外语原名	舷号	开工时间	下水时间	服役时间	退役时间	备注
胡安·卡洛斯一世	Juan Carlos I	L61	2005年5月	2009年9月22日	2010年9月30日	服役中	

"胡安·卡洛斯"号性能诸元	
排水量	27079吨
全长	230.82米
全宽	32米
吃水	6.9米
舰载机	30架AV-8B/F-35B型垂直起降战斗机
最高航速	21节
续航力	9000海里/15节
人员编制	415人（不含地面部队）

▲ 2010年在拖船伴随下于费罗尔附近航行的"胡安·卡洛斯一世"号航空母舰，可见其舰尾明显带有两栖攻击舰的风格。

▲ 首架AV-8B战斗机在"胡安·卡洛斯一世"号航空母舰上进行起飞的情景。

▲ 下水仪式前的"胡安·卡洛斯一世"号，可见其滑跃甲板并未占据整个飞行甲板前段，而只是占据了左侧。

▲ 正在大洋上航行的"胡安·卡洛斯一世"号，其飞行甲板布局清晰可见。

第十三章
苏联/俄罗斯

"莫斯科"级

自20世纪20年代开始,苏联海军中部分富有远见的军官便开始制定建造航空母舰的计划,然而由于斯大林与赫鲁晓夫两位领导人皆对航母不感兴趣甚至有强烈排斥情绪,直到20世纪60年代初,苏联海军先后十余个航母计划均以取消告终。

1959年12月30日,美国海军搭载"北极星"战略弹道导弹的"华盛顿"级战略导弹核潜艇开始服役。这种潜艇迅速成为苏联的心腹之患,发现并在战争爆发时即可将其消灭成为苏联海军的重要任务,而苏军原有的反潜舰艇在与美军核潜艇的对抗中均表现不佳。在这种背景下,苏联海军司令谢尔盖·戈尔什科夫元帅提出了反潜航母设想,并获得苏联政府批准,公开称反潜用直升机巡洋舰。设计工作随后展开。1962年,1123型"莫斯科"级反潜巡洋舰开工建造。

作为一级以反潜为核心任务的军舰,"莫斯科"级配备有为对抗美国战略导弹核潜艇而专门于1960年10月研发的"旋风"型双联反潜导弹发射装置,其所配导弹为82R型,备弹8枚。这种导弹最小射程10公里,最大射程24公里,改进型射程达到44公里。由于导弹精度不佳(误差可达1200米),因此其战斗部为5000吨当量的战术核弹头。"莫斯科"级是配备该型反潜导弹系统的第一艘军舰。除反潜导弹外,"莫斯科"级的反潜武器系统还包括两座12联装反潜火箭深弹发射器和两座五联装533毫米鱼雷发射管。由于该级舰人员超编严重,居住性恶劣,因此服役后不久两座鱼雷发射管便被拆除,腾出空间以安排更多的人员住舱。为了在远离陆基航空兵掩护半径外的海域独立作战,"莫斯科"级拥有较强的防空火力。军舰配备了两座"风暴"双联舰空导弹发射装置,配用最大射程为55公里的V-611型防空导弹,备弹总共96枚。除此之外"莫斯科"级还拥有两座AK-725型双联57毫米高平两用速射炮,不过由于实际使用时发现57毫米炮不足5公里的射程过短,导致火炮几乎全无用处,因此后来的苏联大型舰艇也不再装用此炮。

"莫斯科"级拥有4台KVN-95/64型锅炉,两组TV-12型蒸气轮机,主机总功率9万轴马力,航速28.5节,最高航速下军舰的续航力为4000海里。为满足全舰大量雷达等电子设备的用电需求,军舰配有两台TD-1500型1500千瓦涡轮发电机以及两台1500千瓦柴油发电机,总发电量6000KW。

作为一艘反潜航母,"莫斯科"级能够搭载14架直升机,其中包括一架卡-25C型突击直升机(用于机降登陆作战)、一架卡-25PS型搜救/运输直升机和12架卡-25型反潜直升机。舰尾的飞行甲板上共有4个起飞/降落位。"莫斯科"级拥有两座机库，一座位于飞行甲板前方，一座位于飞行甲板下方，二者分别可容纳两架和12架直升机。若计入甲板上4个起降平台上可系留的直升机，总数可达到18架。

1965年1月14日，"莫斯科"号下水。1967年12月25日正式完工服役，加入红海军黑海舰队，母港为塞瓦斯托波尔。对于缺乏建造航空战舰经验的苏联人而言，"莫斯科"级在建成后适航性显得不佳，而且就连预计搭载的人员都显得不够用，前者导致军舰在恶劣海况下的战斗力大打折扣甚至无法战斗，后者导致人员一再扩编，引起舰员居住环境不断恶化。该舰服役后主要被部署在地中海，作为苏联海军反潜编队核心进行作战巡逻，执行搜索与跟踪美军核潜艇的任务。1972年末，"莫斯科"号在飞行甲板上加装了由10毫米钢板加AK-9F型防热材料制成的总厚度为300毫米的20米边长正方形降落平台，准备迎接雅克-36M型垂直起降战斗机的第一次舰上起降实验。1972年11月18日，雅克-36M在该舰垂直降落成功，这是苏联海军史上第一次固定翼飞机着舰，因此也被视为苏联海军航空兵诞生日。11月22日，雅克-36M又在该舰上成功完成了垂直起飞的实验。不过由于"莫斯科"级没有全通飞行甲板，前部上层建筑对气流的干扰使固定翼飞机起降变得十分危险，因此并没有正式装备垂直起降战斗机。

1975年2月2日，"莫斯科"号突然发生大火，7个小时后火灾才被完全扑灭，大火中有3名舰员遇难，26名舰员受伤。这也成为"莫斯科"号舰史上最严重的灾难。之后军舰接受了漫长的修理，1976年10月才回到战斗岗位并继续地中海地区的作战巡逻任务。1982年开始接受现代化改装，1990年恢复远洋训练。苏联解体后，1995年5月15日，因为"光荣"号导弹巡洋舰更名为"莫斯科"号，为避免重名，原"莫斯科"号同一天更名为PKR-108号。1996年7月8日，PKR-108号退役，不久被卖给印度拆船厂解体。

1965年1月15日，"莫斯科"号下水一天后，二号舰"列宁格勒"号也随之开工建造。1968年7月31日，"列宁格勒"号下水，1969年6月2日正式完工服役，加入红海军黑海舰队，母港为塞瓦斯托波尔。该舰服役后如同其姐妹舰一样主要在被部署在地中海作为苏联海军反潜编队核心进行作战巡逻。1972年2月25日，正在北大西洋活动的该舰奉命参与对发生大火的K-19号战略导弹核潜艇进行救援，舰上搭载的多架直升机发挥了人员与物资运送的重要作用，而潜艇最终被保住并被拖回了北方舰队基地。1974年8月至10月，该舰参与了对苏伊士运河的扫雷任务，在此阶段该舰还搭载了装有航空扫雷具的米-8直升机。这也是苏军历史上第一次航空扫雷。1985年起该舰接受了为期两年的大修，之后重返地中海活动。由于苏联末期国势衰微，预算不足，"列宁格勒"号于1991年6月24日提前退役。后被卖给印度拆船厂于1995年被解体。

"列宁格勒"号下水不久后，1968年10月，在设计上加强了反舰武器系统并扩大了飞行甲板的三号舰"基辅"号开工建造。但由于海军已经决意发展搭载雅克-36M型垂直起降战斗机的新型"载机巡洋舰"（实质为垂直起降战斗机航空母舰），该舰于1968年12月停工并于次年1月解体，舰名则由后来的"基辅"级航母首舰"基辅"号继承。

舰名	外语原名	开工时间	下水时间	服役时间	退役时间	备注
莫斯科	Moskva	1962年12月15日	1965年1月14日	1967年12月25日	1996年7月8日	1997年在印度解体
列宁格勒	Leningrad	1965年1月15日	1968年7月31日	1969年6月2日	1991年6月24日	1995年在印度解体
基辅	Kiev	1968年10月				计划取消，1968年12月停工并于次年1月在船台上解体

"莫斯科"级性能诸元	
标准排水量	11920 吨
满载排水量	15280 吨
全长	189 米
全宽	34 米
吃水	7.7 米
舰载机	14 架直升机
主机总功率	90000 轴马力
最高航速	28.5 节
续航力	9000 海里/15 节,6000 海里/18 节
人员编制	370 人(设计) 850 人(最终)

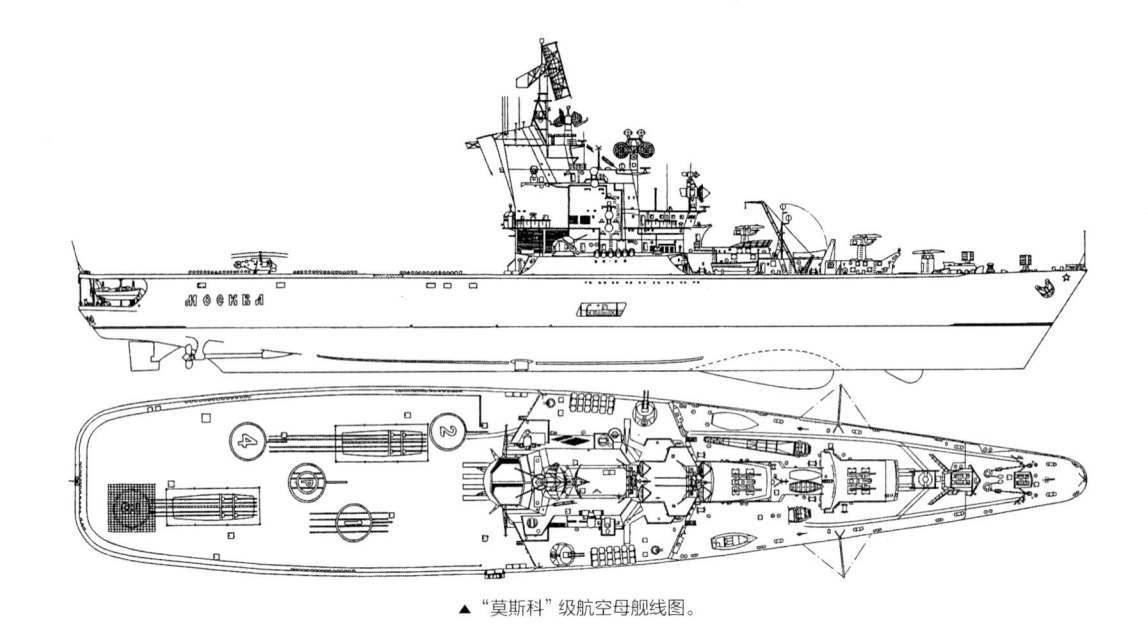

▲ "莫斯科"级航空母舰线图。

▲ 停泊在港口中的"列宁格勒"号,可以看到苏俄特色的舰艇靠泊。

▲ 一张较少见的"莫斯科"号后方照片,可以籍此观察"莫斯科"级舰艉的细节。

"基辅"级

20世纪60年代末，雅克列夫飞机设计局的雅克-36M型（即雅克-38）跨音速垂直起降战斗机设计工作接近完成，适逢苏联海军当时也正努力寻找加强舰队防空与保护已方潜艇的有效手段。在苏联尚不具有开发正规超音速舰载机和相应大型航母能力的情况下，其海军相信这正是符合他们需求的舰载机，并开始设计新型的所谓"载机巡洋舰"，即搭载垂直起降战斗机的航空母舰。设计方案最终被命名为1143型，该型舰相对"莫斯科"级的主要改进内容是扩大飞行甲板并将其改为全通式，此外还安装了十分强大的反舰导弹系统。1970年，设计方案被批准，同年1143型"基辅"级重型航空巡洋舰正式开工建造。

总体而言，"基辅"级航母事实上就是"莫斯科"级搭载了雅克-38型垂直起降战斗机的放大改进型，其配备的反潜导弹、防空导弹、火箭深弹、鱼雷以及相应的火控系统与"莫斯科"级相同，只是反潜导弹备弹量从8枚增加到了16枚。但对于"基辅"级而言，由于安装了4座双联装SS-N-12"沙箱"反舰导弹，其战斗部可安装当量35万吨的核弹头，射程也高达550公里，威力极为恐怖。同时57毫米炮也被更换为76毫米炮。此外，"基辅"级还增设了近程防空导弹和近防炮。

"基辅"级的动力系统相比"莫斯科"级加强了一倍，即从4台锅炉两组蒸汽轮机改成了8台锅炉和4组蒸汽轮机，所用锅炉型号为KVN-98/64，而所用蒸汽轮机为"莫斯科"级所用TV-12的改进型TV-12-3，单机功率没有变化，但由于数量翻倍，因此总功率从9万轴马力增加到了18万轴马力，军舰最高可以达到32.5节航速，在31节航速下续航力可达4000海里。为了支持军舰暴涨的电子设备，"基辅"级的发电机组数量也不得不水涨船高。舰上总计拥有6台1500千瓦涡轮发电机，4台1500千瓦柴油发电机，总发电量15000千瓦，是"莫斯科"级的2.5倍。

根据俄方资料，"基辅"级拥有多套不同的舰载机搭载方案。其一是16架雅克-38垂直起降战斗机、18架卡-25或卡-27反潜直升机、两架卡-25/27搜救直升机。第二种则为全部搭载34架卡-25/27直升机。第三种则为16架雅克-38战斗机、两架突击直升机、16架反潜直升机以及两架运输直升机。三种搭载方案舰载机总数均为36架。由于固定翼飞机相对较少，其舰载机部队可以提供的对空防御及对舰对地攻击能力相比同级别的西方航母要差得多，但反潜能力却更强一些。此外值得一提的是，为了避免雅克-38起降时喷射气流对舰体的烧蚀，军舰的飞行甲板全部敷设了AK-9F型防热材料。

1970年7月21日，"基辅"号开工建造，1972年12月26日下水，1975年5月18日仍未定型的雅克-36M第一次降落在该舰上。半年后的12月28日，"基辅"号正式完工服役。1976年7月16日，该舰从塞瓦斯托波尔港起航，准备离开黑海取道地中海经由大西洋前往北方舰队驻地摩尔曼斯克基地。18日，土耳其外交部收到苏联方面通报，"苏联海军"基辅"号载机巡洋舰将通过博斯普鲁斯海峡，舰上搭载有卡-25与雅克-36M"，西方第一次知悉苏联拥有了搭载固定翼战斗机的航空母舰，密集的北约侦察机和军舰立刻接踵而来。20日，该舰进行了第一次雅克-36M的起飞实验，虽然实验中飞机起火，但还是成功降落，人和飞机都得以保全。1976年8月10日，"基辅"号抵达摩尔曼斯克，加入红色海军北方舰队。一天后，雅克-36M亦正式服役，更名为雅克-38。

1979年起，该舰开始在北大西洋与地中海执行反潜等作战巡逻任务。1981年，苏联举行了著名的"西方81"演习，"基辅"号作为掩护舰队的旗舰参演。红色帝国末期，该舰执行作战任务的频率开始下降，之后转为预备役。进入俄罗斯的萧条时代后，该舰的生存愈发艰难。1993年6月30日，该舰退役。2000年，该舰以废钢铁名义被中国天津市政府购得，并被拖回天津港，后被改造成航母主题公园，至今依旧停泊在天津大港。

1972年12月28日，在"基辅"号下水两天后，二号舰"明斯克"号开工。1975年9月30日下水，1978年9月27日正式服役。1979年1月，该舰被编入红海军太平洋舰队。2月24日，该舰与护航军舰一同从建造地起航前往太平洋，途中还与"基辅"号进行了联合训练。当编队经过南中国海时，中国海军的侦察船亦靠近进行了观察。7月，"明斯克"号到达目的地。在之后的几年里，"明斯克"号在亚洲地区活动频繁。但进入俄罗斯时代后，该舰于1993年6月30日与"基辅"号一同退役。之后被出售给韩国，然而由于随后亚洲金融危机爆发，该舰又于1998年被转卖给中国公司，维修改造后于2000年5月9日在深圳作为"明斯克航母世界"亮相，然而该公园因经营不善而破产，航母被转卖给其他中国公司。目前，该舰仍然作为"明斯克号航母世界"停泊在深圳。

"明斯克"号下水当天，三号舰"新罗西斯克"号开工。该舰在武器系统与电子设备等方面做了一定改动，取消了"沙箱"反舰导弹的备弹库，使备弹量从16枚下降到了8枚。同时该舰还取消了鱼雷发射管。原本苏联人计划将腾出的空间用于安装新的防空导弹和近防系统，但由于这些武器中没有任何一个如期研发完成，导致"新罗西斯克"号战斗力不仅没有提升，反而下降了。1982年8月14日，"新罗西斯克"号完工服役，1984年2月加入红海军太平洋舰队，开始执行战备巡逻任务，并参与了多次演习。进入俄罗斯的萧条时代后，作战价值较低的雅克-38被全部退役，于是"新罗西斯克"号事实上已经成了一艘巨型直升机母舰。如此尴尬的情况下，该舰又于1993年1月发生火灾，无力维修它的俄罗斯海军顺理成章地在1995年6月30日将该舰退役。随后和"明斯克"号一起被出售给韩国拆船商。1997年，该舰在韩国浦项被解体。

作为"基辅"级第四艘，"巴库"号积累了前三艘舰的经验与改进思想，它在武器与电子设备上相对前三舰有很大修改，以至于在很多资料中都被单独列为一级。之前所有苏联航空母舰都装备的反潜导弹和火箭深弹以及533毫米鱼雷发射管均被取消，取而代之的是两座新研制的"蟒蛇"1型十联装反潜火箭深弹发射装置，备弹60枚。苏联方面甚至声称该火箭可以拦截鱼雷。在防空武器方面，新的ZS-

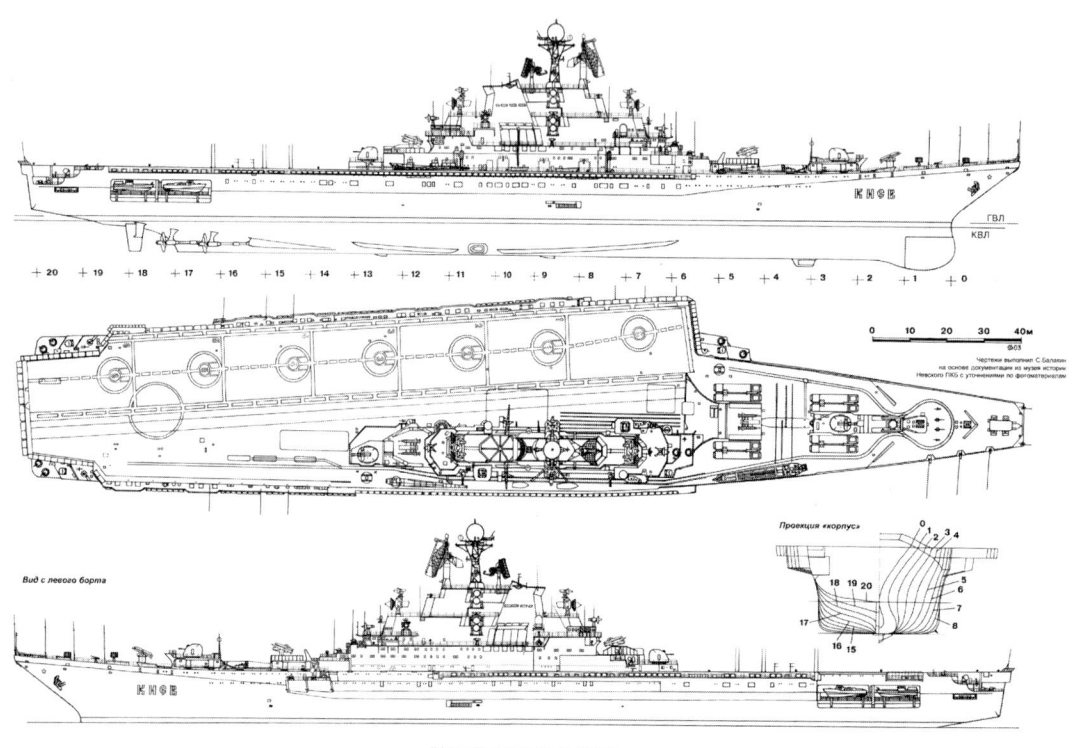

▲ "基辅"级航空母舰线图。

95"匕首"式近程舰对空导弹系统取代了原来的"暴风"导弹，改用垂直发射的 9M330 型导弹，总计备弹 192 枚。由于新装备的武器要比被取消的武器更少，因此甲板上空闲出来的空间又被装上了一座双联装"沙箱"反舰导弹。与"新罗西斯克"号相同，"巴库"号也没有配备"沙箱"导弹的备用弹。另外，原先的 76 毫米炮现在又被更换为 100 毫米炮，全部雷达也均有所更新。"巴库"号相对前三艘"基辅"级在舰体方面基本没有区别，但主机从单机功率 45000 轴马力的 TV-12-3 型蒸汽轮机更换为单机功率 50000 轴马力的 GTZA-674 型蒸汽轮机，因此总功率由 18 万马力上升到 20 万马力。

与"基辅"级相同，"巴库"号也是在前一舰下水后便在同一船台上开工的。"新罗西斯克"号下水当天，即 1982 年 4 月 17 日，"巴库"号下水，1987 年 12 月 20 日，该舰完工服役，加入红海军北方舰队。

在服役之后，"巴库"号只来得及执行了一次在北大西洋与地中海的战备巡逻任务，苏联便解体了。由于其舰名取自原加盟共和国阿塞拜疆的首都巴库，加入俄罗斯海军后也随之被更名为"戈尔什科夫海军上将"号。1991 年 9 月 26 日，雅克-141 型超音速垂直起降战斗机在该舰上第一次垂直降落成功，但后来由于一次降落事故，雅克-141 的研发工作也被取消。

进入萧条的俄罗斯时代后，"戈尔什科夫海军上将"号无所事事。1994 年 2 月 7 日，该舰锅炉室发生了一场火灾，给该舰造成了惨重损失，经评估修复它需要 5 亿卢布，这对当时的俄罗斯海军来说是个不可能承受得起的开支，该舰遂被搁置。在那之后，"戈尔什科夫"号被推介给了正在寻购航母的印度。

舰名	外语原名	开工时间	下水时间	服役时间	退役时间	备注
基辅	Kiev	1970 年 7 月 21 日	1972 年 12 月 26 日	1975 年 12 月 28 日	1993 年 6 月 30 日	现停泊于中国天津
明斯克	Minsk	1972 年 12 月 28 日	1975 年 9 月 30 日	1978 年 9 月 27 日	1993 年 6 月 30 日	现停泊于中国深圳
新罗西斯克	Novorossiysk	1975 年 9 月 30 日	1978 年 12 月 26 日	1982 年 8 月 14 日	1995 年 6 月 30 日	1997 年在韩国解体
巴库/戈尔什科夫海军司令	Baku/Admiral Gorshkov	1978 年 12 月 26 日	1982 年 4 月 17 日	1987 年 12 月 20 日		2004 年出售给印度

"基辅"级性能诸元			
	"基辅"号、"明斯克"号	"新罗西斯克"号	"巴库"号
标准排水量	7100 吨	31900 吨	33440 吨
满载排水量	41370 吨	43220 吨	44490 吨
全长	273 米		
全宽	49.2 米	51.3 米	51.9 米
吃水	8.95 米	9.3 米	9.42 米
舰载机	12 架雅克-38 型垂直起降战斗机，20 架直升机		
主机总功率	180000 轴马力	200000 轴马力	
最高航速	32.5 节	30.7 节	
续航力	8000 海里/18 节	7160 海里/18 节	7160 海里/18.2 节
人员编制	1865 人	2037 人	2045 人

号的舰名，但 1990 年被更名为"瓦良格"号。由于苏联的解体，该舰在 1991 年 12 月停工，此时工程进度已达 68%，并成为了乌克兰的财产。1993 年 4 月，俄罗斯曾想买下该舰，然而由于乌克兰开价过高未能谈妥。1995 年 6 月，俄乌双方政府均同意放弃该舰，随后该舰被交给船厂自行处置。2015 年，该舰再次入坞进行大修，次年前往东地中海，支援俄军在叙利亚的行动，自 11 月 15 日起的两个月内完成了 420 次战斗飞行。2018 年，俄罗斯开始对该舰进行现代化改装，工程时间预计将会持续两年至三年。12 月，乌克兰总统访问中国。次年 1 月，中乌双方开始就将"瓦良格"号卖给中国解体一事展开谈判，乌方最终将其当作废铁卖给了中方。2012 年，中国在经过了将近 20 年的努力后自行完成了该舰的建造，将其更名为"辽宁"号，成了中国历史上第一艘航空母舰。

舰名	外语原名	开工时间	下水时间	服役时间	退役时间	备注
库兹涅佐夫	Admiral Kuznetsov	1982 年 9 月 1 日	1985 年 12 月 4 日	1990 年 12 月 25 日	服役中	
瓦良格	Varyag	1985 年 12 月 6 日	1988 年 11 月 25 日	2012 年 9 月 25 日		1998 年被中国以废铁收购

"库兹涅佐夫"级性能诸元	
标准排水量	53000 吨
满载排水量	67500 吨
全长	306.45 米
全宽	71.95 米
吃水	9.76 米
舰载机	33 架喷气式舰载机，12 架直升机
主机总功率	200000 轴马力
最高航速	29 节
续航力	7680 海里 /18 节
人员编制	2586 人

▲ "库兹涅佐夫"号后方照片。

▲ "库兹涅佐夫"号斜后方照片。

▲ "库兹涅佐夫"号试航时期照片,注意此时舰名还是"第比利斯"号,飞行甲板上同时停放着苏-27K(后更名为苏-33)与米格-29K两种舰载战斗机。

▲ "库兹涅佐夫"号右侧方照片。

▲ "库兹涅佐夫"号机库内景。

◀ 正在地中海执勤的"库兹涅佐夫"号。

"库兹涅佐夫"号舰艏近照。

▲ "库兹涅佐夫"号飞行甲板近照。

▲ "库兹涅佐夫"号滑跃起飞甲板近照。

"乌里扬诺夫斯克"级

作为1143.5型的进一步发展与改良，苏联海军开始建造1143.7型航空母舰。由于"库兹涅佐夫"级并未达到期望的战斗力，因此在兜了一大圈后，1143.7型回到了20世纪70年代被放弃的1153型"奥廖尔"级大型核动力航空母舰计划（该计划未进入蓝图阶段即被终止）上。从某种程度上说，新的1143.7方案就是1153计划重新复活的版本，只不过新舰仍然使用了滑跃甲板，但同时在斜角甲板上却计划安装两部蒸汽弹射器。

相比"库兹涅佐夫"级，被命名为"乌里扬诺夫斯克"号的新舰排水量进一步提高到了7万余吨。而且这一次，苏联人终于认清，航空母舰的价值在于搭载作战飞机，而不是利用导弹攻击敌舰，因此新舰所增加的排水量也完全被用在了增加载机量和航空作业设备方面。不过由于该舰并未建成，具体飞机搭载量始终不明确，但固定翼飞机搭载量应提升到了40至50架，直升机数量则在20架左右，相比"库兹涅佐夫"级有了大幅提高。可能搭载的舰载机则包括苏-33战斗机、米格-29K战斗机、雅克-44预警机以及卡-27系列直升机。

相对而言，该舰的舰载武器情况就显得更为明确，除了取消了所有AK-630M型近防炮外，该舰配备的武器和"库兹涅佐夫"级完全一样，即12枚"沙箱"反舰导弹、24座ZS-95型近程舰对空导弹发射装置、8座"卡什坦"弹炮合一近防武器系统以及两座RBU-12000型反潜火箭深弹发射装置。

在所有改进中，"乌里扬诺夫斯克"号最大的改变便是采用了核动力推进系统。该舰装备了4座KN-3-43型核反应堆，分别驱动4台单机功率7万轴马力的GTZA-653型蒸汽轮机，动力系统总功率28万轴马力，可推动满载排水量7万吨的军舰达到29.5节航速。这套动力系统事实上就是"基洛夫"级核动力战列巡洋舰的动力系统，只不过稍作改进并且数量加倍而已。

1988年11月25日，1143.7号舰开工。与所有苏联航空母舰相同，该舰在命名时也经历了不少争吵，最终才确定以列宁的故乡命名为"乌里扬诺夫斯克"号。到苏联解体时，新航母的工程自然也随之停工，此时其舰体工程进度为45%左右，而整体工作量仅达20%。在经历了俄罗斯和乌克兰的一番归属权纠纷之后，"乌里扬诺夫斯克"号在1994年被乌克兰解体。

事实上，苏联海军还曾计划建造第二艘同型舰，但该舰尚未开工苏联便已经解体，建造计划自然随风而去。

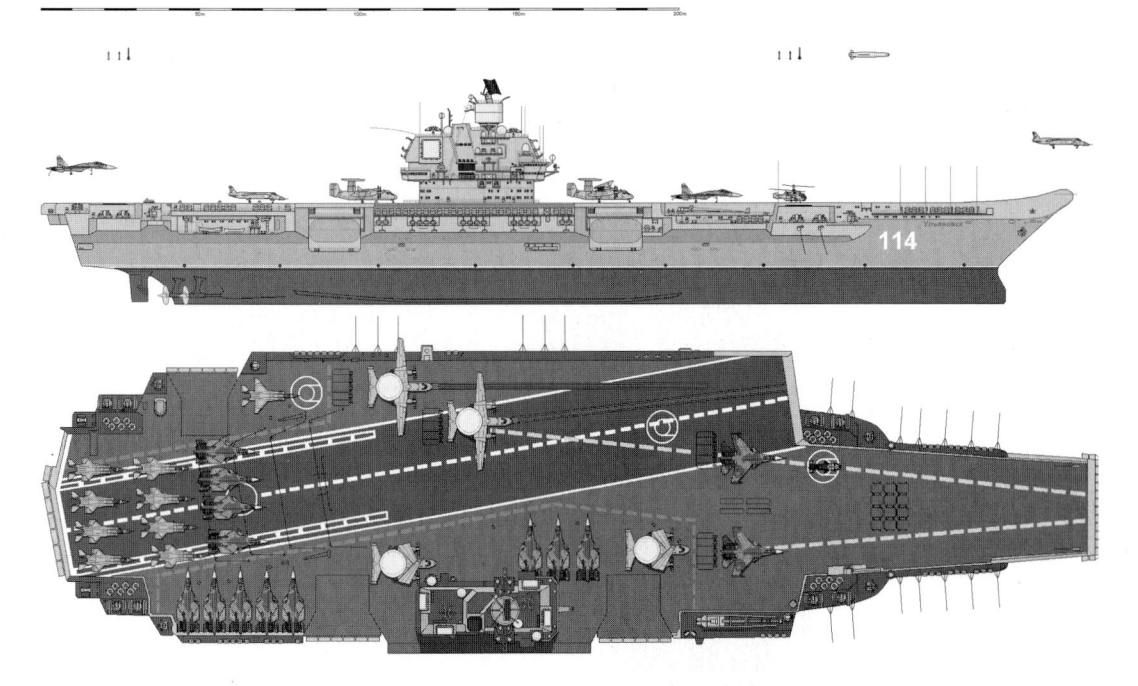

▲ "乌里扬诺夫斯克"号绘图，注意甲板上的各机种。

舰名	外语原名	开工时间	下水时间	服役时间	退役时间	备注
乌里扬诺夫斯克	Ulyanovsk	1988年11月25日	工程中止			1992年在船台上被解体

"乌里扬诺夫斯克"级性能诸元	
标准排水量	62580 吨
满载排水量	73400 吨
全长	321.2 米
全宽	79.5 米
吃水	10.6 米
舰载机	40至50架喷气式舰载机，20架直升机
主机总功率	280000 轴马力
最高航速	29.5 节
续航力	无限
人员编制	3400 人

第十四章
印度

"维克兰"号（"庄严"级）

1957年1月，虽然印度与巴基斯坦之间的第一次战争已经过去了将近十年，但印度方面为了夺取对巴基斯坦的海上优势，还是从英国购买了原"庄严"级航空母舰"大力神"号，并将其重新命名为"维克兰"号，意为"超越"。在被转交给印度海军前，"大力神"号事实上并没有建造完成，在1945年9月下水的该舰由于二战结束而在此年被下令停工。因此在被印度买下之后，"大力神"号首先被送到了贝尔法斯特的船厂中完成建造工作，并对最初基于二战时期的设计进行改进，安装了斜角甲板、蒸汽弹射器等新式航空设备，并对舰桥进行了改装。直到1961年3月4日，"维克兰"号才在贝尔法斯特举行了加入印度海军的仪式，主持仪式的则是印度著名的女性政客潘迪特，而航母的首任舰长则为普里塔姆·辛格。

在完成改装后，"维克兰"号的舰载机主要为英国的"海鹰"喷气战斗机和法国的"贸易风"反潜机。1961年5月18日，第一架由印度飞行员驾驶的喷气机降落到了舰上。同年11月6日，"维克兰"号抵达孟买，与印度海军的其余舰艇汇合到了一起。在1965年爆发的第二次印巴战争中，巴基斯坦曾因对外谎称己方军队击沉了"维克兰"号，但事实上当时该舰正在干船坞中进行检修根本无法出动。

1970年6月，"维克兰"号一座锅炉的水泵发生了故障，而偏巧这座锅炉又是舰上蒸汽弹射器的动力来源，迫使该舰不得不前往孟买的皇家船厂进行维修。但由于此时正是1971年第三次印巴战争前夕的军火禁运时期，英国方面拒绝为"维克兰"号提供新的水泵。为了尽快使航母恢复战斗力，海军参谋长南达亲自下令对航母的结构进行改造，通过在其内部重新布设蒸汽管线的方式将其余完好的锅炉与蒸汽弹射器连接在一起，从而绕开了那座故障锅炉。1971年3月，完成了维修工作的"维克兰"号出海试航，并在实际测试中证明了这一改造的成功，"海鹰"战斗机和"贸易风"反潜机均可成功弹射，只是航母本身会因少了一座锅炉而造成动力下降。

在同年第三次印巴战争爆发时，"维克兰"号正与两艘护卫舰一同在安达曼·尼科巴群岛附近巡航，由于得到情报说巴基斯坦方面已经开始利用伪装运输船打破印度海军的海上封锁，编队立刻向东巴基斯坦（今日的孟加拉国）的吉大港驶去，并利用"海鹰"战斗机攻击了当地港口，击沉了其中大部分商船。在那之后，"维克兰"号又对库尔纳等地区的港口进行了轰炸。从12月3日战争爆发至12月10日的一系列行动中，没有一架"海鹰"被巴基斯坦军队击落。为铲除"维克兰"号这个印度洋上的统治者，巴基斯坦海军被迫专门派出了"加齐"号潜艇来搜捕前者，但这艘潜艇最终却被印度海军的护卫舰击沉。直到12月16日战争结束时，"维克兰"号都没有受到巴基斯坦方面的任何威胁。

1979年至1982年间，为延长"维克兰"号的使用年限，印度海军对其进行了一次大规模修整。而在这次修整不到一年后的1982年12月，印度海军又对该舰进行了新的改装，使其得以使用"海鹞"式垂直起降战斗机。在改装完成后，所有落后的"海鹰"都被"海鹞"所取代了。1989年"贸易风"飞机退役后，印度人又为"维克兰"号增设了滑跃甲板以使"海鹞"战斗机能够利用滑跃起飞方式来增加其起飞重量。

进入20世纪90年代后，"维克兰"号已经为印度海军服役了30年，舰体更是在45年前便已经下水了，此时这艘航母的舰况已经并不乐观了。即使是在经过了大规模检修和现代化改造后，该舰出海的次数也已经越来越少，并最终在1997年1月31日退役，并在2006年成为了博物馆停泊在孟买。在当时，由于缺乏运营和改造资金，"维克兰"号仅在短期内向公众开放。直到2010年，印度人才找到了长期合作伙伴，并制定了将"维克兰"号改造成永久性博物馆的计划。

▲1984年拍摄的"维克兰"号照片。

舰名	外语原名	舷号	获得时间	退役时间	备注
维克兰	Vikrant	R11	1961年3月4日	1997年1月31日	前英国航母"大力神"号，现作为博物馆停泊

"维克兰"号性能诸元	
标准排水量	15700吨
满载排水量	19500吨
全长	212米
全宽	39米
吃水	7.3米
舰载机	20架左右的"海鹞"式战斗机、"贸易风"反潜机以及"海王"直升机
主机总功率	40000轴马力
最高航速	23节
续航力	12000海里/14节
人员编制	1300人

▲ 1962年自英国"人马座"号航空母舰上拍摄的"维克兰"号航空母舰。

▲ 今日被保存在孟买作为博物馆的"维克兰"号。

▲ "维克兰"号博物馆中所展示的升降机结构。

"维拉特"号("人马座"级)

在对"维克兰"号进行大规模整修之后，印度海军最终还是认为该舰无论是舰况还是性能都已经不适合长期服役了。为了给海军提供一艘新航母来取代"维克兰"号，印度海军在20世纪80年代中期对意大利"加里波第"号等数艘中小型航母进行了调查，分别考量了让外国为其建造新航母和购买二手航母的可能。1986年4月，印度海军最终以2500万英镑的价格买下了于1984年退役的英国"人马座"级轻型航母"竞技神"号，并将其重新命名为"维拉特"号。由于该舰在英国海军服役期间便已经拥有了搭载"海鹞"战斗机的能力以及滑跃甲板，因此当印度海军买下该舰时并不需要再对其进行改装，而只需对这艘1959年服役的航母进行一次大规模整修以延长服役期限即可。不过在德文郡船厂整修期间，"维拉特"号也安装了新的导航雷达、火控系统、降落辅助系统，并改进了三防系统和锅炉。在购买航母的同时，印度海军也将"竞技神"号飞行队的12架"海鹞"式战斗机收入了囊中。不过这并非"维拉特"号所拥有的全部飞机，在进入印度海军时，该舰最多可搭载30架飞机，其中12架"海鹞"和7架"海王"反潜直升机置于机库内部，其余11架舰载机则系留在甲板上。在后来的服役过程中，印度海军还从俄罗斯购买了卡-31型预警直升机以及卡-28型反潜直升机，并将这些直升机也编入了"维拉特"号的舰载机群。

虽然"维拉特"号在服役后并没有发生任何战争，但该舰却在1993年9月不幸因动力舱大范围漏水而长期无法服役。直到1995年，"维拉特"号才得以重新被编入作战序列，并更换了一座雷达。在接受了"维拉特"号舰况并不比"维克兰"号要好太多的事实后，印度海军为了将"维拉特"号的使用寿命延长至 2010 年，不得不在 1999 年 7 月至 2001 年 4 月间对其进行了第二次大规模整修。除对动力系统、通信系统、雷达以及升降机进行改造以外，作为 1993 年漏水事故的教训，印度人还在舰上加装了全新的火灾和漏水报警装置。2001 年 6 月，第二次改造结束后的"维拉特"号回到了印度海军的战斗序列。而就在改造工作完工前，该舰便已经参加了同年 2 月的孟买国际阅舰式。2003 年中叶，为加装以色列生产的"迅雷"防空导弹，"维拉特"号再一次入坞。虽然这次改装规模相对较小，但效率低下的印度人直到 2004 年 11 月才使"维拉特"号回到海上服役。

在 2009 年，"维拉特"号迎来了自己以"竞技神"号航母身份在 1959 年投入服役的 50 周年纪念。也是在这一年，由于印度人在俄罗斯订购并改装的"基辅"级航母"维克拉姆帝亚"号已经不可能于预定工期完工，因此又一次将"维拉特"号送进了船坞进行整修，计划将其使用年限延长至 2015 年。在修整完工后，"维拉特"号还在亚丁湾进行了一个半月的护航行动，以阻止索马里海盗劫持商船。出人意料的是，由于最后一次的整修工作进行得十分出色，印度海军一度希望将"维拉特"号的预期使用年限延长到了 2020 年，直到印度自建的"维克兰特"级航空母舰服役后再退役。但 2017 年 3 月 6 日，该舰还是因经费不足以及舰载机停产后无法补充而退出了现役。

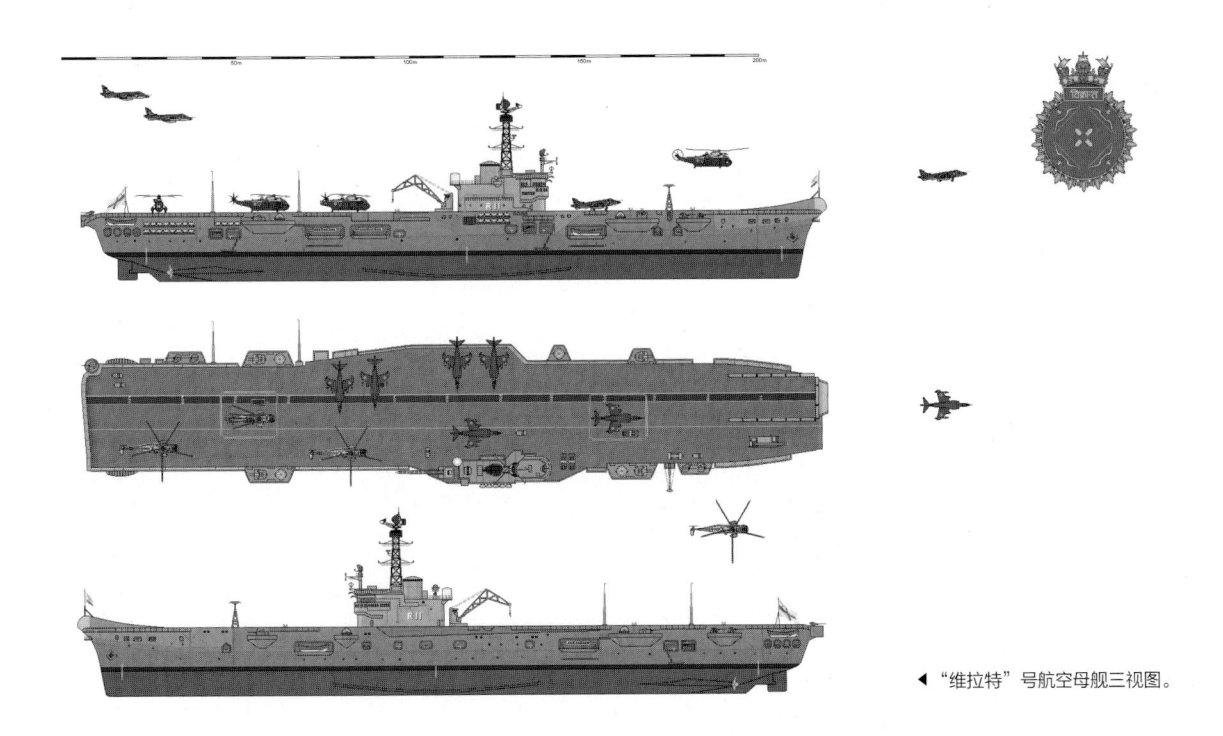

◀"维拉特"号航空母舰三视图。

舰名	外语原名	获得时间	退役时间	备注
维拉特	Viraat	1987 年 5 月	2017 年 3 月 6 日	前英国航母"竞技神"号

"维拉特"号性能诸元	
标准排水量	23900 吨
满载排水量	28700 吨
全长	226.5 米
全宽	48.78 米
吃水	8.8 米
舰载机	30 架"海鹞"式战斗机、"海王"直升机、卡-28 直升机、卡-31 直升机
主机总功率	76000 轴马力
最高航速	28 节
续航力	6500 海里/14 节
人员编制	1350 人

▲ 2007 年 9 月 7 日与美国日本等国一同参与演习中的"维拉特"号航空母舰,其后方飞行的两架"海鹞"为该舰舰载机,两架"美洲虎"则为印度空军飞机,此外还有两家来自美国海军"菱纹蛇"中队的"超级大黄蜂"战斗机。

▲ "维拉特"号航空母舰,该舰也是此时印度海军所拥有的唯一一艘战斗状态的航空母舰。

▲ "维拉特"号航拍照片,可清晰看到该舰的飞行甲板布置,值得一提的是,其左舷突出部分原本是一块斜角甲板,安装滑跃甲板后被取消。

▲ "维拉特"号航拍照片,可清晰看到该舰的飞行甲板布置,值得一提的是,其左舷突出部分原本是一块斜角甲板,安装滑跃甲板后被取消。

"维克拉姆帝亚"号

自20世纪90年代起,由于"维克兰"号即将退役,而"维拉特"号的舰况又不甚理想,印度海军又一次开始在国外寻求舰龄较短的二手轻型航母。并为此接洽英国商谈购买"无敌"级航空母舰的可能性,但英国最终并没有同意。

就在此时,俄罗斯海军在1996年决定放弃早已失去战斗力的"戈尔什科夫"号航空母舰,俄罗斯人便开始向印度人推销这艘航母。双方很快便就此展开磋商,然而由于在价位上存在争议,谈判一直进行到2000年仍无任何实质性进展。直到2000年10月,俄罗斯总统普京在访问印度期间提出将该舰免费赠送给印度,条件是印度必须将该舰留在俄罗斯造船厂接受改装并使用俄制舰载机。看起来如此优厚的条件终于使谈判进入正轨。2004年1月20日,双方正式签订了相关合同。根据合同,印度需要支付8亿美元的舰体改装费用,10亿美元的舰载机与武器系统费用,改装由俄罗斯北方造船厂负责,工程将会于2008年结束。乍看起来,印度海军只要花费18亿美元就可以在2008年得到一艘武装完整的中型航空母舰。相比之下,2001年服役的法国海军"戴高乐"号中型航空母舰仅舰体造价就达到23亿美元以上,而包括舰载机与军舰研发等在内的全部花费是138亿美元,虽然"戴高乐"号和"戈尔什科夫"号在技术与战斗力等方面不能完全相提并论,但是显然18亿美元看起来还是一个实惠得太多的价格。印度给该舰的新名称是"维克拉姆帝亚"号,在梵文中的意思是"如太阳般勇敢",这在历史上被多位印度帝王用作尊号,而本舰的维克拉姆帝亚是指公元前一世纪时的一位印度传奇帝王。

"基辅"级航母原本被设计用来搭载雅克-38型垂直起降战斗机,然而这种飞机已经停止生产,并且性能也完全过时。所以印度海军选择了米格-29K舰载战斗机作为其新的载机。为了起飞米格-29K这种常规固定翼飞机,"维克拉姆帝亚"号拆除了所有武器装备以在舰首布设新的14.3度滑跃式起飞甲板,为此还略微加长了舰首。而为了能够降落米格-29K,军舰的斜角甲板上加装了3道拦阻索。

扩大飞行甲板面积及布置起降与停机区域,军舰还额外增加了新的外飘甲板,并将舰岛拆除了一部分。按照计划,该舰将搭载16架米格-29K型战斗机以及10架卡-28型、卡-31型直升机,总计26架舰载机。有消息称美国还向印度推荐了E-2D型舰载预警机且印度军方也表达了兴趣,但截至目前为止,印度军方尚未正式做出采购该机的决定,因此E-2D暂时未成为该舰实际搭载方案的一部分。"维克拉姆帝亚"号新的自卫武器系统是8座"卡什坦"型弹炮合一近防武器系统,而这也是该舰的全部舰载武器,原先"基辅"级所装备的强大反舰导弹被完全拆除。在雷达方面,因保密等原因,俄罗斯人拆除了"基辅"级原有的大部分雷达,仅保留了"顶板"三坐标对空搜索雷达、"平幕"三坐标对空预警雷达以及一座导航雷达和对空通讯天线等。在动力系统方面,"维克拉姆帝亚"号拆除了原有的重油锅炉和蒸汽轮机,改用柴油机作为动力来源。

对印度人不幸的是,合同签订后,俄罗斯人就开始不断以"遇到技术困难或预料外的工程量"为由向印度索要更多资金和工程时间,该舰的实际造价于是一路水涨船高。2008年初,全合同报价已经由18亿美元上升到34亿美元,印度人对这种违背最初合同不断涨价的行为自然十分愤怒,而俄罗斯人的回应则是如果印度海军放弃这艘航母,那么他们之前花费的4亿美金就只能打水漂,而俄罗斯海军则将坐享其成,重新使用"戈尔什科夫"号。最终印方选择了妥协,在一番谈判后接受了30亿的总价。

造价攀升的同时,该舰的完工时间也被不断推迟,直到2010年6月,该舰才大体改装完成。下一个不断被推迟的是该舰的海试日期,直到2012年6月8日,该舰才正式离开船厂前往白海进行海试。不过之后其进度较快,7月中旬,米格-29K型舰载战斗机在巴伦支海进行了触舰复飞实验。不久后,数架米格-29K便开始在该舰进行频繁的起降实验,进度之快令人咋舌。然而2012年9月17日,该舰在海试中忽然发生事故,8台锅炉有7台瘫痪,该舰海试遂告中止,重新返回船厂进行维修。直到2013年末才正式交付印度海军。

舰名	外语原名	获得时间	服役时间	备注
维克拉姆帝亚	Vikramaditya	2004年1月20日	2013年11月16日	前俄罗斯航母"戈尔什科夫"号

"维克拉姆帝亚"号性能诸元	
标准排水量	38000 吨
满载排水量	45400 吨
全长	283.1 米
全宽	53 米
吃水	9.5 米
舰载机	16 架米格-29K 型战斗机，10 架直升机
主机总功率	200000 轴马力
最高航速	32 节
续航力	13500 海里 /18 节
人员编制	1200

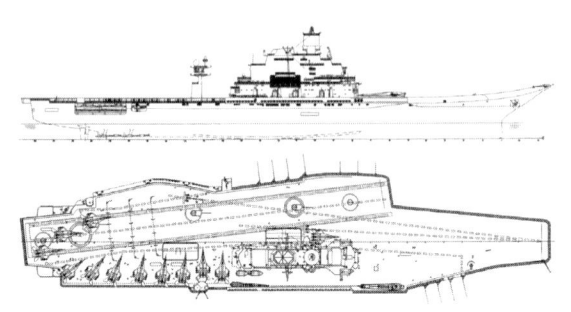

▲"维克拉姆帝亚"号航空母舰线图。

▲此前在俄罗斯改造期间的"维克拉姆帝亚"号，此时船厂正在对其上层建筑进行彻底改造，照片摄于 2011 年。

▲试航过程中自舰桥拍摄的"维克拉姆帝亚"号滑跃甲板。

▲在试航过程中进行的米格-29K 型战斗机降落实验。

▲ 至今仍在俄罗斯进行改造和试航工作的"维克拉姆帝亚"号航空母舰，可见原"基辅"级的前甲板已被改为滑跃甲板。

"维克兰"级

早在1989年，为取代"维克兰"号和"维拉特"号两艘老旧的英制航空母舰，印度海军便已开始计划建造两艘28000吨级的"防空舰"。两艘航母计划将搭载"海鹞"战斗机，并在1993年完全由印度自行设计建造。不过由于1991年经济危机的影响，两舰并没有能够开工。一直到1999年，在印度国防部长乔治·费尔南德斯的重审之下，原先的28000吨级轻型航母计划被取消，取而代之的则是野心更大的攻击型航母计划，其舰载机也不再是落伍的"海鹞"战斗机，而将采用米格-29K等更先进的常规舰载战斗机。2001年，印度科钦造船厂向海军提交了一份32000吨的设计方案，但此时该航母仍以搭载短距起降战斗机为原则，其舰首设置有滑跃甲板。到2003年1月，这一方案又继续扩大到了37500吨，舰载机则确定为米格-29K战斗机。2006年，海军参谋长阿伦·普拉卡什正式宣布自建飞机搭载舰计划已从"防空舰"升格为"印度国产航空母舰"，而此时该舰的计划排水量甚至已经上升到了40000吨以上，超过了法国的"戴高乐"号，同时舰体长度也增加到了262米。

由于印度拥有东西两条海岸线，印度海军认为自己有必要同时装备3艘航空母舰——一艘位于西海岸控制巴基斯坦方面的情况，一艘位于东海岸与中国争夺南海利益，第三艘则作为预备舰，在另外两舰中的一艘修整时出海服役。依照这一思想，除从俄罗斯购买的"维克拉姆帝亚"号以外，印度将自行建造两艘新航空母舰，其首舰继承了印度第一艘航母"维克兰"号的名称，因此两艘新航母也被称为"维克兰"级。但值得注意的是，按照计划，虽然两艘航母被印度海军划为姐妹舰，但排水量和设计差别极大，首舰"维克兰"号依照原有的40000

吨计划开工，计划搭载 20 架米格 -29K 战斗机和 10 架直升机。而二号舰 "维沙尔" 号排水量却达到了 65000 吨，达到了与中国 "辽宁" 号航空母舰同级的水平，同时该舰将取消滑跃甲板，安装蒸汽弹射器，舰载机也升级为舰载型 T-50 战斗机或法国 "阵风" M 型舰载战斗机，甚至还会搭载预警机和加油机，完全成为一艘大型攻击型航空母舰。

2009 年 2 月 28 日，"维克兰" 号在科钦造船厂铺下了第一块龙骨。该舰将依照模块化方式建造，全舰共分为 874 个模块。但自建造第一天起，印度人便在各方面都遭遇了困难，甚至连建造航母所必需的高质量造船钢产量都难以满足供应。按照计划，"维克兰" 号应在 2010 年下水，计划下水重量在 20000 吨左右。在那之后，新航母应在 2013 年开始试航，并于次年服役。但时至今日，该舰也仅仅完成了 423 个模块、大约 8000 吨重量的工程。根据《印度时报》报道，"维克兰" 号的完工日期将被拖延 3 年，很难在 2017 年之前服役。新德里电视台更是报道该舰工期将延误 5 年，直到 2018 年才能服役。2013 年 8 月 12 日，工程进度仅有 30% 的 "维克兰" 号下水，之后直到 2014 年才开始建造上层建筑，预计 2025 年左右才能够正视服役，而二号舰更是遥遥无期。

▲ 外媒所想象的 "维克兰" 级航空母舰 3D 模拟图。

▲ 印度展示的 "维克兰" 级模型，其结构布局似乎与 "库兹涅佐夫" 级颇有相似之处。

舰名	外语原名	开工时间	下水时间	服役时间	退役时间	备注
维克兰	Vikrant	2009 年 2 月 28 日	2013 年 8 月 12 日			预计 2025 年服役
维沙尔	Vishal	尚未开工				

"维克兰" 级性能诸元		
	"维克兰" 号	"维沙尔" 号
排水量	40000 吨	65000 吨
全长	262 米	不详
水线宽	60 米	不详
吃水	8.4 米	不详
舰载机	20 架米格 -29K 战斗机，10 架直升机	40 至 50 架先进舰载战斗机
主机总功率	不详	不详
最高航速	28 节	不详
续航力	8000 海里	不详
人员编制	1400 人	不详

第十五章
泰国

"查克里·纳吕贝特"号

作为南亚地区除印度以外最大的海军国家,泰国海军在1989年台风"盖伊"登陆时发现自己手中的舰艇和飞机均无法在恶劣气象条件下正常出勤执行救援任务。再加上泰国海军当时急需一艘现代化的军舰来提升实力,因此便向德国不来梅的伏尔铿船厂订购了一艘7800吨级的小型飞机搭载舰。不过到了1991年7月22日,泰国政府因认为其舰型过小而取消了合同。次年3月27日又重新与西班牙费罗尔地区的巴赞船厂签订了一份3.36亿美金的新合同,由后者为泰国皇家海军建造一艘吨位更大一些的航空母舰。该舰的设计与西班牙海军自己的"阿斯图里亚斯亲王"号极为相似,因此也可以说是美国海军"制海舰"概念的产物。1994年7月12日,航母动工。1997年3月27日,也就是合同签订的整整5年之后,依照曼谷王朝开国国王查克里被命名为"查克里·纳吕贝特"号的航母正式加入了泰国海军。

与"阿斯图里亚斯亲王"号相比,"查克里·纳吕贝特"号在舰型上无疑要小很多,其长度仅为182米,即使满载排水量也仅有11500吨左右,这也使该舰成为了当今世界上最小的航空母舰。除62名军官、393名水手以及146名空/地勤人员以外,"查克里·纳吕贝特"号还可以搭载675名陆战队士兵。

与众不同的是,"查克里·纳吕贝特"号的动力系统同时采用了两种不同的主机,分别为两台柴油机和一台燃气轮机。其中两台柴油机仅提供56000马力动力,只能推动航母达到17.2节的巡航航速。只有在开动22125轴马力的燃气轮机后,"查克里·纳吕贝特"号才能达到25.5节的极速,但也只能维持一段时间,否则燃气轮机便会过热。不过也正是由于采用了混合推进系统,才使得这艘舰型很小的航母依然拥有10000海里/12节、7150节/16.5节的较高续航力。

作为自卫武器,"查克里·纳吕贝特"号安装了两挺12.7毫米机枪、八联装"海麻雀"防空导弹发射井以及"密集阵"近防炮,2001年又增设了法国的"西北风"防空导弹系统。在设计时,该舰预定在平时搭载6架AV-8A战斗机和6架S-70B"海鹰"直升机(即美国SH-60直升机的外销版),执行救灾任务时则搭载14架包括CH-47"支奴干"在内的各种运输直升机,其中10架保存在机库内,其余则系留在甲板上。在服役初期,泰国海军也将西班牙海军最初为"迷宫"号购买的AV-8S战斗机一并买下,翻新后供"查克里·纳吕贝特"号使用。不过这批飞机此时已经过于老旧了,到1999年时仅剩一架仍可使用。2003年,泰国曾试图购买一批从英国海军退役的"海鹞"战斗机,但最终未能完成交易,不得转而继续翻新 AV-8S 战斗机。这一努力一直持续到了 2006 年，在那之后，所有战斗机都被取消搭载了。

在"查克里·纳吕贝特"号服役时，该舰是南亚地区除印度以外的第一艘航空母舰。这也使印度和泰国成了"辽宁"号建成前亚洲仅有的两个航母国家。在泰国海军中，该舰主要担负着掩护支援两栖部队、保卫海岸线、救灾、人道主义救援以及搜救任务。不幸的是，在"查克里·纳吕贝特"号 1997 年服役之时，亚洲金融危机的爆发使泰国海军资金短缺，仅能供航母每月出海一天进行训练，而驶离母港的机会则更少，仅有泰国皇室成员上舰巡游时才会出港远航。泰国媒体甚至一度给该舰起了"'泰'坦尼克"这样一个绰号。直到 1997 年 11 月 4 日至 7 日间，"查克里·纳吕贝特"号才在热带风暴"琳达"来袭后参与了救援行动，当时其任务是尽可能地搜索未能及时归港的渔船。2000 年，该舰又一次出港执行了救灾任务。2003 年 1 月，由于一位泰国演员在柬埔寨首都金边宣传柬埔寨境内的吴哥窟应属于泰国，酿成了柬埔寨境内反泰情绪高涨，"查克里·纳吕贝特"号再次出动，掩护撤侨行动。在后来的印度洋大海啸救灾过程中，该舰成了救灾的主力军之一。2005 年，该舰又参与了电影《重见天日》的拍摄。这部电影讲述了越战时期的美国飞行员戴特·丹格勒逃离越南战俘营的故事，"查克里·纳吕贝特"号在其中扮演了美国"福莱斯特"级航母"突击者"号。进入 21 世纪第二个十年后，"查克里·纳吕贝特"号虽然不再因资金问题而难以真正形成战斗力，但由于印度洋内较为安定的局势，该舰依然仅担负着救灾任务。

▲ 2001 年 4 月 3 日在南中国海航行的"查克里·纳吕贝特"。

舰名	外语原名	舷号	开工时间	下水时间	服役时间	退役时间	备注
查克里·纳吕贝特	Chakri Naruebet	911	1994 年 7 月 12 日	1996 年 1 月 20 日	1997 年 3 月 27 日	服役中	由西班牙为泰国建造

"查克里·纳吕贝特"号性能诸元	
满载排水量	11486 吨
全长	182.65 米
全宽	30.5 米
吃水	6.12 米
舰载机	6 架 AV-8A 战斗机，6 架 S-70B "海鹰"直升机（战斗警戒）14 架 CH-47 "支奴干"直升机（救灾任务）
最高航速	25.5 节
续航力	10000 海里 /12 节
人员编制	601 人 +675 名地面部队

▲ 正与其原型舰，西班牙"阿斯图里亚斯亲王"号（近景）一同航行中的"查克里·纳吕贝特"号航空母舰。

◀ 2010 年间，谷歌地球中曾可以在泰国港口的卫星照片中看到"查克里·纳吕贝特"号航空母舰。

▼ 与美国"小鹰"号航空母舰一同航行中的"查克里·纳吕贝特"号，此时泰国国王也正搭乘着"查克里·纳吕贝特"号。

▼ "查克里·纳吕贝特"号的后方照片，该舰同样也采用了二战后盛行的方形舰尾。

第十六章
中国

001 / 001A 型航空母舰

1998年,澳门一家娱乐公司以2000万美元的废钢铁价格从乌克兰手中购得了"瓦良格"号舰体。由于之前中国娱乐公司已经相继购买了"明斯克"号和"基辅"号两艘前苏联航空母舰,并将其改造成了旅游景点,因此国内外人士大部分认为"瓦良格"号的命运也会大致如此。而且在乌克兰出售"瓦良格"号之前,也已经将舰体内绝大部分核心部件拆卸一空,事实上中国人得到的只是一条船壳。在深圳公司将该舰拖曳回国的过程中,由于博斯普鲁斯海峡不允许航空母舰通行,土耳其多次对航程加以阻挠,直到2001年9月才在中国方面的努力下允许通航。之后因为埃及方面同样不允许该舰穿越苏伊士运河,"瓦良格"号最终不得不绕过好望角,直到2002年3月才抵达中国大连。

在此后的3年间,"瓦良格"号淡出了人们的视野,除少数明眼人认清了该舰迟迟不以游乐场身份出现或当作废钢拆解的背后另有原因以外,几乎所有人都认定"瓦良格"号已经没有修复重建的价值,当中国技术人员对其进行一番测量研究之后便将拆解。但到了2005年4月26日,该舰却突然进入了大连造船厂新建成的30万吨船坞。在此之后,船厂开始对其舰体进行喷砂打磨以修缮船壳,并围绕着航母搭起了大量脚手架。一年之后,西方媒体又曝出中国将从俄罗斯购买50架苏-33舰载战斗机的消息。但之后不久,又有消息称俄罗斯方面担心中国会自行生产廉价版苏-33战机外销。自那之后,关于"瓦良格"号在中国海军中将使用何种舰载机的问题便争论不休,一部分人依旧认为苏-33是该舰的不二之选,另一部分人则认为中国的歼-10战斗机也可以被改装为舰载机使用。

在那之后,由于中国缺乏相关经验,同时"瓦良格"号舰体也过于老旧,必须进行全面翻新。因此直到2010年,"瓦良格"号才进入最后的舾装阶段。此时距离该舰开工已经将近30年,原先很多部件使用寿命都已经过期,唯一的可能便是中国自行建造了这部分零件,替换掉了原有部件。不过在进入舾装之后,也许是由于中国方面之前已经建造了不少较为先进的驱逐舰,对于外部设备安装以及其他舾装步骤较有经验,到2012年8月,"瓦良格"号已被彻底整修一新。在进行试航之后,该舰于9月25日正式加入中国海军序列,名称则以改装地大连所在的辽宁省而被命名为001型"辽宁"号。两个月后,一架中国依照T-10K原型机仿制的歼-15舰载战斗机在"辽宁"号上进行了起降试验,自此,关于舰载机型号的争议也告一段落。自服役以来,"辽宁"号多次前往公海进行训练，为中国摸索舰载航空兵发展方向立下不小功劳。2018 年 5 月 31 日，在服役将近六年之后，中国国防部发言人正式宣布该舰形成初步作战能力。

从技术方面而言，"辽宁"号与"库兹涅佐夫"号并无太多区别。只是由于中国海军使用的雷达以及防空导弹与俄罗斯并不相同，因此"辽宁"号改装了中国制式的雷达和导弹系统。但对于"库兹涅佐夫"级原有的"沙箱"反舰导弹系统是否依然还会继续使用，目前并不明朗。

在完成"辽宁"号的改造工程之后，中国很快便开始了自行建造航空母舰的工作，新舰工程代号为 001A，目前尚未公布舰名。

从目前透露的信息来看，001A 型航空母舰采用了"辽宁"号，也就是前苏联的"库兹涅佐夫"级航空母舰作为蓝本，排水量同样为 65000 吨左右，搭载 40 架歼-15 战斗机，可视为"辽宁"号的同级舰。

不过由于中国产的电子设备要比苏联、俄罗斯产相应设备更加先进，舰桥体积有所缩小，雷达和自卫武器系统也采用了中国制式型号，性能较苏联或俄罗斯相应型号更好。

2013 年底，这艘自建航空母舰在大连船厂开工建造，并于四年后的 2017 年 4 月 26 日下水。下水一年后的 2018 年 5 月 14 日，001A 航空母舰出港进行了试航。截至 2018 年 6 月，001A 号航空母舰尚未正式服役。

▲ 正在海上进行试航的"辽宁"号。

舰名	舷号	获得/开工时间	服役时间	退役时间	备注
"辽宁"号	16	1998 年	2012 年 9 月 25 日		前苏联/乌克兰航空母舰"瓦良格"号
001A	不详	2013 年 11 月			

"辽宁"号性能诸元	
标准排水量	53000 吨
满载排水量	67500 吨
全长	306.45 米
全宽	71.95 米
吃水	9.76 米
舰载机	约 40 架歼-15 战斗机、直升机
主机总功率	200000 轴马力
最高航速	29 节
续航力	7680 海里/18 节
人员编制	不详

正在进行歼-15舰载战斗机起飞试验的"辽宁"号。

▲ 2017年4月26日刚刚下水的001A号航空母舰。

▲ 2011年在中国大连进行改造重建中的"辽宁"号。

▲ 海试后返回大连港的"辽宁"号。

◀ 2001年正通过博斯普鲁斯海峡拖往中国的"瓦良格"号舰体。

结语
驶向何方的航空母舰

几乎自诞生之日起，怀疑论者便聚集在航空母舰周围，飞机能否击沉军舰？航空母舰能否在战列舰的巨炮下生存？当然，第二次世界大战的战训已经完全将上述两种怀疑完全打消了。但在进入核战争时代和导弹时代之后，怀疑论者又一次涌现了出来。虽然绝大部分将领已经认清，一场全面的核战争也许永远也不会爆发，但反舰导弹的发展却确确实实的带来了威胁。在1982年的马岛战争中，并不强大的阿根廷空军凭借着法国制造的"超军旗"攻击机以及"飞鱼"导弹击沉了两艘英国驱逐舰，其中一次攻击原本正是对"无敌"号航空母舰发动的，只是幸运女神的眷顾才使后者躲过灾祸。而与苏联那些能够超音速飞行，携带战术核弹头的巨无霸相比，亚音速的"飞鱼"在反舰导弹家族中还并不能算是强者。这也再一次诱发了疑问——航空母舰真的能够在密集导弹攻击中幸存吗？在大规模战争近乎香消玉殒的今日，还有必要花费巨资建造、维护航空母舰吗？

答案是肯定的。首先马岛战争的经验事实上并不

▶ 挂载着"飞鱼"反舰导弹的"超军旗"攻击机。这套反舰系统组合曾在1982年英阿马岛战争中大放异彩，甚至险些击沉英国航空母舰，使世人对于航空母舰生存性提出了新的疑问。

能被应用到所有航空母舰上。我们必须始终记得，英国海军带到南太平洋上的两艘航空母舰只能搭载"海鹞"式战斗机和直升机，无法搭载像 E-2 "鹰眼"那种高性能预警机，因此搜索和预警能力十分有限，没能及时发现对方攻击机和反舰导弹并不令人意外。与之相比，美国那些超级航母如果遭遇相同情况，可能结果便会有所不同了。后者除拥有远为完善的预警体系以外，更搭载了拥有极强截击能力的 F-14 战斗机，在发现对方概率更大的同时，也可以比只有"海鹞"战斗机的英国人更快、更有效地拦截对方。虽然 F-14 战斗机和 AIM-54 "不死鸟"远程导弹的组合今日已经完全退役，但搭载 AIM-120 先进中距空空导弹的 F/A-18F "超级大黄蜂"在 E-2 预警机配合下依旧拥有着其余各国无法企及的舰载防空能力。虽然怀疑论者依旧可以辩称，动辄射程达数百公里的苏联反舰导弹性能远比"飞鱼"更为优秀。但无论何种导弹，在进入射程之前，都需要由轰炸机或者军舰搭载。在冷战时期，F-14 战斗机和 AIM-54 导弹的组合便是由于苏联轰炸机的威胁而诞生。对于 AIM-54 和 AIM-120 导弹而言，那些搭载了笨重导弹的轰炸机或攻击机无疑是极好的攻击目标。同时，着重反舰能力的苏联巡洋舰/驱逐舰相对缺乏足够的防空自卫能力，也很容易成为作战半径上千公里的美国战斗攻击机的打击目标。

▶ 一架正在发射 AIM-54 远处空对空导弹的 VF-1 "狼群"中队 F-14A 战斗机。在 21 世纪到来之前，F-14 与 AIM-54 便象征着美国航母的保护伞。

▼ 正在从"斯坦尼斯"号航空母舰上起飞的"鹰眼"预警机以及"超级大黄蜂"战斗机，二者之间的合作将成为可见未来内美国航母战斗群的中坚力量。

当然，即使航空母舰有着足够强大的生存能力，如果它们对于一个国家或者一支海军而言毫无必要的话，那么航空母舰也将失去存在意义。事实上，关于这一问题的争议甚至要比关于生存能力的争议更小。对于像美国一样，在海外拥有巨大利益，同时维持着各地去权力平衡的国家，航空母舰和陆战队是他们手中最重要的军事力量。在制空权统治着战场的今天，迅速在战场或冲突地区附近部署作战飞机无疑是重中之重。空军虽然拥有更多飞机，也能够在战争中承担更多任务，但今日那些高科技打造而成的飞机却已经无法像二战时一样迅速部署到一干简易机场上了，只有在经过较长时间准备后才能够完成兵力的集中。此时，航空母舰便是增强本方航空力量的最迅速选择。而在太平洋上，无论是对琉球、关岛发动进攻，还是据守岛屿，情况事实上都与太平洋战争相差不多，所不同的只是技术升级而已。利用航空母舰和岸基作战

◀ 一架在伊拉克油田上方飞行的F-14战斗机。在今日空军对基地环境要求愈发提高之日，航空母舰及其舰载机便成了迅速向冲突地点部署航空力量的最有效手段。

飞机之间构成的航空走廊切断对方防空网和航空网，依旧是突破对方防线的最合理手段。

当然，以上讨论只能限于大型航空母舰甚至超级航空母舰范畴。自第二次世界大战结束之后至今，只有美国海军依然拥有如此运用航空母舰的能力。即使是法国的"戴高乐"号航空母舰，都很难具有如此完善的生存能力，只能担任法国航空兵力的急先锋，并无应付一场全面战争的能力。至于那些根据制海舰概念设计建造，只能搭载短距起飞/垂直降落飞机的轻型航母，其意义更多的在于反潜行动。只有在强度极低的一些小规模地区冲突中，这些航母才能发挥更多的作战价值，不过这对于使用它们的国家而言也已经足够了。若从技术和成本方面而论，这些轻型航母甚至要比一艘先进驱逐舰更为廉价，完全能够被更多国家所接受。除此以外，一些大国海军退役航母也已经为小国所使用着，其作用与新舰轻型航母相似，但其中一些拥有弹射器的航母战斗力无疑要更强一些。

在未来10至20年中，英国将会重新装备大型航空母舰，中国则有可能成为继美国之后的第二大航母国家，印度人在印度洋和中国南海也似乎跃跃欲试。世界政治、经济重心已经毫无疑问地由大西洋转移到了太平洋。一战、二战之前的军备竞赛已经不可能再

度重演，以战略收缩掩护经济重组的美国是否能够，或何时能够重新恢复 20 世纪 90 年代的辉煌难以预料，亚洲和美洲是否会再一次走向对立？而在这种环境下，两个大洲的航空母舰又将演奏出什么样的乐章？让我们拭目以待吧！

▶ 2009 年飞越"尼米兹"号航空母舰上空的"超级大黄蜂"战斗机。在未来数年中，虽然美国航空母舰的统治地位不会遭到有力挑战，但包括英国、印度和中国在内的数个国家都将拥有或重新拥有大型航空母舰。

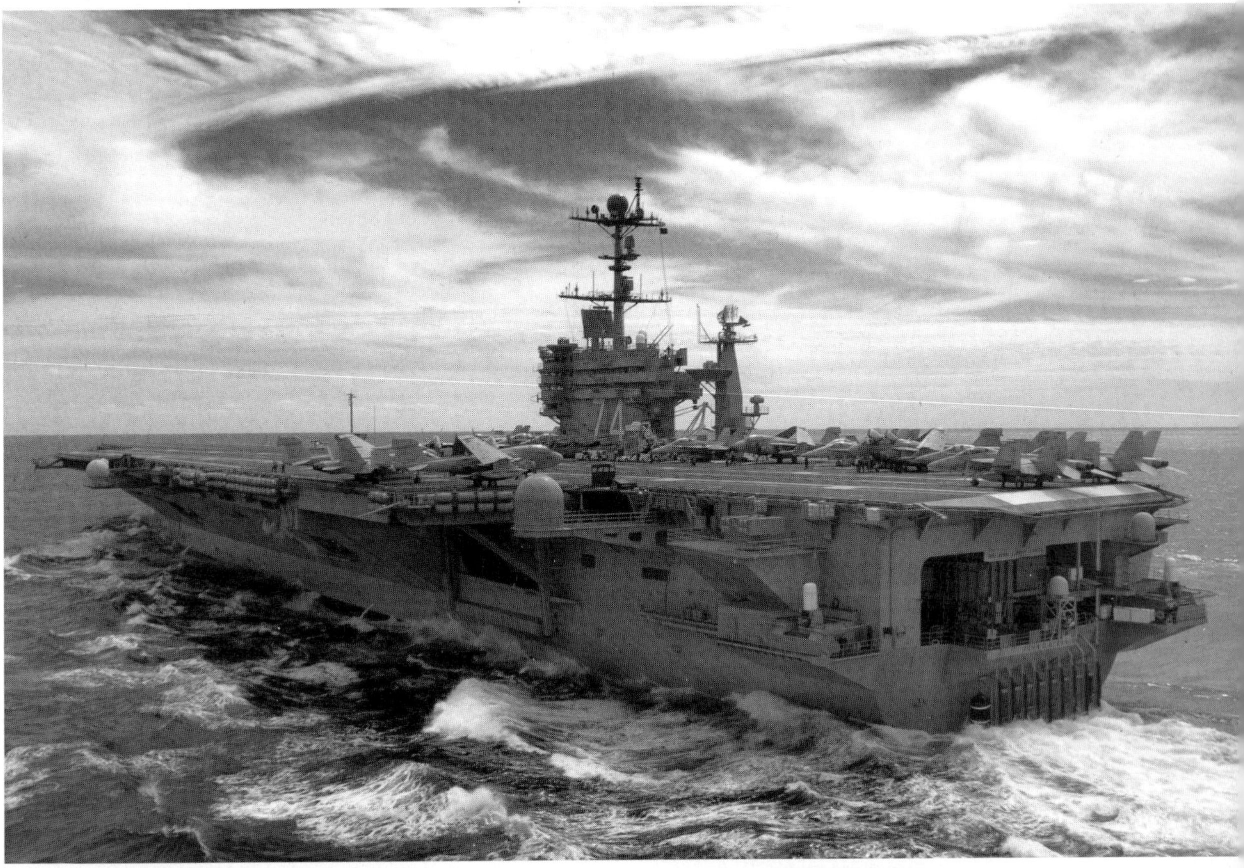
74

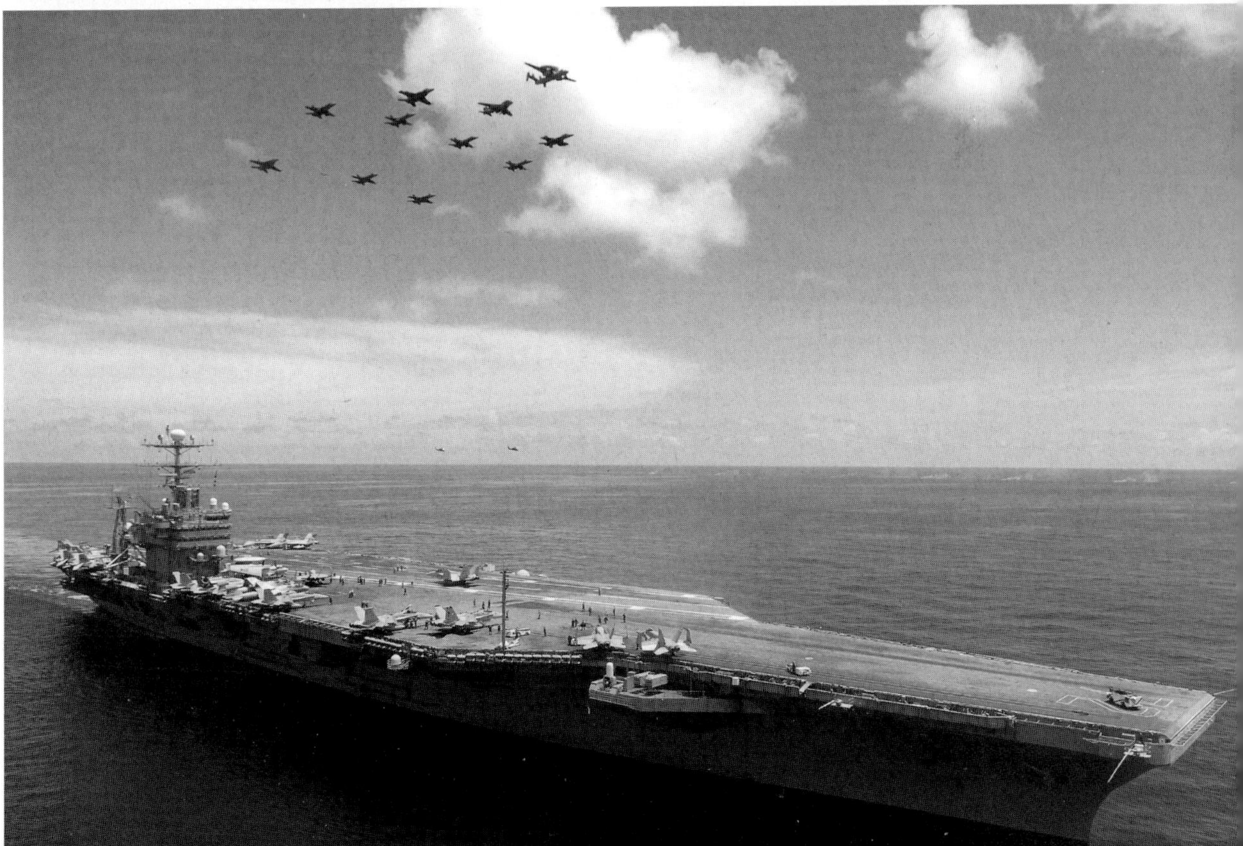

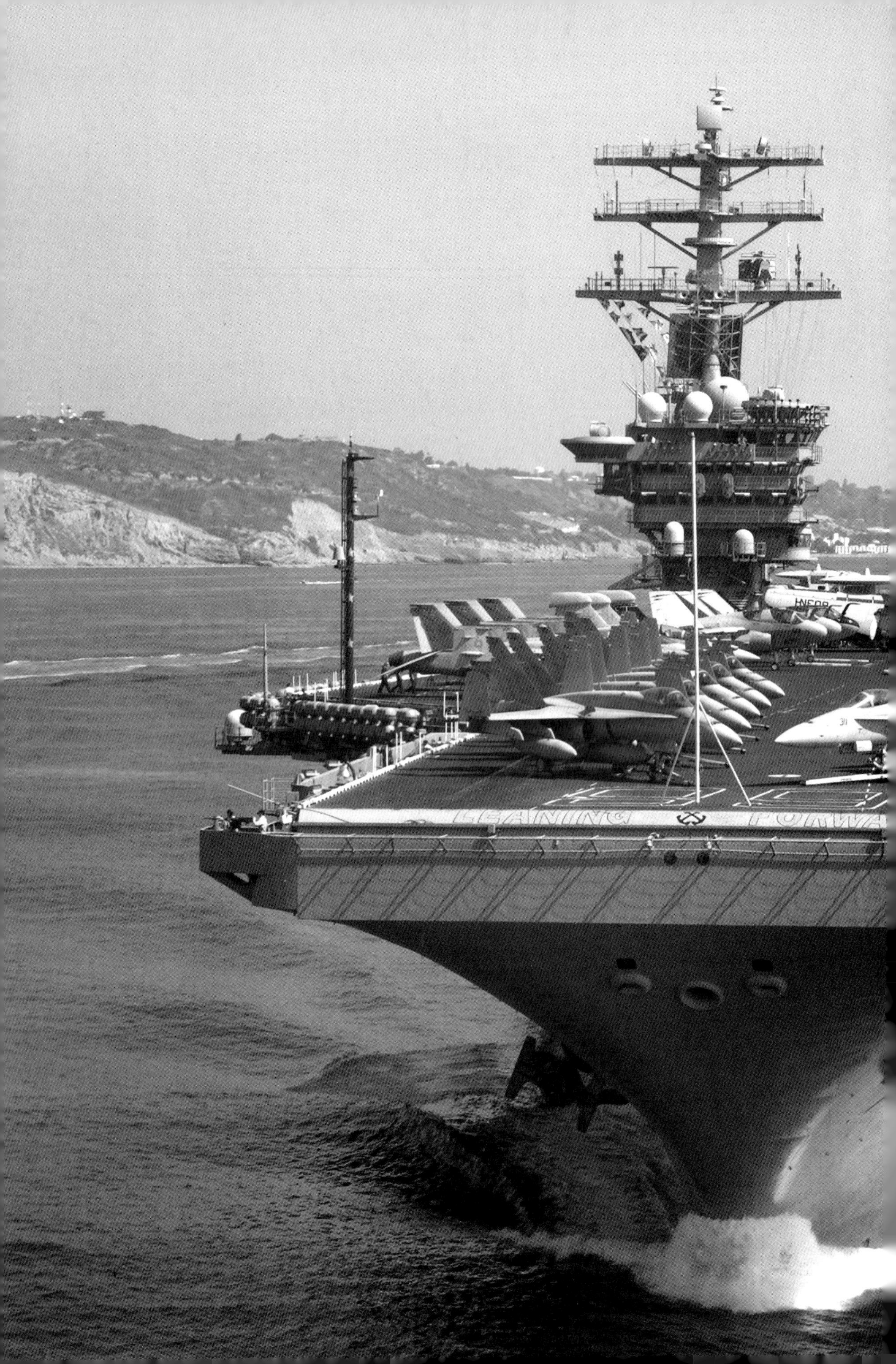
LEANING

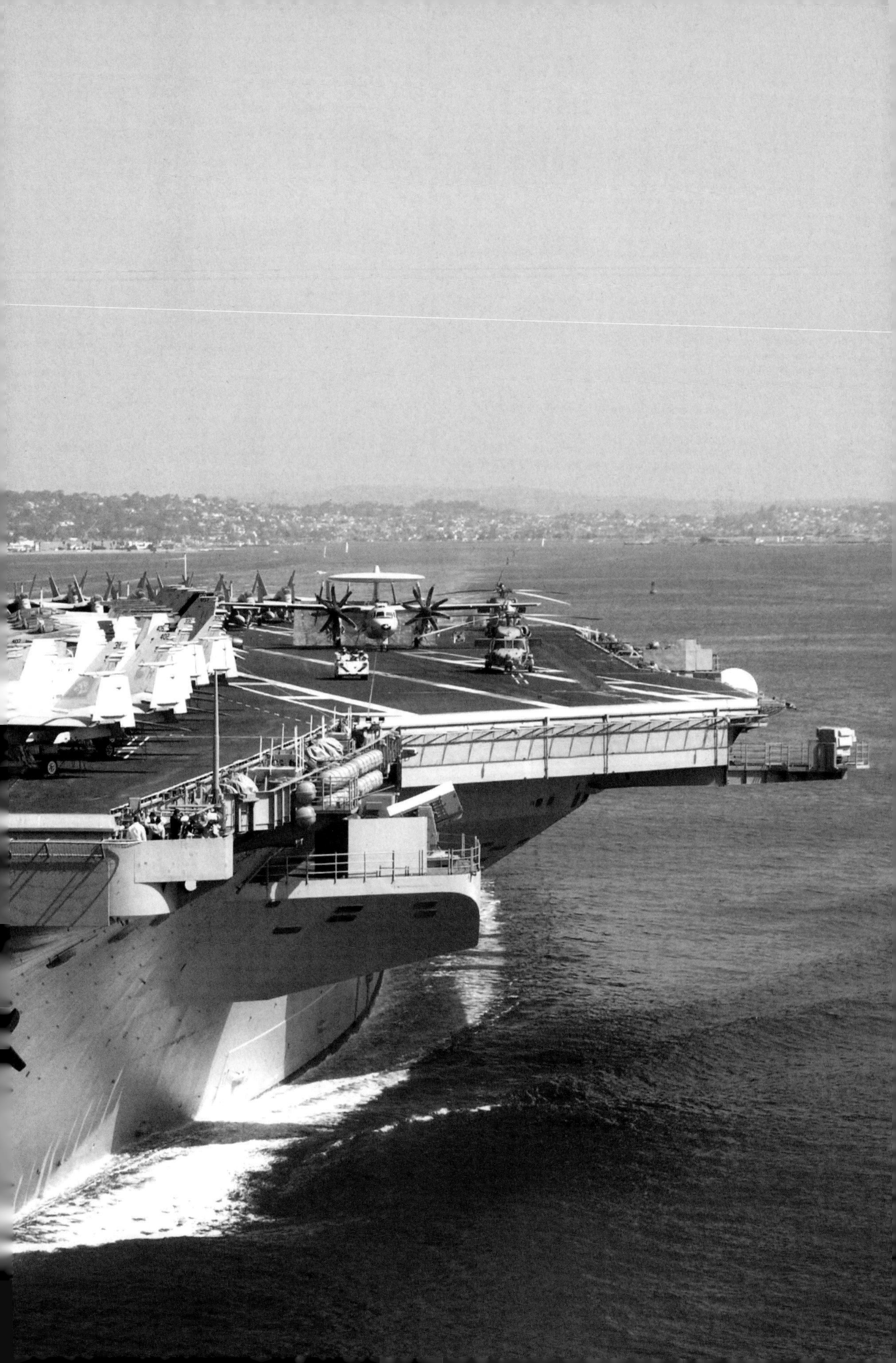

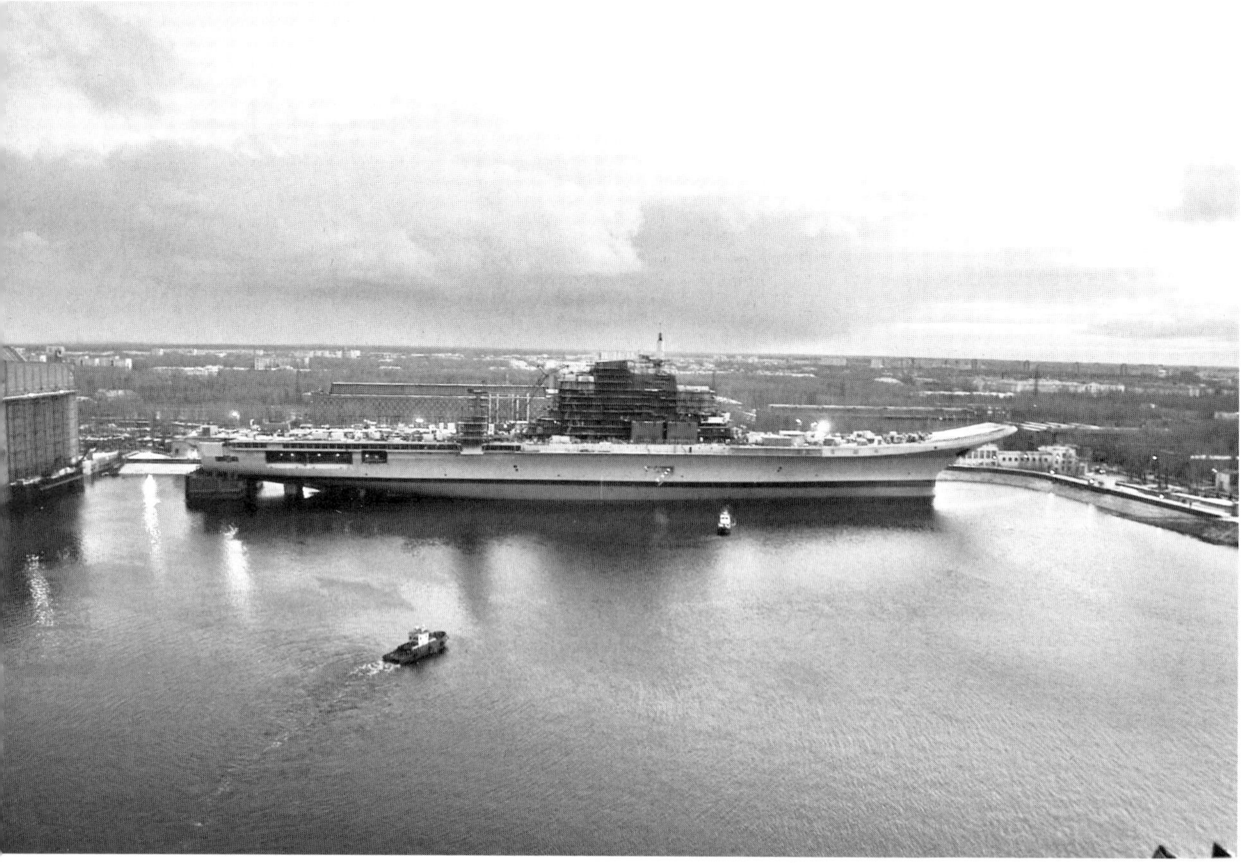

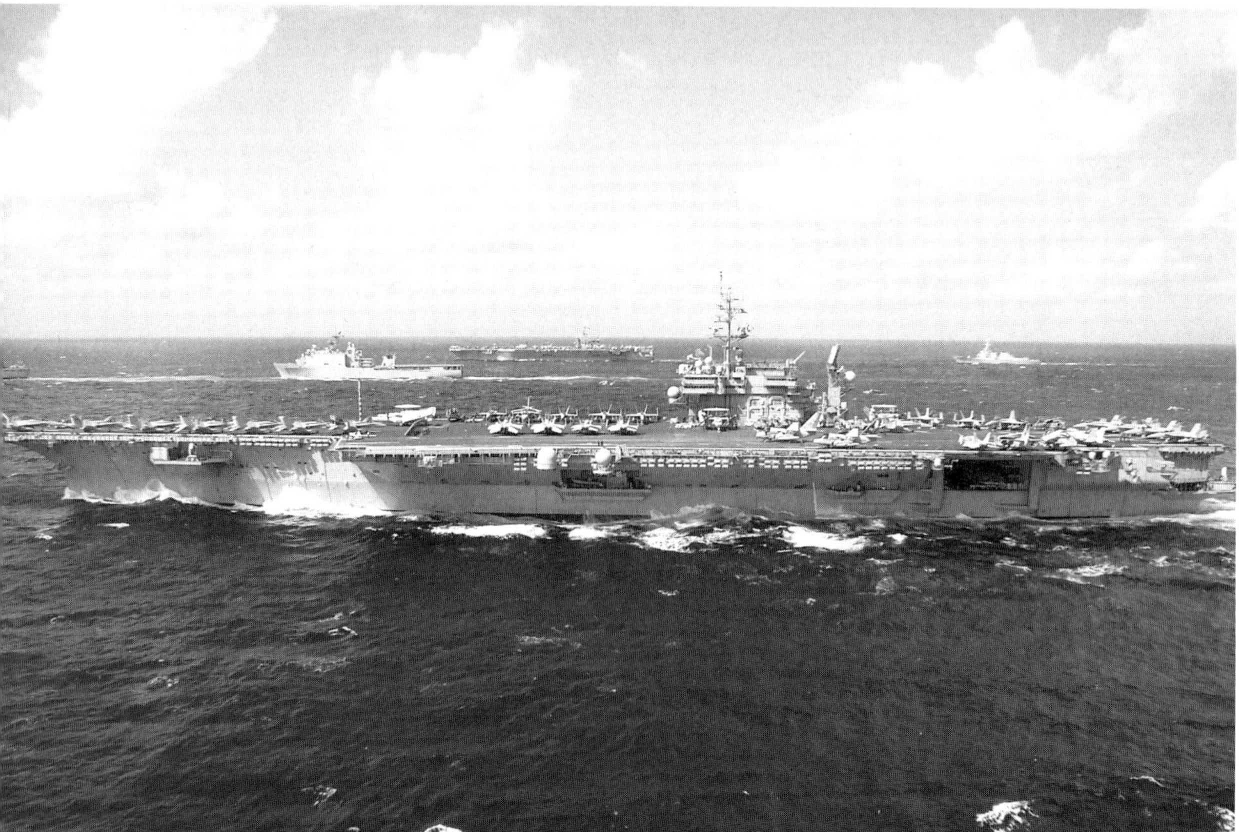